微生物学实验技术教程

主　编　王　伟

编　者（中山大学）

王　伟　曹理想　袁美妗　宁　曦

李　惠　彭　博　伍俭儿　张添元

科　学　出　版　社

北　京

内 容 简 介

本书是为综合性大学微生物学实验教学配套的规范性特色教材，以微生物技术学的理念为统领，努力使学生对实验技术能够触类旁通和灵活运用。内容侧重微生物经典技术，适当收编现代生物技术与学科前沿的成熟方法和若干应用型、综合性实验，以及教师在科研实践中的原创性实验技术。核心实验后附有扩展性的工具表（图）和要点总结，以及实验报告，书后还有参考文献和附录。本教材配套大量数字化教学资源，可供师生更直观地学习、参考。

本教程力求较好地反映微生物学科基础及新技术的概貌，体现实验课教材的适用性和易用性，兼具实验技术工具书的用途，可供理、工、农、林、医类高等院校相关和邻近专业作为本科生、研究生的实验课程教材和教学参考书，也可作为微生物学科研和生产技术人员的专业工具用书。

图书在版编目（CIP）数据

微生物学实验技术教程 / 王伟主编. —北京：科学出版社，2024.2
ISBN 978-7-03-077745-4

Ⅰ. ①微… Ⅱ. ①王… Ⅲ. ①微生物学-实验-高等学校-教材 Ⅳ. ①Q93-33

中国国家版本馆CIP数据核字（2024）第010448号

责任编辑：刘 畅 / 责任校对：严 娜
责任印制：张 伟 / 封面设计：无极书装

科学出版社出版
北京东黄城根北街16号
邮政编码：100717
http：//www.sciencep.com
北京九州迅驰传媒文化有限公司 印刷
科学出版社发行 各地新华书店经销
*
2024年2月第 一 版 开本：787×1092 1/16
2024年2月第一次印刷 印张：15 3/4
字数：573 200

定价：69.00元

（如有印装质量问题，我社负责调换）

前　言

Preface

微生物学实验技术课程，是现代生命科学教学中与微生物学理论课并行独立且以实践性为主的一门重要基础课程，也是综合性大学生物科学、生物技术、生物工程、生态学、农学、化学、环境科学、海洋科学、植物保护和临床医学类各专业的主干必修课程。通过课程学习，不仅能够熟悉微生物各大类群的微观基本形态和宏观培养特征，验证和巩固微生物学的理论知识，而且可以掌握微生物学独特的系列实验技术和规范化的无菌操作要领，还将培养微生物学工作必须的无菌理念、环境保护意识和生物安全意识。通过综合创新型实验的锻炼使学生达到对理论与技术的灵活运用，为从事生命科学和其他相关方面的工作打下良好的技能基础。

本书是为综合性大学微生物学实验教学配套建设的一部规范性特色教材，根据中山大学微生物学实验课程教学大纲，在试用多年的自编教材的基础上，积累总结教学经验，同时参考了国外和国内兄弟院校的同类教材，在中山大学生命科学学院及相关专家的指导和帮助下，由课程教学团队通力协作、精心编撰完成的。

本教程的编写以实验技术学的理念为统领，力求较好地反映微生物学科基础及最新技术的概貌，以指导性、适用性和广泛性为编撰原则，以构建本学科的技术体系为努力方向，贯彻在每个实验上以技术方法、操作要点和规范化要求为中心，使读者能达到触类旁通的效果。教程内容着重基本技能和基本操作，呈现微生物学各个领域的经典技术和研究方法，适当收编现代生物技术、分子微生物学和学科前沿成熟的新技术方法，以及教师在科研工作中原创性的独特技术手段。教程还收录了少量应用基础型实验和综合性实验，与现代生物技术密切相关的发酵工程，作为微生物产业的一个核心内容也得到了反映，有助于学生对发酵工艺和设备的基本了解，提高对微生物应用潜能的认识。书中的部分核心实验后，附有扩展性和实用性强的工具表（图）或者要点总结，以及实验报告，方便实验教学调用。书后还有参考文献和附录，以利于读者使用、查阅。所有实验内容独立成项，短小实用，可以由教师根据实验室条件和课时多少进行灵活选用。本书可供综合性大学及其他院校的相关专业作为本科生、研究生的实验课程教材和教学参考书，也可作为微生物学科研工作者和生产技术人员的专业工具用书。

中山大学的微生物学实验课程，努力探索和实践以技术为先的实验科学课程规律，尊重微生物技术在学科发展中的带动作用和突出地位，从最初的从属于微生物学理论课、共学分、粗放要求、直观验证内容为主，逐渐朝着以实验技术为中心、为引导，以技术学习和技能培养为目的，独立设课和独立学分，建立比较完善的学生考核体系和标准化实验考试的实验技术学方向发展，全面提高课程地位。同时导入开放式的综合性研究课题，逐渐形成以形态观察、理论验证、技术方法、综合训练和开放创新5个模块内容并重，以课堂实践与课后研究设计相结合的综合性独立实验课程。本教程将力求反映出这种突出技术、以技术学为统领的实验课程教改新思路。

微生物学实验技术课程宜采用启发性、引导式和示范操作的教学。教师的讲课好比点睛之笔，不仅要向学生介绍实验的内容、注意事项和背景知识，还要能够传授一种超越实验内容的潜移默化的学习理念，使学生在做实验的同时得到知识深化和认识提高。授课老师应给学生以下环节的启发：①树立微生物学工作的无菌要求理念、生物安全意识、环境保护意识和健康意识，具有了解生命与尊重生命的伦理道德观、可持续发展观和社会责任感。②做实验，但不局限于实验，要发掘实验和技术背后的理论支撑，动手动脑，勤于思考。③培养技术意识，重视做实验的技能提高，点明微生物学是一门技术为先的实验科学，要尤其注意实验中包含的技术方面，做到可利用同样的技术去解决不同的问题，寻找新的技术方法。④要有联系和比较的意识，将前后所学的内容常进行联系和比较，发现差异，知道不同目的、不同情况下使用技术方法的不同。⑤鼓励师生交流和对话，倡导问与答来活跃气氛，激发学生提出问题并且有问必答。⑥要求重视课前、课中和课后的各环节，并有相应的措施指导督促。⑦实验报告的认真完成、批阅和讲解。⑧积极参与各种类型、各种级别的实验技术的竞赛。⑨在扎实掌握技术本领的基础上，鼓励学生提出兴趣课题，申请具有挑战性的开放实验研究项目。

在教程内容的基础上，我们提倡对教学方式的不断创新，尝试在讨论中设计和建立实验方案，调动学生的主动性和参与性。根据新时期大学生思想活跃、迫切进入科研的实情，适当引进探索性、设计性的实验，将技术掌握和技能训练提高结合起来，着力培养学生的科研创新意识及提出问题解决问题的能力，更好地发挥实验技术课在素质教育中不可替代的独特作用。

本书内容分别由王伟、曹理想、袁美妗、宁曦、李惠、彭博和伍俭儿具体执笔，王伟负责全书的整合和统编。多媒体和数字教学资源的配套也是本书的一大亮点，这部分内容由伍俭儿和张添元负责，陈笑霞、陈云凤、郑晓如、吴映霞和孟繁梅等参与制作。除此之外，教学团队中的先后成员曾海燕、陈一龄、刘玉焕、甘菁菁、孙钒和王莉等，微生物学教研室的邱礼鸿和陆勇军，也为本教程的顺利完成做出了贡献，在此一并表示衷心的感谢。

由于我们的能力和业务水平有限，书中一定会有许多不足，敬请读者朋友们在使用过程中提出宝贵的意见和建议，以帮助我们不断完善教程的内容，精益求精。

王　伟

（lssww@mail.sysu.edu.cn）

2023年8月于广州康乐园

数字化教程目录

1. 酒精灯的使用和注意事项

2. 显微镜油镜的使用

3. 从试管和平皿取菌的无菌操作方法

4. 细菌的革兰氏染色法

5. 细菌的芽孢染色法

6. 细菌的荚膜染色法

7. 玻片印片及水浸片制片方法

8. 电磁炉的使用及注意事项

9. 电子天平的操作

10. 斜面试管培养基的制备

11. 常用玻璃器皿的洗涤、干燥、包扎与消毒灭菌

12. 高压蒸汽灭菌锅的使用方法

13. 电热恒温干燥箱的使用方法

14. 移液管的使用

15. 移液器的使用和注意事项

16. 超净工作台的操作

17. 平板培养基制备

18. 试管斜面接种及穿刺接种

19. 平板划线法、倾注法与涂布法分离技术

20. 超声波细胞破碎仪的操作

21. 旋涡混合器的操作

22. 台式微量高速离心机的操作

23. 超低温冰箱的操作

24. 微生物的显微计数方法

25. 紫外-可见分光光度计的操作

26. 霉菌的载片培养方法

27. 制冰机的操作

28. 酸度计的操作

29. 多功能酶标仪的操作

30. 紫外线对微生物的杀灭作用

31. 滤纸片法测试药物对微生物生长的抑制作用

32. 平板打孔法测试药物对微生物生长的抑制作用

33. 超纯水系统使用及注意事项

34. PCR 仪的操作

微生物学实验技术课程守则及生物安全性要则

微生物学实验技术课程，是综合性大学生命科学各大类及农学、化学、环境科学、海洋科学和临床医学类各专业的主干基础必修课程。通过课程的学习，将培养微生物学工作者的无菌操作理念和生物安全意识，逐步掌握微生物学的系列经典实验技术和规范化要求的技术要领；同时也验证和巩固微生物学的理论知识，熟练掌握微生物各大类群的基本形态和微观特征，为从事相关领域的工作打下十分重要的技术基础。

为了保证实验课的进度，获得良好的实验结果和学习效果，同时也有利于维护好实验室的秩序和微生物菌种的生物安全性，要求做到下列各项。

（一）每次实验前必须充分预习，了解实验原理，明确实验目的，熟悉实验内容、操作要点和注意事项。对实验中的内容应有联系和比较的意识。

（二）应当遵循实验步骤，按顺序依次进行实验操作，以认真严谨的态度对待每一个实验和每一项操作，留心细微现象和实验结果，做好观察记录。对于示教实验，要仔细观察和细心体会。

（三）每做完一个实验，应以实事求是的科学态度填写实验报告，并简明地进行实验结果分析和总结。

（四）严守实验室守则

1. 进入微生物实验室，须有更加强化的安全性意识和环境保护意识。在药物试剂、水、电、火、气、消防、恒温培养箱和高压锅炉等诸环节上必须建立严格的规章制度，按章管理，遵规使用，谨慎操作。微生物菌种须按照生物安全性的制度要求，从严管理和登记使用。

2. 提倡每个实验者须穿实验服或工作服进入实验室。遵守和维护实验室课堂纪律，严格保持室内整洁、安静、有秩序，不要喧哗和跑动。食品类不得带入微生物实验室；非实验必需的书籍物品，也不得带入室内；关闭手机或设置成静音状态。实验时按编号入座，以实验台分组。讲课和实验中应保持严肃认真，严禁高声谈笑和随意走动，禁止在室内饮食、抽烟，或以口接触实验物品。

3. 实验后及时清理实验用品是实验室的一项基本要求和每个实验者必须养成的良好习惯。每次实验完成，各人和组应依序清理好实验桌，移走废弃物品，做好药品和仪器归位；各组（人）在实验中使用过的物品、器皿均由各组（人）负责清洗，再由值日生最后完成实验室清洁卫生。严禁实验后逃避清理（洗）责任的不良行为。

4. 使用易燃药物时，勿接近火焰，谨防着火。长发者应避免头发靠近火焰。

5. 发生皮肤划破或损伤，或吸入传染性液体等意外事件时，应立即报告，及时处理。一般皮肤破损，可用碘伏、碘酊（碘酒，强刺激性）或红药水消毒，包扎伤口；吸入传染性液体时，应立即吐到5%苯酚或3%来苏尔等消毒溶液缸中，再用0.1%高锰酸钾溶液和大量清水漱口。

6. 遇到火险发生，应尽快关闭或切断火源，移开易燃物，用湿布、沙土或重物压盖火焰；必要时须紧急使用灭火器扑灭火焰。

7. 使用各种药品应注意节约，使用完毕须放还原处，恢复原样；药瓶有塞者，用后应重新塞好；要爱护公物，发生物品损坏应立即报告并进行登记；贵重物品发生损坏须酌情计价赔偿。

8. 水、电、灯、火、气用毕立即关闭，如遇停水、停电时，应随手关好水、电开关。

9. 离开实验室时，注意关闭门、窗、水、煤气（天然气）、电灯、空调、演示仪、火等；自动控温的培养箱和高压灭菌器须有专人看护使用，尽量避免隔夜中无看管下使用。

（五）生物安全性要则

1. 微生物菌种须建立有严格且专业的管理和使用制度。

2. 实验菌种须有专人负责，登记保管。菌种出库、使用、回收和消杀情况，应有完善的记录和监督管理。

3. 实验室使用的菌种不得随便抛撒、交换，也不得随意带出实验室。

4. 染有致病菌的废物，必须集中灭菌后方能丢弃。带有致病菌的器皿，必须经消毒溶液浸泡消毒，或经煮沸、高压灭菌后再行清洗。

5. 如有传染性材料流洒衣服、地板、桌椅等处，应用清毒溶液浸泡半小时以上，达到彻底灭菌后方可擦洗。

6. 实验所用的致病菌种，用毕后按原数交给实验员，统一灭菌销毁。一般菌种也应统一收缴，经妥善处理后方可废弃。

7. 凡需进行培养的活体材料，均应标注好班级、座号、内容、处理方法、日期等，放入指定的地点进行培养。

8. 微生物学实验者应养成实验前、后洗手的习惯，尤其最后用肥皂或3%来苏尔等消毒剂把手洗净后方可离开实验室。

（王伟）

目　录

Contents

第一章
制片显微观察与无菌操作技术

实验一　细菌的运动性观察

一、目的要求

1. 直观了解细菌的运动性。
2. 掌握用悬滴法观察细菌运动的技巧与方法。

二、基本原理

细菌是原核生物，没有主动运动的能力，但是部分细菌在菌体外周生长有鞭毛、纤毛等附属结构，这些结构在水环境下具有趋同一致的摆动或摇动的能力，驱动菌体运动，这使得这类细菌在水中也具有了一定的被动运动能力，常常运动方向一致，所以运动性是鞭毛菌或者纤毛菌的一个重要特征。

三、材料与用具

1. 菌种

大肠埃希菌（简称大肠杆菌）、枯草芽孢杆菌或卡他双球菌，用无菌水制成菌悬液。

2. 培养基

普通细菌培养基（牛肉膏蛋白胨培养基），制成固体或者液体培养基。

3. 器材

凹玻片、盖玻片、酒精灯、接种环、滴管、凡士林、显微镜、擦镜纸、吸水纸、火柴或打火机等。

四、内容与方法

用悬滴法观察细菌的运动方法（图 1-1）。

1）采用洁净凹玻片，在凹槽边缘涂抹少许凡士林（图 1-1 中 1）。

2）取菌：用接种环或滴管取大肠杆菌、枯草芽孢杆菌或卡他双球菌悬液，少许滴加在洁净的盖玻片上（图 1-1 中 2）。

3）翻转凹玻片使凹面朝下，对准盖玻片上的菌液滴轻轻合下，使凹槽正对着液滴（图 1-1 中 3）。

4）再次翻转凹玻片，使盖玻片上的菌液悬于凹玻片中（凹面朝上），构成一封闭小室

（图 1-1 中 4）。

5）显微镜调成光圈暗视野，在高倍镜下镜检凹玻片，仔细观察，可看到暗视野下鞭毛细菌在水中的运动（游动）情况（图 1-1 中 5）。

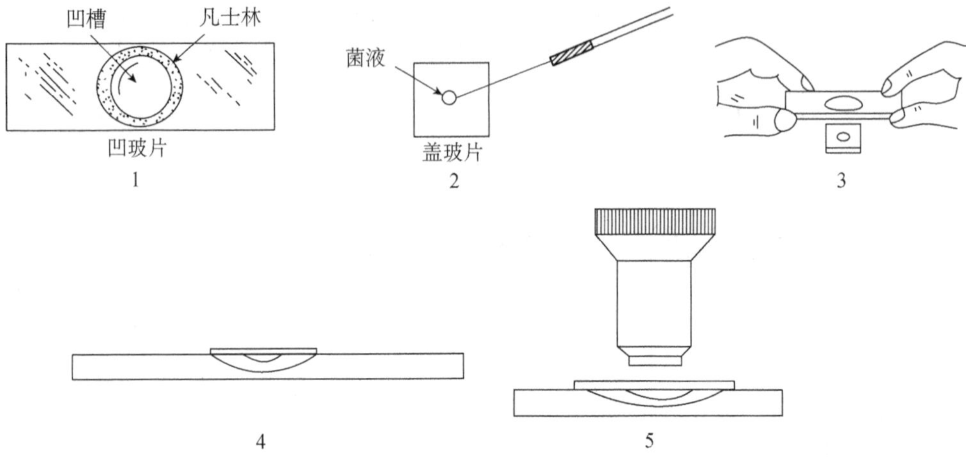

图 1-1　悬滴标本的制法与显微观察

五、思考题

1. 细菌在水中的运动有何特点，为什么？
2. 细菌运动的机制源于何种菌体结构，是否可以人为地控制定向？

（王伟）

实验二　显微镜油镜的使用及细菌形态观察

一、目的要求

1. 掌握显微镜油镜的使用技术。
2. 观察并了解细菌的基本形态。

二、材料与用具

1. 用具

显微镜、香柏油、二甲苯（或擦镜液）、擦镜纸、吸水纸等。

2. 细菌各种形态的染色玻片

金黄色葡萄球菌、卡他双球菌、链球菌、四联球菌、枯草芽孢杆菌、嗜盐弧菌、齿垢密螺旋体。

三、内容与方法

1. 显微镜油镜的使用技术

显微镜是用来观察和检验微小物体，使微粒得以放大成像的重要光学仪器。

微生物在生物界中是最为细小的一大类，大部分用肉眼很难观察和识别，必须借助显微镜才能看清楚它们的个体群体形态和细胞特征。因此，显微镜是微生物学工作的必备重要工具，熟悉和掌握显微镜是研究微生物的一项基本和必要的技能。

光学显微镜一般由光学系统和机械系统两大部分组成，现代光学显微镜还加进了电源系统用于改善光源和照明。光学系统是显微镜的核心，通常由目镜和物镜两组透镜系统构成（故又称复式显微镜），其中物镜的性能是直接影响显微镜分辨率的关键因素（图 2-1）。

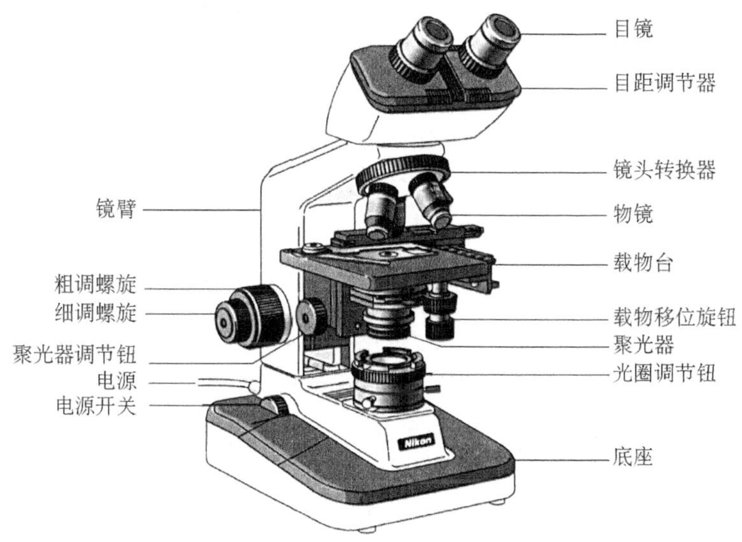

图 2-1　显微镜的结构

（1）油镜的原理

显微镜的物镜分为低倍镜（10×及以下）、中倍镜（20×）、高倍镜（40×～65×）和油镜（90×以上）等几种，每一种物镜镜头都有不同的放大倍率。油镜是显微镜的物镜中放大倍率最大的一种，在微生物学的研究中至关重要，通常原核细胞类的微生物个体必须在油镜下才能观察和辨析。

显微镜的油镜一般在镜头上注有“100×”“97×”字样，或有一醒目的红色圈（有时为白圈或黑圈），表示为油浸物镜，有的以“OI”（oil immersion）或以“HI”（homogeneous immersion）字样来表示油浸物镜。在各种物镜上通常标刻有放大倍数、数值孔径（NA，numerical aperture）、工作距离（物镜下端至盖玻片间的距离，mm）及所要求的盖玻片厚度等主要参数，其中油镜的放大倍数和数值孔径（又称开口率、镜口率）最大，而工作距离最短（图 2-2）。使用时，油浸物镜与其他物镜的不同，是载玻片与物镜之间不是隔一层空气而是一层油质。这种油镜常用油选用人造香柏油（cedar wood oil），因香柏油的折射率（n=1.515）与玻璃相近似，当光线通过载玻片后可直接通过香柏油进入物镜而不发生曲折，如载玻片与物镜之间的介质为空气时光线通过玻片后受曲折发生散射现象，进入物镜的光线显然减少，这样就降低了视野的光照度（图 2-3、图 2-4）。

一般而言，显微镜的放大效能（辨析力）可用显微镜的分辨率（指显微镜能辨别两点之间的最小距离）来表示，分辨率数值越小，表示显微镜的辨析力越强，它取决于镜头的开口率（镜口率）和入射光线的波长，而不完全取决于它的放大倍数。

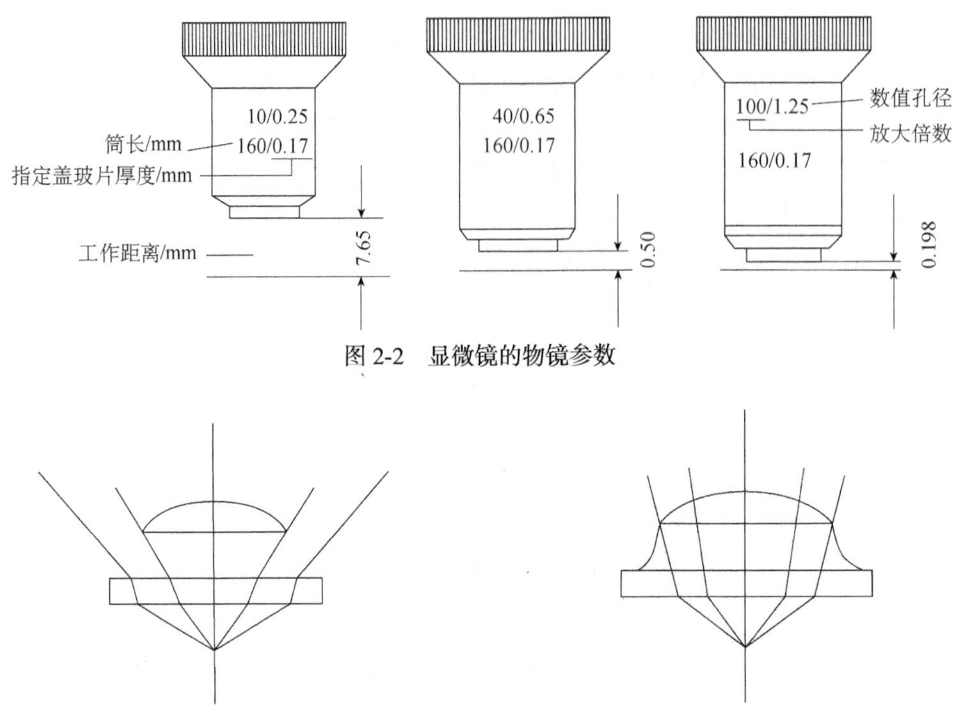

图 2-2　显微镜的物镜参数

图 2-3　物镜干燥系的光线通路

图 2-4　物镜油浸系的光线通路

具体来说，辨析力与物镜的开口率成正比，与光线的 1/2 波长成反比。假设物镜的开口率越大，光波波长越短，则显微镜的辨析力也越大，这种情况下目的物细小的构造也能明晰地辨别出来：

$$d=\frac{\frac{1}{2}\lambda}{\mathrm{NA}}$$

式中，d 为分辨率（能辨别两点之间的最小距离）；λ 为光源的波长；NA 为开口率（镜口率），即光线投射到物镜上最大角度的一半正弦值乘以玻片与物镜间介质的折射值所得的乘积。分辨率的单位与光波波长相同，可用下列公式表示：

$$\mathrm{NA}=n\sin(\alpha/2)$$

式中，n 为介质折射率；α 为最大入射角（透过标本的光线投射到物镜前边缘的最大夹角）（图 2-5）。

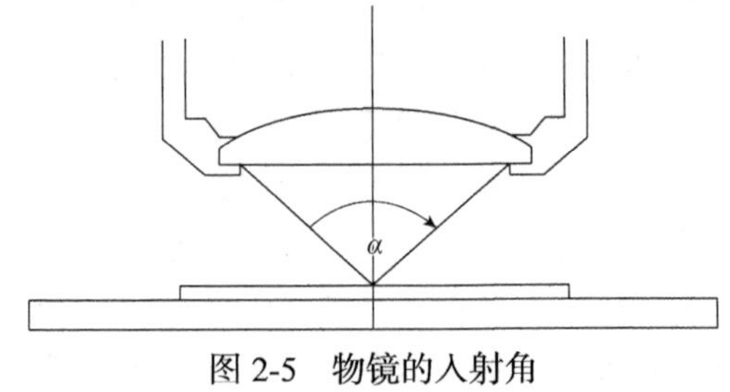

图 2-5　物镜的入射角

由此，光线射到物镜的角度越大，显微镜的效能也越大。该角度的大小取决于物镜的直径和焦距。同时α的理论限度为180°，$\sin 90° = 1$，故以空气为介质时（n=1），开口率不能超过1。如以香柏油为介质时，则n增大，其开口率也随之增大，如光线的入射角为120°，其半数的正弦值为$\sin 60° = 0.87$，则

以空气为介质时：

$$NA = 1 \times 0.87 = 0.87$$

以水为介质时：

$$NA = 1.33 \times 0.87 \approx 1.16$$

以香柏油为介质时：

$$NA = 1.52 \times 0.87 \approx 1.32$$

因此，利用油镜不但能够增加光照度，而且能够增加开口率，进而提高显微镜的放大效能。

我们肉眼所能感受的光波平均长度为0.55μm，假如开口率为0.65的物镜（高倍镜）可以看到大小在0.42μm以上的物体的微小的结构：

$$\frac{0.55}{0.65 \times 2} \approx 0.42\mu m$$

而在0.42μm以下的物体就不能被观察到，即使用倍数更大的目镜在显微镜的总放大率增加的情况下，也仍然看不到，只有改用开口率更大的物镜，如油镜的开口率1.25，用这样的油浸物镜就可以看到大小在0.22μm以上的物体结构：

$$\frac{0.55}{1.25 \times 2} = 0.22\mu m$$

因此，我们可以看出，假如采用放大率为40（NA = 0.65）的物镜（高倍镜）和放大率为24的目镜，虽然其总放大率为960倍，但其可见的最小结构只有0.42μm；假如采用放大率90（NA = 1.25）的物镜（油浸镜）和放大率为9的接目镜，虽然总的放大率为810倍，但却能看到0.22μm的微小结构。

（2）油镜的使用方法

1）用油镜观察的样品载片，一般不加盖玻片。如果盖玻片是非用不可，则必须用超薄型的盖玻片（其可允许的厚度可参见油镜镜头上的标示数值）。

2）用油镜观察之前，首先应该在低倍镜下找到要观察的目的物，然后选择最适当的观察点，将其移动到低倍镜视野的正中央。

3）用粗（大）调螺旋将镜头提起约2cm，在玻片标本的镜检部位滴上一滴香柏油，换用油镜，从侧面观察，将粗调螺旋慢慢向下旋转，直至镜头浸入油滴，并几乎与标本接触为止。注意切勿将油镜头压到载玻片，以免损坏油镜头、压破标本玻片。

4）从目镜观察，并向上微微转动粗调螺旋（注意此时只准向上转动镜头，即从载玻片移开镜头，而不能向下转移镜头；若是镜头固定只能移动载物台的，则转动方向刚好相反）。当视野中有模糊的标本形象时，改用细（小）调螺旋移动镜头，直至看到被检物清晰为止。若视野不够亮，可开大光圈，并将聚光器升高。

5）如果向上转动粗调螺旋时，已使油镜头离开油滴，但尚未发现标本影像时，可重新下降镜头，重新操作。

6）擦镜三步骤：油镜使用完毕，必须尽早擦除油迹、清洁镜头。第一步用专用擦镜纸抹去残留在镜头上的油滴；第二步换用干净的擦镜纸滴加少许二甲苯或者专用擦镜液揩抹镜头，去除残余油迹；第三步再迅速换用干净擦镜纸抹干二甲苯（不可间隔过久，否则二甲苯会溶解镜头晶片周围的胶质，日久将使晶片脱落），完成整个擦镜过程。用擦镜纸清洁镜头时须用力轻柔，横向一次性轻抹，禁止在镜头上来回地、绕圈式地用力擦拭。

2. 观察金黄色葡萄球菌、卡他双球菌、链球菌、四联球菌、枯草芽孢杆菌、嗜盐弧菌等的形态特征

用上述菌种的标准片，分别置于显微镜载物台上，用油镜观察各菌种的形态特征（图 2-6～图 2-8）。

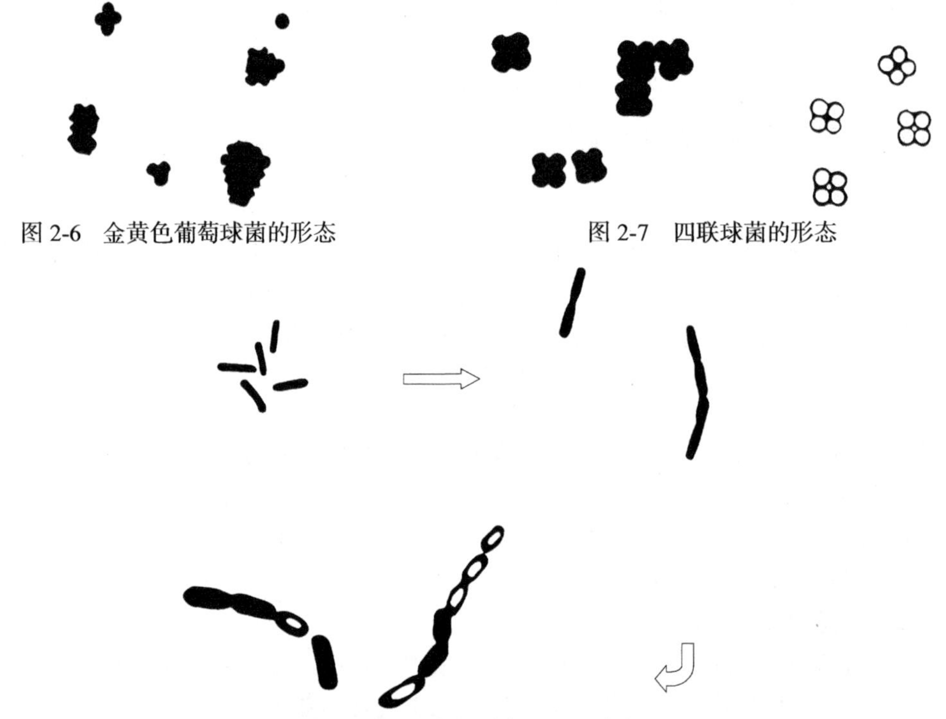

图 2-6　金黄色葡萄球菌的形态

图 2-7　四联球菌的形态

图 2-8　枯草芽孢杆菌的形态（逐级放大）

四、思考题

1. 油镜与普通物镜在使用方法上有什么不同？应特别注意一些什么问题？
2. 油镜观察时加香柏油的原因何在？
3. 认真体会油镜使用后擦镜三步骤的重要性。

附1：微生物模式图的一般作图技巧

由于微生物的个体细小、群体量多，在显微镜的观察视野下显得凌乱繁杂，所以对微生物的形态作图一般要求画模式图。力求简明清晰，能够集中反映出菌群的个体形态和群体关系两方面的形态特征。

画图须线条清晰均匀、平滑流畅和过渡自然，力戒涂抹痕迹；构图不宜复杂，准确把握住

细节，注意大小比例关系，把观察到的典型和细微特征集中起来，以若干个形体表现出来即可。

附2：数字化教程视频

1. 酒精灯的使用和注意事项

2. 显微镜油镜的使用

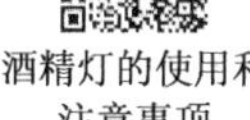
酒精灯的使用和注意事项

显微镜油镜的使用

（王伟）

实验三　细菌的普通染色技术

一、目的要求

1. 学习并掌握从试管斜面取菌的无菌操作手法；学习细菌的涂片、固定及推片等制片方法。

2. 学习并掌握细菌的普通染色方法。

3. 了解齿垢、空气、水和手指的微生物类群。

二、基本原理

细菌是一类结构简单的单细胞原核生物，由于细菌体积小，比较透明，因此必须借助于染色的方法使细菌着色，与背景形成明显的对比，才能够在显微镜下便于观察细菌的形态和构造。所以染色技术是细菌学上一项重要的基本技术。

三、材料与用具

1. 用具

显微镜、香柏油、二甲苯（或擦镜液）、擦镜纸、吸水纸、消毒牙签、载玻片、接种环、酒精灯、火柴（或打火机）等。

2. 菌种

枯草芽孢杆菌、大肠杆菌和金黄色葡萄球菌，试管斜面菌种。

3. 染色液

苯酚复红（亦称苯酚品红）染液、结晶紫染液、碱性美蓝（亚甲蓝）染液、1%刚果红染液、2%盐酸酒精。

四、内容与方法

1. 细菌的普通（简单）染色、制片与形态观察

（1）普通染色的基本原理

这种方法是利用微生物与各种不同性质的染料（如苯酚复红、结晶紫、碱性美蓝或称亚甲蓝等）具有亲和力而被着色的原理。采用一种染色剂对涂片进行染色，此法简单，适于对菌体做一般观察。

（2）方法和步骤

菌种：大肠杆菌、金黄色葡萄球菌、枯草芽孢杆菌。

具体操作包括涂片、干燥、固定和染色等几个步骤：

取菌涂片→干燥→火焰固定→染色（1～2min）→水洗→吸干→油镜镜检

1）涂片：取干净的载玻片，将其一面在火焰上加热，除去油脂。冷却后，在中央部分加一小滴蒸馏水，用接种环在火焰旁以无菌操作（图 3-1、图 3-2）从试管斜面（通常指试管斜面固体培养基，简称试管斜面或斜面）上取出少量菌种，与水混合后，在载玻片上涂布成一均匀的薄层。涂布的面积不宜过大。

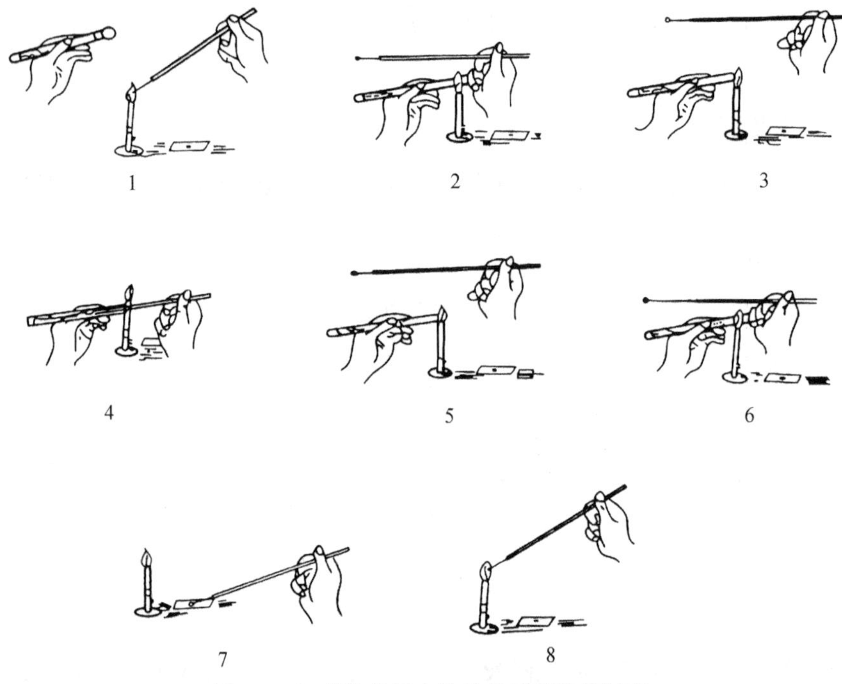

图 3-1　细菌染色标本涂片的无菌操作过程

1. 灼烧接种环；2. 拔去棉塞；3. 烘烧试管口；4. 挑取少量菌体；5. 再烘烤试管口；6. 将棉塞塞好；7. 做涂片；8. 烧去残留的菌体

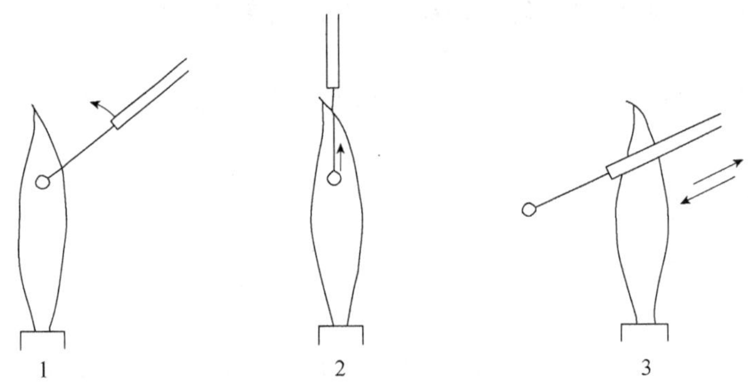

图 3-2　接种环取菌前后的火焰灭菌步骤（灼烧）

2）干燥：在空气中自然干燥，或者摆动玻片以微火烘干（以玻片背面不烫手为度）。

3）固定（图 3-3）：将已干燥的涂片面朝上在微小的火焰上通过 2～3 次，使细胞质凝固，以固定细菌的形态，并使其附着于载玻片而不易脱落，但不能在火焰上烤，否则，细菌的自然形态将被破坏。

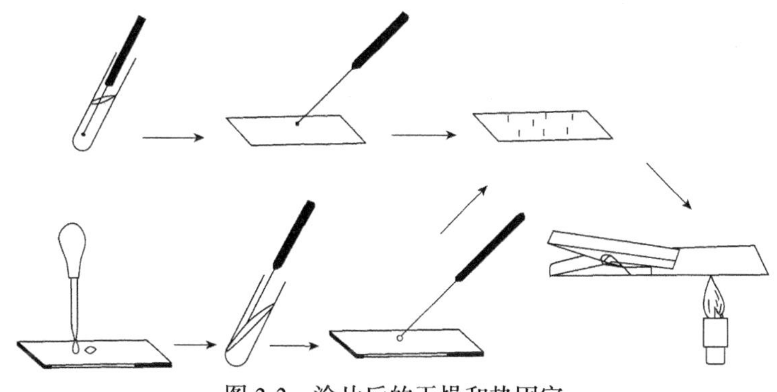

图 3-3　涂片后的干燥和热固定

4）染色：将玻片标本放水平位置，滴加结晶紫染液或其他简单染色液于试样上，以覆盖涂样材料为度，时间 1～2min（碱性美蓝约 5min）。

5）水洗：以细水流小心冲洗至冲下之水无色为止（注意从倾斜玻片的上端流下，避免直接冲洗在材料上）。

6）干燥与观察：在空气中晾干，或吸水纸吸干，待完全干燥后，置显微镜下用油镜观察（图 3-4）。

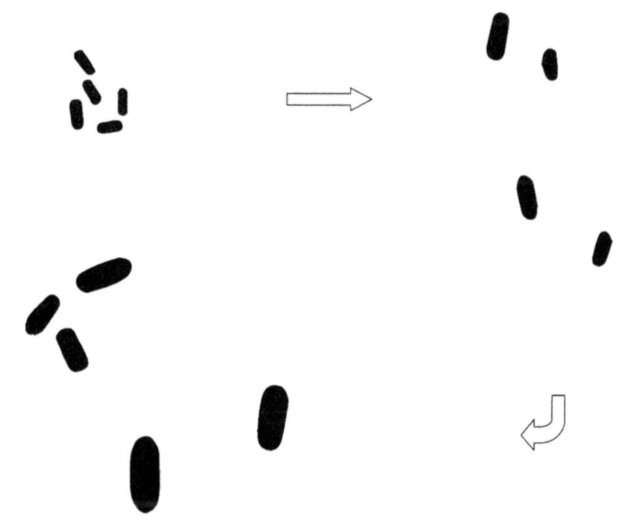

图 3-4　大肠杆菌的形态（逐级放大）

注意事项

1. 制备涂片时必须遵守无菌操作规则，以避免外界杂菌污染。
2. 涂片一定要涂得薄而均匀，细菌个体能分开，形态才能观察清楚。
3. 涂片必须完全干燥，才能置于油镜下观察。

2. 齿垢中螺旋体及微生物类群的制片与形态观察（刚果红染色法）

（1）基本原理

人的口腔和齿垢中含有各类寄生或共生性的非致病微生物，种群复杂，螺旋体是其中常见的一种。

螺旋体为革兰氏阴性的一类运动型特殊细菌，单细胞线形，种间大小和长短差异极大，细长和柔软的体态常弯曲屈绕，呈现各种弧形、波浪形或螺旋状，在液体环境中能依靠线性身体的收缩而进行沿长轴向移动、轴向旋转和横向屈曲摆动。螺旋体有些种可以导致人和动物的接触传染性疾病。菌体长度、螺旋特征、致病性和生境指标等都是分类上的重要依据。

（2）方法和步骤

步骤：

1）取一小滴刚果红水溶液置于干净玻片的一端。

2）用消毒牙签插入最后齿缝中，或最里面牙齿的外表面，刮取少许牙垢，取出牙签在液滴中涂布。

3）用另一玻片推成一薄层（推片，见图 3-5），待干后用火焰微热固定。

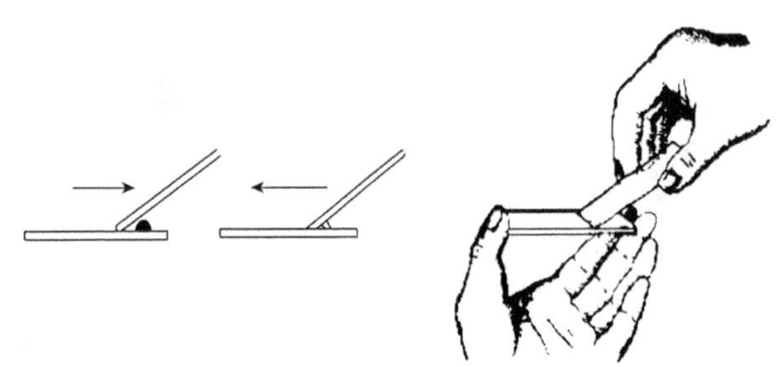

图 3-5　推片方法

4）滴上盐酸酒精数滴，标本由红变蓝。

5）晾干，用油镜检查。螺旋体及细菌呈白色透明状，背景是鲜明的蓝色。请注意观察螺旋体及细菌的形态（图 3-6）。

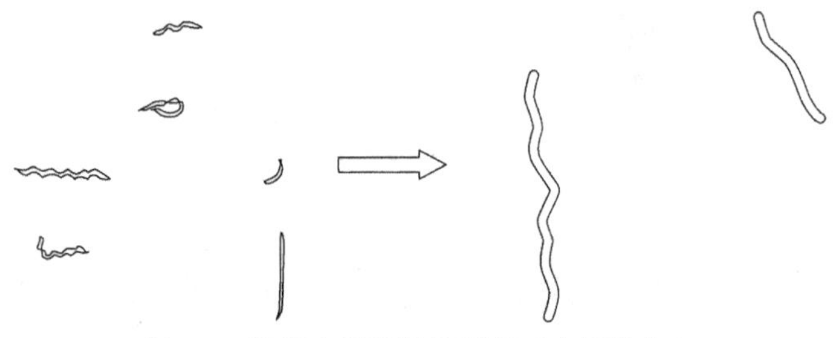

图 3-6　齿垢中螺旋体的形态（右图放大）

3. 了解空气、水、手指的微生物类群（选做）

取四个马铃薯琼脂培养基的培养皿（俗称马铃薯平板）。一个不要打开做对照，一个打开盖 20min，以自然接种空气中悬浮的微生物，另一个倒进自来水（当水流满皿底即将水倒出，盖上皿盖），再一个则用手指涂抹培养基表面（注意不要抹烂培养基），将四个皿盖好皿盖，翻转（底朝上），置 37℃培养箱中培养 24h，观察各种微生物类群。

五、思考题

1. 为什么从试管取菌时，必须按照规范的无菌操作的手法进行？
2. 为什么需要对涂片固定？为什么制片干燥后才能用油镜观察？
3. 你在显微镜下看到的齿垢密螺旋体与普通的细菌有何区别。

附 1：微生物学实验报告

细菌形态的观察

在下列显微镜视野内绘出金黄色葡萄球菌、枯草芽孢杆菌、四联球菌和齿垢密螺旋体的特征形态图。

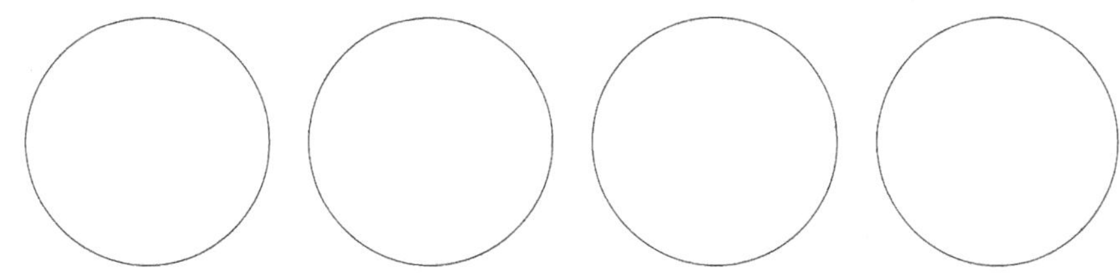

附 2：数字化教程视频

从试管和平皿取菌的无菌操作方法

从试管和平皿取菌的无菌操作方法

（王伟）

实验四　细菌的革兰氏染色和芽孢染色技术

一、目的要求

1. 了解并掌握细菌的革兰氏染色法和芽孢染色法的原理及染色技术。
2. 重点掌握革兰氏染色在细菌鉴定中的重要意义及其实验成败的关键。

二、基本原理

1. 革兰氏染色法

革兰氏染色是细菌学中一个重要的鉴别染色法，按照细菌对这种染色法不同的反应，可将细菌分成两大类，即革兰氏阳性菌（G^+）与革兰氏阴性菌（G^-），这是细菌分类的基础。

染色过程是：先用结晶紫染色，随之加碘液处理，再用乙醇脱色，最后用沙黄（番红）

复染。若细菌保持原有染料的颜色（紫）称为革兰氏阳性菌。若细菌被脱色，而复染时又被重新染上复染液的颜色（红），则称为革兰氏阴性菌。

革兰氏染色法的原理尚未完全明了，一般认为可能涉及两类细菌的细胞壁结构差异及不同组成，主要有三种学说。

等电点学说：革兰氏阳性菌的等电点（pH 2～3）比阴性菌（pH 4～5）为低，一般染色时溶液的酸碱度约在 pH 7，所以，电离后阳性菌带有的阴性电荷较之阴性菌为多，因而摄取的碱性染料亦较多，不易脱色。

通透性学说：革兰氏阳性菌细胞膜的通透性要比阴性菌小。进入细胞的染料和碘液结合生成沉淀，脱色剂较易通过革兰氏阴性菌的细胞膜，将碘和染料的复合物溶解洗出，故易脱色，阳性菌细胞膜通过性低，故不易褪色。

化学学说：革兰氏阳性菌细胞内含有某种特殊化学成分，一般认为是核糖核酸镁盐与多糖的复合物，它能和染料-媒染剂复合物相互结合，使已经着色的细菌不容易脱色。

2. 芽孢染色法

芽孢是某些细菌在一定生长阶段内生的一种特殊休眠体，通常对严酷和不良的环境条件具有较强的适应和抵抗能力，多为椭圆或圆柱形。芽孢染色法是专为观察细菌芽孢而设计的染色方法。

因芽孢壁厚而致密，透性低，着色、脱色均较困难，须在剧烈条件下染色，所以芽孢染色除了用强的染液外，还需在微火上加热，因此所有的芽孢染色法都基于一个原则，先是使标本染色很深，然后使营养体部分脱色，而芽孢内的染料则保留其中，再以复染液使营养体重新着色，这样芽孢体和营养体就被染上不同的颜色，便于区别观察。

三、材料与用具

1. 菌种

大肠杆菌、枯草芽孢杆菌、金黄色葡萄球菌、四联球菌（或卡他双球菌）和苏云金芽孢杆菌等。

2. 染色液

结晶紫染液、革兰氏染液、芽孢染液（5%孔雀绿染液）等。

3. 用具

显微镜、酒精灯、接种环、载玻片、染色架、镊子、玻片夹（或木夹子）、洗瓶、烧杯、香柏油、二甲苯（或擦镜头液）、擦镜纸、吸水纸、玻璃铅笔和火柴（或打火机）等。

四、内容与方法

1. 革兰氏染色法

（1）方法与步骤

菌种：大肠杆菌、枯草芽孢杆菌、四联球菌或卡他双球菌和金黄色葡萄球菌。

具体步骤包括：

取菌涂片→干燥→固定→初染（结晶紫，1min）→水洗→媒染（碘液，1min）→水洗→乙醇脱色（95%乙醇，10～15s）→水洗→复染（2.5%沙黄或番红，30s～1min）→水洗→干燥→油镜镜检（紫色 G^+，红色 G^-）

1）涂片：干燥固定与普通染色法同。

2）初染：结晶紫染色 1min，水洗。

3）媒染：碘液媒染 1min。

4）脱色：滴加 95%乙醇，上下倾斜玻片使乙醇在玻片上来回流布洗脱，至流出液无色为止（10～15s）立即用水冲洗，将乙醇充分洗净。

5）复染：用 2.5%沙黄（番红）复染 30s 至 1min，水洗。

6）干燥：同普通染色法。

7）镜检：在显微镜下用油镜镜检，革兰氏阳性菌为紫色，阴性菌为红色。

革兰氏染色过程中，有时为了避免试剂及操作者人为因素所导致的结果误判，常常在检测玻片上同时以已知菌作标准对照，帮助对染色结果进行正确的比对判定（图 4-1、图 4-2）。

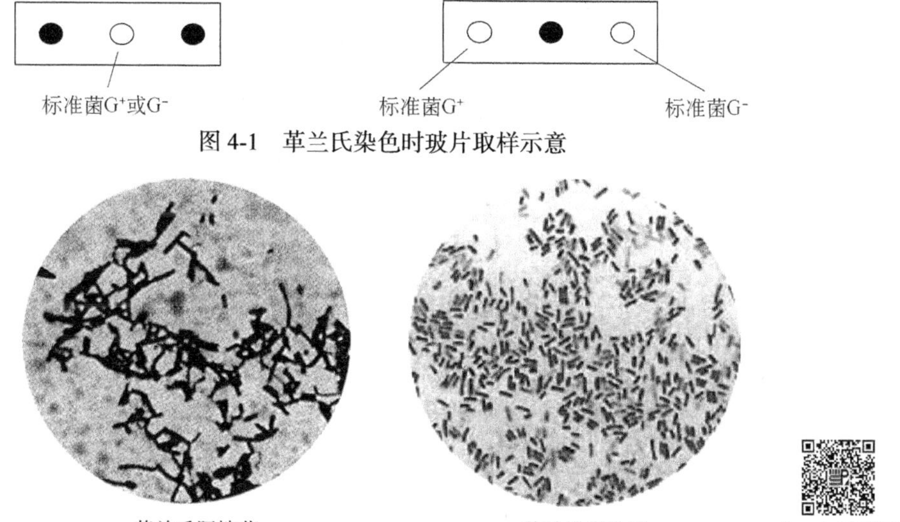

图 4-1　革兰氏染色时玻片取样示意

图 4-2　革兰氏染色后的显微镜观察结果

（2）革兰氏染色注意要点

1）取菌少，水少，涂片要薄、均匀；如涂厚了则脱色不均匀。

2）乙醇脱色时间掌握好，过程中上下倾斜晃动。如脱色过度，则阳性菌被误认为阴性菌，而脱色不够时，阴性菌被误认为阳性菌。

3）各步骤的时间掌握好。

2. 芽孢染色法

（1）方法和步骤

菌种：枯草芽孢杆菌或苏云金芽孢杆菌，菌龄 24～36h。

具体步骤包括：

取菌涂片→干燥→固定→初染（5%孔雀绿，加热 10min）→水洗→复染（0.5%沙黄，1min）→水洗→干燥→油镜镜检

1）涂片、干燥、固定同普通染色法，取菌涂片面积宜小不宜大。

2）初染：用玻片夹或木夹子夹住玻片一端，在涂菌处滴上 5%孔雀绿染液（可适当多

滴些）。放在火焰高处加热 10min 左右（自载玻片上冒蒸气时开始计时间），保持染料相当热度而又不致沸腾为宜。

3）水洗：待玻片冷却后，用自来水轻缓冲洗。

4）复染：用 0.5%沙黄（番红）染液复染 1min，水洗。

5）干燥、镜检：染色和干燥以后的玻片，用显微镜油镜镜检，芽孢呈浅绿色、颗粒状，菌体呈浅红色、细杆状（图 4-3）。

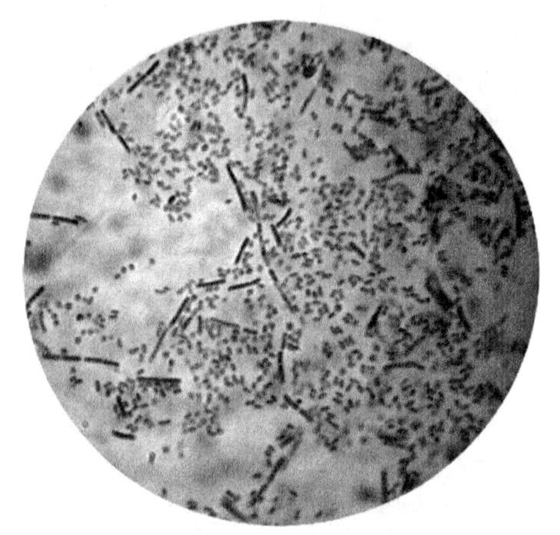

扫一扫看彩图

图 4-3　芽孢染色结果（图中暗红色杆状为菌体，蓝绿色颗粒为芽孢）

（2）芽孢染色注意要点

在孔雀绿染液加热过程中，由于染液的挥发须及时滴加补充，边加热边补充，不可完全烧干使标本干涸，并注意防止玻片烧裂。

五、思考题

1. 革兰氏染色及芽孢染色过程中，哪些操作是成败关键？为什么？

2. 为什么芽孢染色和褪色均比营养细胞困难？为什么芽孢与营养细胞能染成不同的颜色？

附：数字化教程视频

1. 细菌的革兰氏染色法

2. 细菌的芽孢染色法

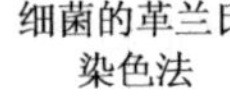

细菌的革兰氏染色法

细菌的芽孢染色法

（王伟）

实验五　细菌的荚膜染色和鞭毛染色技术

一、目的要求

1. 了解并掌握细菌的荚膜染色法和鞭毛染色法的原理及染色技术。

2. 学习掌握从平皿取菌的无菌操作方法。

二、基本原理

荚膜染色法是专门用于观察细菌荚膜的染色方法。

在某些细菌的细胞壁外，包裹着一层稍厚且固定的黏性物质，称为荚膜，其主要成分是多糖类的物质。荚膜与染料的亲和力低，一般较难观察，荚膜染色法即根据荚膜的这个特性而设计，用特殊染色法处理，使细菌荚膜在显微镜下清晰显现，便于识别观察。但荚膜一般不用热固定，否则易皱缩或变形，破坏形态的完整。

细菌鞭毛非常纤细，直径在 0.1μm 以下，一般在普通光学显微镜下不能见到，要用特殊染色方法，使染料堆积在鞭毛上，使它加粗，方能在普通显微镜下观察到鞭毛。

细菌只在个体发育的一定时期才具有鞭毛，因此，鞭毛染色一般须多次转种以令菌种充分活化、在其旺盛生长阶段进行取样，比较容易成功。

三、材料与用具

1. 菌种

大肠杆菌、钾细菌（或圆褐固氮菌）和变形杆菌等。

2. 染色液

结晶紫染液、荚膜染色液（改良 Tyler 法）、鞭毛染色液（鞭毛银盐染色法）。

3. 用具

显微镜、酒精灯、接种环、载玻片、染色架、镊子、玻片夹（或木夹子）、洗瓶、烧杯、香柏油、二甲苯（或擦镜头液）、墨汁（或黑墨水）、擦镜纸、吸水纸、玻璃铅笔和火柴（或打火机）等。

四、内容与方法

1. 荚膜染色法（改良 Tyler 法）

（1）方法和步骤

菌种：钾细菌（即胶质芽孢杆菌）或圆褐固氮菌，菌龄 3～5d，以平板菌种为佳。钾细菌在以甘露醇为碳源的培养基上生长时，比较容易生成宽厚的荚膜。

具体步骤包括：

取菌涂片→自然干燥→结晶紫染色（0.1%结晶紫，5～10s）→水洗→涂背景（玻片背面，墨汁推片）→晾干→油镜镜检

1）涂片：从平板菌落取菌，涂片同普通染色法。

2）干燥：空气中自然干燥。

3）用 0.1%结晶紫染 5～10s，水洗，风干。

4）用墨汁涂背景：在玻片一端滴一滴墨汁或黑墨水（墨汁可以涂在玻片背面，涂在正面亦可），另取一块玻片将它推成一薄层，风干（图 5-1）。

5）镜检：在显微镜油镜下观察，背景浅黑色，菌体呈紫色；荚膜呈无色透明环状，包围着紫色的菌体（图 5-2）。

实验中须注意，有些无荚膜的菌种在菌体干燥收缩后，也会在菌体四周出现不着色的圆环，易被误认为荚膜，这时区别真假荚膜主要看这个圆透明环的宽度。荚膜一般比较厚，因而由荚膜组成的圆环比较宽，而那种薄窄的透明环不是荚膜的特征。

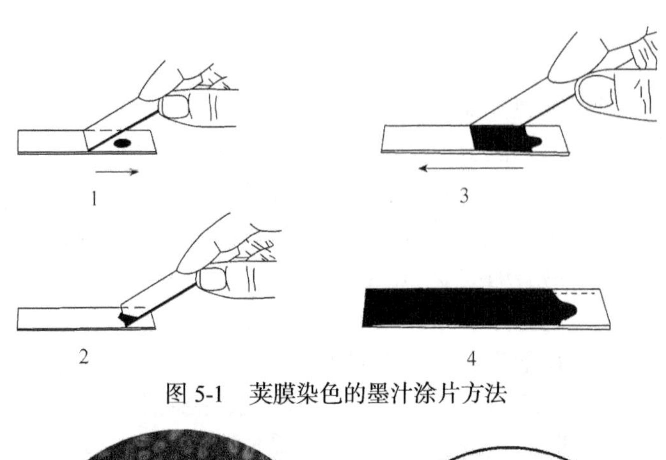

图 5-1　荚膜染色的墨汁涂片方法

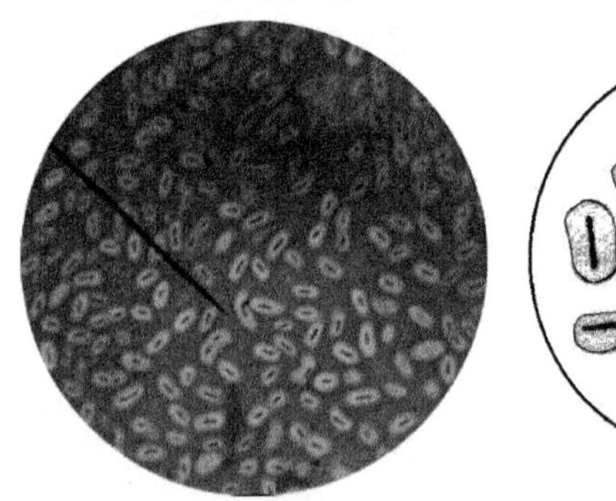

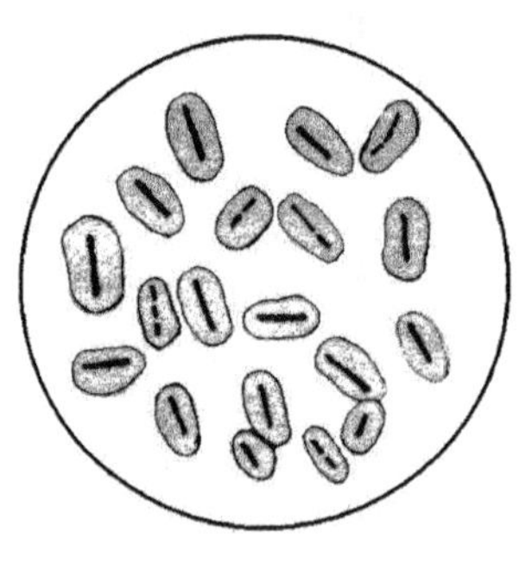

图 5-2　钾细菌（*Bacillus mucilaginosus*，胶质芽孢杆菌）的荚膜染色结果

荚膜菌还有另外一种情况经常出现，有些菌种随着培养时间的延长能够分泌大量黏稠质的液体，包裹着菌体及固有荚膜以形成更厚、更大范围的黏质外层，这使得菌体经过反差染色制片后在显微镜下呈现外覆 2 层，甚至 3 层厚外膜的情形，膜间层次分明，菌体及其包围物的体积大大增加，可达菌体本身的几倍至十几倍。这种情况下应注意观察菌体、荚膜和黏性分泌物（黏液层）的相互区别。

（2）荚膜染色注意要点

1）取菌稍多一些，须取到培养基表面透明光滑、似水滴的半圆球状菌落，不要挑取到培养基基质。

2）必须自然干燥，不能加热固定。

3）染色时间宜短不宜长。

4）墨汁可用推片方法涂开，尽量涂薄，均匀，涂墨汁后切勿再水洗。

2. 鞭毛银盐染色法（选做）

（1）方法与步骤

菌种：大肠杆菌或变形杆菌，菌龄 12h 左右。

鞭毛染色的具体步骤：

取菌→自然流布→自然干燥→甲液（见“附录三”）滴加染色（5～8min）→水洗→乙液（见“附录三”）冲去残水→乙液染色（30～60s，稍加热）→玻片冷却后水洗→晾干→油镜镜检

1）菌种准备：将已活化 3～5 代的大肠杆菌接种于肉汤琼脂斜面上（试管斜面上放适

量的生理盐水）培养8～12h，然后用接种环在斜面与液面的交界处轻轻取一环，放入盛有0.5～1ml无菌水的小管内浸脱（必要时可取两次），但不要振动接种环或摇动试管，让菌的鞭毛在水中充分地伸展并游动开来。冬天室温低时，可把小试管置于37℃恒温箱中10～15min，以促进鞭毛的活动。

2）干净载玻片之准备：载玻片一定要十分清洁，否则染料沉积于玻片上使鞭毛不能呈现。选择光滑无纹的载玻片，用新配制之洗液泡数小时，再用水冲净，用干净绸布擦干备用。

3）取菌：用接种环自菌液中小心挑取一环，轻放在干净、无油脂的载玻片上，倾斜玻片使液滴自然流布，不要涂布，以免鞭毛脱落。自然干燥，或置于37℃恒温箱中干燥，无须固定。

4）染色：在涂片上滴加鞭毛染色甲液，经5～8min，水洗。将残水沥干，或用乙液冲去残水后，滴加乙液，将玻片在酒精灯上稍加热使其微冒蒸汽而不干涸。根据玻片上褪色印记深浅来决定染色时间，黄褐色即行，一般30～60s或稍久一点，然后水洗。

5）镜检：胶片晾干，在显微镜油镜下观察，鞭毛和菌体皆呈褐色，菌体比普通染色大得多。

（2）鞭毛染色注意要点

1）由于鞭毛纤细，很易脱落，因此在整个过程中，必须仔细小心，动作要轻，勿摇动，勿涂布，自然干燥，防止鞭毛脱落。

2）玻片要清洁，无油脂，水洗要充分。

3）乙液染色时加热不可太剧烈。

4）菌龄合适很重要。

五、思考题

1. 从荚膜染色的实验中，体会哪些操作是成败关键。为什么荚膜制片不能用火来固定？
2. 鞭毛染色法的原理是什么？在染色过程应掌握哪几个关键环节？

附1：微生物学实验报告

细菌染色技术

1. 革兰氏染色结果：

玻片简评：

2. 芽孢染色结果：

玻片简评：

3. 荚膜染色结果：

玻片简评：

4. 总结革兰氏染色、芽孢染色和荚膜染色的必要性。根据你的实践，这三种染色分别要掌握什么关键才能染得清晰，并得出准确的结果，为什么？

附 2：数字化教程视频

细菌的荚膜染色法

细菌的荚膜染色法

（王伟）

实验六　苏云金芽孢杆菌的菌体与伴孢晶体的区别染色法

一、目的要求

1. 学习掌握能将苏云金芽孢杆菌的菌体、芽孢和伴孢晶体区分开来的特殊染色方法。
2. 熟悉苏云金芽孢杆菌的形态特点和初步识别要领。

二、基本原理

苏云金芽孢杆菌是应用最多的著名杀虫细菌，它的杀虫活力主要来自于伴孢晶体及其内含的杀虫晶体蛋白（insecticidal crystal protein，ICP），又称 δ-内毒素。当苏云金芽孢杆菌成长老熟时，杆状菌体一端会生成一个椭圆形的芽孢，另一端出现一或多个菱形或其他多角体形状的伴孢晶体，因此，经过特殊染色后，在显微镜下可以看到营养体、芽孢和伴孢晶体同时存在，就成为苏云金芽孢杆菌区别于其他一切芽孢和非芽孢微生物的最显著的形态特征，这也是通过观察来初步判断该菌种的识别要领。

苏云金芽孢杆菌的芽孢和伴孢晶体有时可以不经染色直接在相差显微镜下观察到，但经过特殊染色后在显微镜下的观察，将使营养体和这些附属结构突显出来，更加直观和清晰。

三、材料与用具

1. 菌种

苏云金芽孢杆菌，培养 48～72h 的老龄菌株。

2. 试剂及染液

石炭酸（苯酚）碱性复红（复红又名品红）染色液、萘酚蓝黑-卡宝品红染色液、蒸馏水。

3. 器材

载玻片、接种环、酒精灯、火柴（打火机）、香柏油、擦镜纸、擦镜液（或二甲苯）、吸水纸、显微镜。

四、内容与方法

1. 齐氏（Ziehl）石炭酸复红染色法

（1）涂片

取培养 48～72h 的苏云金芽孢杆菌老龄菌株，用接种环以无菌操作挑取少许与干净玻片上的少量蒸馏水混匀，涂布，空气中自然干燥，稍经火焰固定。

（2）染色

将石炭酸复红染液滴加到苏云金芽孢杆菌涂片上，染色 2～3min，水洗，干燥后用油镜镜检。

（3）结果

染色观察可看到营养体呈红色，伴孢晶体呈深红色，而芽孢不着色仅见具有轮廓的椭圆形折光体。

2. 萘酚蓝黑-卡宝品红染色法

（1）苏云金芽孢杆菌涂片

涂片方法同“齐氏（Ziehl）石炭酸复红染色法”。

（2）染色

先用萘酚蓝黑液（A 液）染色 1.5～2min，水洗，再用卡宝品红液（B 液）复染 20s，水洗，干燥后用油镜镜检。

（3）结果

染色观察可看到营养体呈紫色，芽孢呈粉红色，而伴孢晶体呈深紫色。

注意事项

制备苏云金芽孢杆菌涂片时火焰固定要适当，一般于火焰上通过 2～3 次即可，切勿在酒精灯火焰上烤，以免破坏菌体形态。

五、思考题

供识别染色用的苏云金芽孢杆菌必须是培养 48h 以上的老龄菌株，为什么？

（王伟）

实验七　细菌的表型变异现象及 L 型细菌的培养观察

一、目的要求

1. 熟悉了解细菌中常见的形态变异现象，学习 L 型细菌的产生及实验室的观察检测方法。

2. 了解细菌的表型变异、生理变异和遗传变异在微生物育种、发酵生产和医学临床中具有重要的指标性鉴定意义。

二、基本原理

细菌是原核细胞微生物，在具有相对稳定的遗传性状的同时，也容易受营养和环境条件的影响而产生各种变异，这是筛选优质高产菌的潜能优势，同时又是优良性状稳定传代的隐性挑战；在临床医学中致病菌的随机变异，是常规诊疗、疫苗设计和疾病预防中经常出现的新问题和新挑战，必须不断地跟踪，及时加以研究，提出新的应变之策。

细菌的变异性，是指细菌的子代性状出现改变，产生与父代不同的明显差异，可分为遗传型变异和表型变异。

细菌的遗传型变异是指因内部的遗传物质或DNA改变而引起的变异，一般通过各种物理和化学的诱变手段，或者通过基因工程改良菌种而产生的变异都属于此类。表型变异则是指细菌表面可以感知，或者通过实验可以观察、确证到的显性变异。一般地，遗传型变异都可以通过表型变异得以表现，二者呈内因外果、相辅相成的关系。

细菌的表型变异可有多种表现，有菌落、菌体外观的形态变异，有芽孢、荚膜和鞭毛等特殊结构的变异，有致病菌的感染力、毒力、耐药性和普通（生产）菌株的抗异性、代谢力、产量等生理变异。

L型细菌（L-phase bacteria）是指细胞壁缺陷型细菌，又称为“原生质体和原生质球”。由于缺失细胞壁的支撑而呈现多形性特征，染色时不易着色且着色不均匀，对渗透压敏感，在高渗低琼脂含血清的固体培养基上会形成荷包蛋样的菌落。革兰氏阳性菌和阴性菌均可形成L型细菌，去壁以后呈革兰氏染色阴性。临床上的L型细菌仍有致病性，但培养不易，须用特殊的培养基，是某些感染漏诊的主要原因之一。

凡能破坏肽聚糖结构，或用抗生素抑制肽聚糖的合成，都可诱导细菌形成L型；某些水解酶也可去壁得到L型细菌。

本实验重点学习和观察几种代表性细菌的形态变异，了解L型细菌的形成原理和培养、观察的方法。

三、材料与用具

1. 菌种

枯草芽孢杆菌、普通变形杆菌、大肠杆菌（光滑型和粗糙型菌株）、金黄色葡萄球菌等，制成斜面供试菌种。

2. 培养基

细菌培养基：普通牛肉膏蛋白胨琼脂培养基，或者牛肉汁（汤）琼脂培养基，分别制成试管斜面和平板。

L型细菌培养基：牛肉浸液80ml、蛋白胨2g、NaCl 5g、琼脂1g，pH 7.2，高压灭菌处理后，在倾注平板前加入无菌人血浆20ml。

3. 试剂

革兰氏染色试剂、无菌人血浆、新青霉素液、苯酚（石炭酸）、氯化钠等。

4. 器材

滤纸片、载玻片、培养皿、接种环、无菌滴管、涂布棒、镊子、显微镜、灭菌锅等。

四、内容与方法

1. 枯草芽孢杆菌的形态变异

1）分别配制普通细菌琼脂培养基及添加6% NaCl浓度的同样培养基，各制成试管斜面。

2）两种培养基斜面中分别接入枯草芽孢杆菌供试菌种。在30℃培养条件下，正常培养基中的菌种培养24h，高盐培养基中的菌种培养48～72h后，分别做取样涂片，革兰氏染色，在显微镜油镜下对比观察。

3）观察结果：高盐培养基中的枯草芽孢杆菌与对照对比，可出现各种多变形态，大小不一，异态纷呈。

2. 普通变形杆菌的鞭毛变异

1）分别配制普通细菌琼脂培养基及添加 0.1%苯酚的同样培养基，各制成琼脂平板。

2）在上述两种琼脂平板上，分别以点种形式接入普通变形杆菌，使成点状菌落，勿做划线分开。

3）置于 37℃温度下倒置培养 24h，培养结束后以肉眼观察平板菌落。

4）观察结果：普通琼脂平板上的变形杆菌菌落呈现迁徙或移位扩散现象，表明其鞭毛活动正常，可助菌种横向移位；而对照组苯酚琼脂平板上没有扩散现象，其鞭毛活动消失。

3. 大肠杆菌的光滑型菌落与粗糙型菌落变异

1）配制细菌普通琼脂培养基，制成琼脂平板。

2）将光滑型和粗糙型两种大肠杆菌菌种，分别接种在琼脂培养基的各自平板上。可以适当划线以获得单菌落培养物，倒置培养于 37℃下 24h。

3）观察结果：培养结束后，肉眼对比观察平板菌落。光滑型菌株的培养菌落表面光滑、湿润有光泽且边缘界线整齐；粗糙型的菌落边缘不整、表面粗糙、干缩起皱。这是同一菌种两种基因型的典型代表。

4. 金黄色葡萄球菌的 L 型变异

1）配制牛肉汁液体培养基并灭菌，接入金黄色葡萄球菌，37℃温度下摇床培养 24h，制成金黄色葡萄球菌的液体菌种。

2）配制 L 型细菌培养基，倾注无菌平板。

3）制作青霉素液滤纸片：取新青霉素粉剂 80U 溶于 20ml 无菌水，充分溶解后成为青霉素液；滤纸片剪成圆形片状，灭菌，浸入青霉素液制成青霉素液滤纸片。

4）取 L 型细菌培养基平板，在平板上滴加金黄色葡萄球菌液体菌种 2 滴，均匀涂布分散；用镊子夹取青霉素液滤纸片，刮去多余残留液，轻轻贴于平板中央。37℃下正置培养，24h 后观察记录抑菌圈。

5）用解剖镜、显微镜或放大镜，仔细观察抑菌圈和圈内外的菌落形态，发现抑菌圈内似油煎荷包蛋样的特殊小菌落，以及抑菌圈外的普通大菌落，对比观察，记录菌落形态。

6）分别挑取上述两种菌落做革兰氏染色，在显微镜下用油镜镜检观察。

7）观察结果：抑菌圈外生长的正常菌落（稍大）呈革兰氏阳性，外形和大小均比较稳定，边缘形态清晰；抑菌圈内的荷包蛋样的小菌落呈革兰氏阴性，且菌体形态多样、大小不一，因细胞壁缺失而没有固定的形态和较清晰的外缘。两者呈现同一个菌株有不同菌体形态的特异现象，抑菌圈内的小菌落即是 L 型细菌。

五、思考题

1. 讨论细菌各种表型变异体的形成原理。
2. 结合实验和观察，总结实验的关键环节，并对实验的成败进行评价讨论。

（王伟）

实验八　放线菌的印片染色和形态观察

一、目的要求

1. 学习掌握用印片法观察放线菌形态的方法。
2. 了解放线菌的构造和繁殖方式的特点，熟悉菌落形态和菌体形态的关系。

二、基本原理

放线菌是一类丝状的多细胞（亦称多核单细胞）原核生物，细小如细菌，但其菌体主要以丝状形态存在，称为菌丝（包括气生菌丝和基内菌丝两部分）。放线菌的繁殖主要以气生菌丝的断裂分化形式进行，首先在气生菌丝的向外端形成分隔和断裂点，成为有明显断点的分节菌丝，称为孢子丝；进一步成熟后孢子丝将彻底断裂分离形成独立的孢子，此后成熟的孢子又可以发育成完整菌丝，完成世代交替过程，所以放线菌的形态主要以菌丝、孢子丝和孢子的形式出现，其中菌丝的颜色、形状、粗细度、孢子丝的断裂长度及孢子的形状、长宽度、两端特点和颜色等都是分类的重要依据。

在早期的分类中放线菌是被列入细菌大类，这源于它们同为原核生物，但放线菌的多细胞菌丝状特性与细菌单细胞是有显著差异的，因此随着分类学的发展，放线菌从细菌中脱离出来被单列成为放线菌大类。同时，其原核生物的特性又使得这类菌丝与作为真核生物的霉菌菌丝也有着显著的差异。

三、材料与用具

1. 菌种

细黄放线菌（细黄链霉菌）和白色放线菌（白色链霉菌），平板菌落。

2. 器材

显微镜、载玻片、接种环、镊子、酒精灯等。

3. 染液

苯酚复红（品红）、结晶紫染液。

四、内容与方法

放线菌的菌丝分化为两部分，即深入培养基的营养菌丝（又称基内菌丝）和生长于培养基上面的气生菌丝。有些气生菌丝分化成各种孢子丝，可呈螺旋形、波浪形或分枝状等。孢子是由孢子丝断裂而来，常呈圆形、椭圆形或杆状。气生菌丝、孢子丝及孢子的形状和颜色，常作为分类的重要依据。

1. 平皿整体观察（菌落形态的观察）

用肉眼观察平板菌落的形态，重点注意放线菌的菌落形态、大小、颜色和质地（图 8-1）。

2. 平皿显微观察（菌丝及孢子丝形态的观察）

平板菌落直接置于低倍镜下，开盖观察；或用接种铲或镊子从放线菌的菌落边缘挑出一块很薄的培养基（要求菌少，培养基薄），放于载玻片上，用低倍镜观察。注意菌丝和孢子丝的形态（弯曲或螺旋状）。

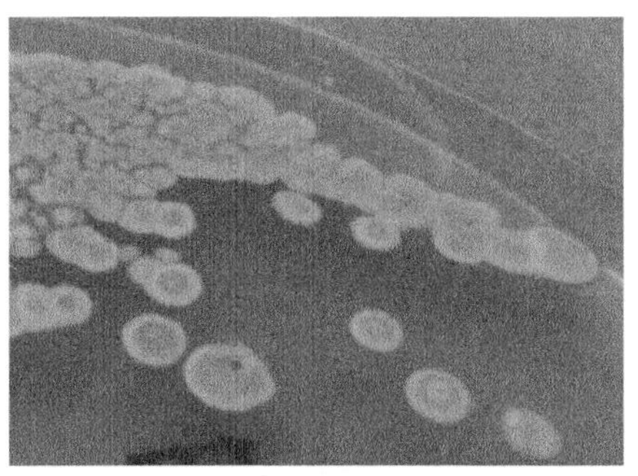

图 8-1　放线菌的肉眼观平板菌落

扫一扫看彩图

扫一扫看彩图

3. 印片观察（孢子形态的观察）

步骤：切取菌落菌块（约 $1cm^2$）→玻片印片→微火固定→结晶紫（1min）→水洗→干燥→油镜镜检（菌丝、孢子丝、孢子）。

玻片印片方法：挑取（切取）带有一些菌落的培养基菌块平放于玻片上，菌落面朝上，用另一块洁净玻片与菌落块相向靠近、接触，轻轻按压，使其黏附一定数量的孢子及孢子丝（印片），勿使玻片在菌落上水平向移动（图 8-2）。

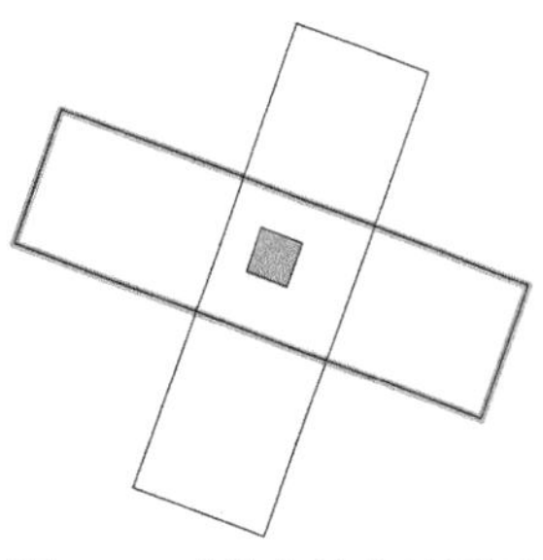

图 8-2　玻片印片方法图示

将印片玻片用微火固定，用普通染色法染色，显微镜油镜镜检（图 8-3、图 8-4）。

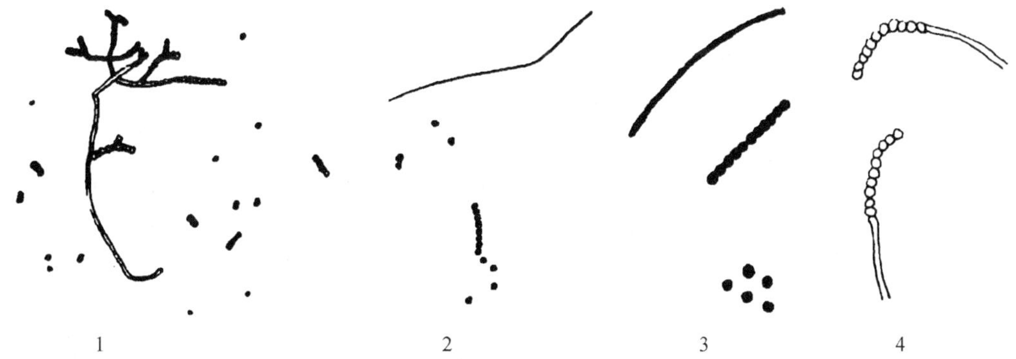

图 8-3　白色放线菌（*Streptomyces albus*）的气生菌丝、孢子丝和孢子（1～4 逐级放大）

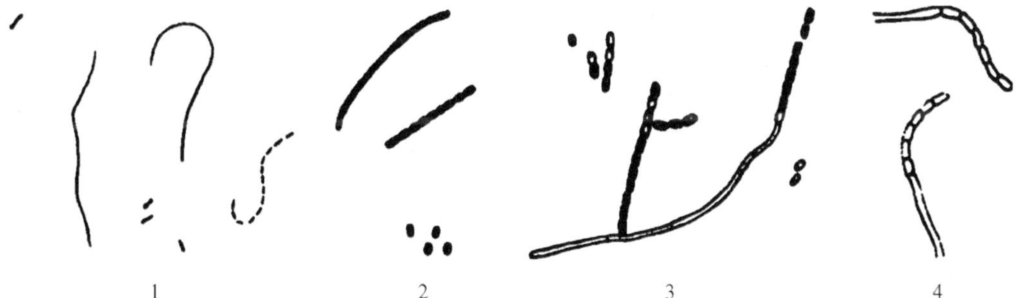

图 8-4　细黄放线菌（*Streptomyces microflavus*）的气生菌丝、孢子丝和孢子（1～4 逐级放大）

五、思考题

1. 印片染色的目的何在？实验中要掌握什么要点？
2. 放线菌与普通细菌在细胞结构和菌落特征上有何异同？

附：数字化教程视频

玻片印片及水浸片制片方法

玻片印片及水浸片制片方法

（王伟）

实验九　酵母菌的形态观察

一、目的要求

1. 学习掌握用水浸制片法观察酵母菌的方法。
2. 了解酵母菌的构造和繁殖方式，熟悉酵母菌落和菌体形态的特点。
3. 通过对酵母菌的熟悉了解，直观比较真核与原核微生物在菌体结构和菌体大小上的差别。

二、基本原理

酵母菌（简称酵母）不是一个独立分类单元的名称，而是一类单细胞的真核微生物的统称，其分类地位甚至跨越了子囊菌纲、担子菌纲和半知菌类。酵母菌的细胞核与细胞质已经明显分化，营养体细胞比细菌要大得多，繁殖方法也较为复杂。酵母菌体的单细胞形态为球形或者椭圆形，而处于分裂繁殖状态时常呈现大小不一的二联体、三联体甚或多联体，因此这些形态组合就成为观察酵母群体的常见典型形态。

假丝酵母的无性繁殖主要是出芽生殖（芽殖）和分裂繁殖（裂殖），仅裂殖酵母属是分裂方式繁殖；真酵母的有性繁殖是通过雄配子和雌配子的接合产生子囊和子囊孢子，所以它的系统分类地位是属于真菌中的子囊菌纲、酵母菌科，除此之外还有部分是倾向于担子菌的繁殖方式。当酵母进行了一连串的芽殖后，如果长大了的子细胞与母细胞并不立即分离，两者间仅以极狭小的面积相连，这种藕节状的连接细胞就称为假菌丝；与此相反，如果细胞相连且其间的横隔面积与细胞直径一致，则这种竹节状细胞串通常称为真菌丝。假菌丝与真菌丝都是相对的概念，二者之间并没有绝对的分野，通常真菌丝是由假菌丝发育而来。某些酵母菌在合适的温度或者营养条件下，可以完全以菌丝的形态存在。

酵母菌染色常用美蓝（即亚甲蓝）染料，当处于氧化态时美蓝呈蓝色，还原态时为无色。活体染色时由于活细胞代谢过程中的脱氢作用，美蓝接受氢后就由氧化态转变为还原态，因此活细胞表现为无色，而衰老或死亡的细胞由于代谢缓慢或停止，不能使美蓝还原，故细胞呈蓝色或淡蓝色。

三、材料与用具

1. 菌种

啤酒酵母（菌液和平板）、热带假丝酵母（平板）。

2. 器材

显微镜、载玻片、盖玻片、吸管、镊子等。

3. 染液

Loeffler（吕氏）碱性美蓝（亚甲蓝）染液。

四、内容与方法

1. 平皿整体观察

肉眼观察酵母菌的平板菌落整体形态，注意菌落的形态、大小和质地（图 9-1）。

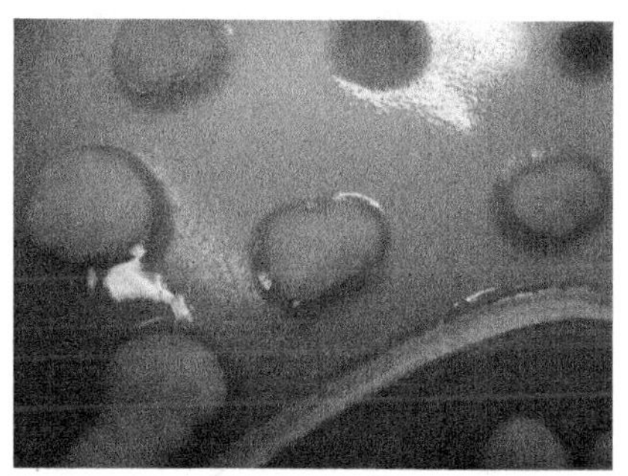

扫一扫看彩图

图 9-1　酵母菌的肉眼观平板菌落

2. 平皿显微镜观察（观察假丝酵母的细胞和假菌丝）

取假丝酵母的平板，直接在低倍镜下观察菌落的边缘，注意酵母菌体细胞及分枝状、藕节状的酵母假菌丝（图 9-2）。

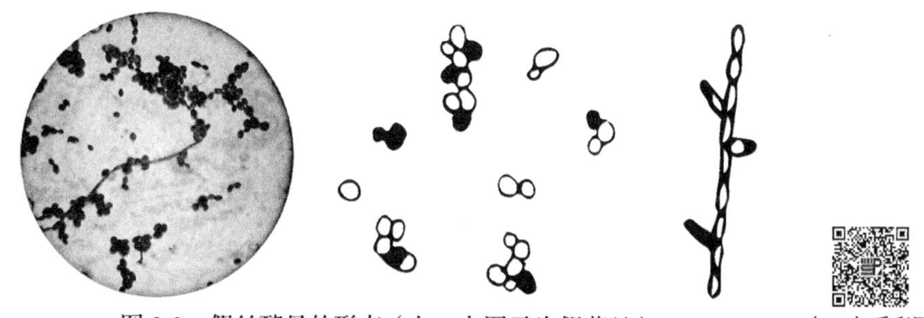

扫一扫看彩图

图 9-2　假丝酵母的形态（左、右图示为假菌丝）

3. 水浸玻片的染色制片及死活酵母菌的鉴别方法

玻片→滴加美蓝染液（0.1%）→取酵母菌菌体（或酵母液）→混匀→加盖玻片→高倍镜镜检（圆形或椭圆形的酵母菌细胞，活菌无色，老、死菌染成蓝色）（图 9-3）。

扫一扫看彩图

图 9-3　啤酒酵母的形态及死活酵母菌的染色对比

注意：制片以后加盖玻片的玻片不用油镜观察。

五、思考题

1. 何谓酵母菌？它们的分类地位如何（什么纲）？什么叫作真酵母和假酵母？什么叫作真菌丝和假菌丝？

2. 为什么观察酵母菌时用水浸法制片，而观察细菌都需涂片法制片？

附：微生物学实验报告

放线菌和酵母菌的形态观察

1. 绘图说明放线菌的形态特征（分别注明气生菌丝、孢子丝和孢子）。

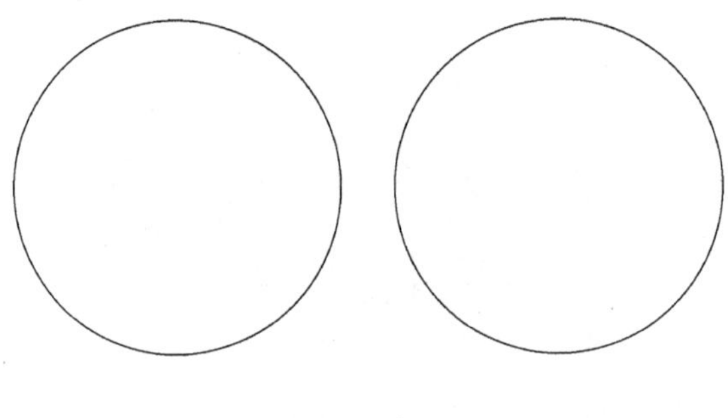

2. 绘出你所观察的酵母菌（啤酒酵母和假丝酵母）的形态特征。

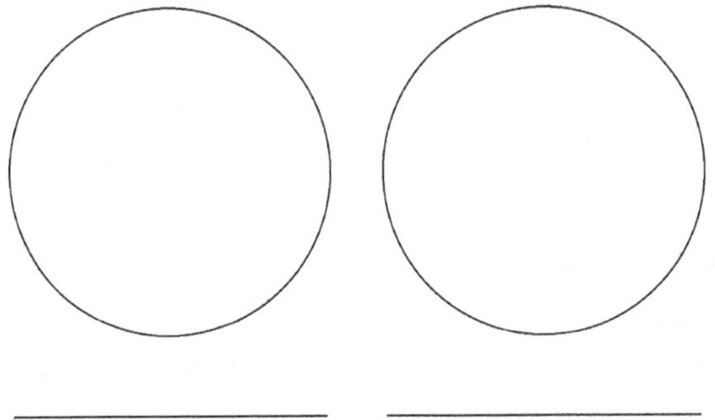

（王伟）

实验十　酵母菌的有性子囊孢子观察

一、目的要求

1. 学习掌握真菌的有性子囊孢子的概念。
2. 熟悉酵母菌诱导产生子囊孢子的条件和实验方法。
3. 学习对子囊孢子的取样、制片和显微观察。

二、基本原理

酵母菌是一类单细胞、非菌丝状的真菌个体的统称。在分类上酵母菌分别属于子囊菌、担子菌和半知菌，其营养体的典型代表是酵母单细胞，或者处于裂殖与芽殖状态的细胞组合，简称 Y 型（yeast）细胞。除此之外，许多酵母其实也能形成菌丝体状，简称 M 型（mycelium）细胞。在一定的条件下，Y 与 M 可以可逆互变。

酵母菌的无性繁殖比较简单，通常就是在营养体的基础上以出芽或分裂的形式，复制、形成新的子代，子代与父代的遗传性状完全一样，繁殖和分裂的速度很快。除此以外，酵母菌细胞也能通过父母本配对（雄配子和雌配子）或孢子结合的方式进行有性生殖，子代的遗传性状来自于父母本的遗传组合，产生有性杂交的内生子囊孢子（ascospore，1～8 个/囊，图 10-1）和外生担孢子（basidiospore，4 个/组，图 10-2）。因此，酵母菌细胞虽然简单，但生活方式复杂，是真核生物分子生物学和基因（工程）研究的理想材料。

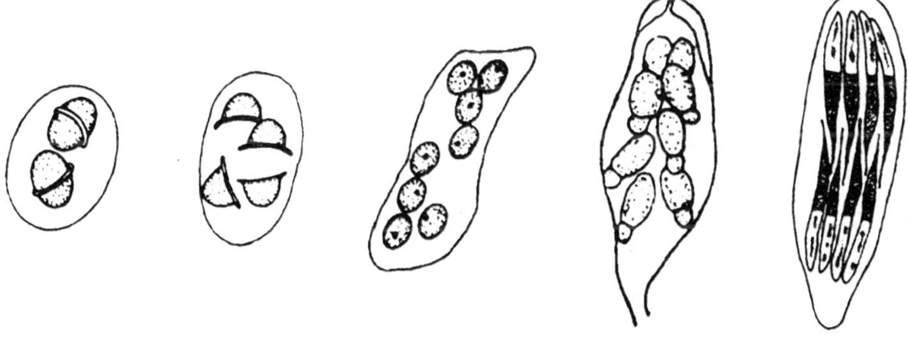

图 10-1　酵母菌的各类型子囊孢子（引自 Alexopoulos et al.，1983）

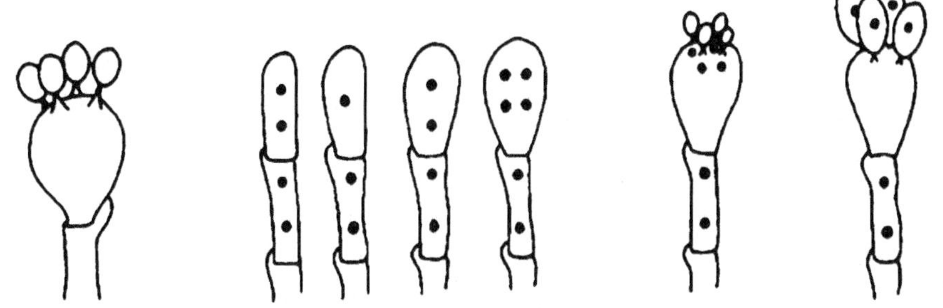

图 10-2　酵母菌的担孢子及其核配形成过程（仿自 Alexopoulos et al.，1983）

酵母的有性生活史有 3 种类型：①单倍体型——八孢裂殖酵母（*Schizosaccharomyces octosporus*）；②双倍体型——路德类酵母（*Saccharomyces ludwigii*）；③单双倍体型——酿酒酵母（*Saccharomyces cerevisiae*）。

酿酒酵母的生活史中存在单倍体阶段和双倍体阶段。异宗配合的酿酒酵母可以形成单倍体的子囊孢子，每个子囊孢子代表不同接合型，并以相互结合方式形成双倍体合子，合子以出芽方式形成二倍体营养细胞，经过数代双倍体细胞之后，二倍体细胞核进行减数分裂而形成子囊孢子。子囊孢子也可以以出芽方式直接形成单倍体的营养细胞，在细胞接合形成二倍体细胞时，异型接合的二倍体细胞又经过减数分裂形成新一代子囊孢子（同型接合一般不能形成子囊孢子）。这就是以上情况可以同时存在的酿酒酵母单双倍体型有性生活史。在适宜的培养条件下，酵母可以走上有性繁殖产生子囊孢子的微循环产孢途径。

单倍体的子囊孢子都是来自于双倍体营养细胞或双倍体合子。在合适的产孢子培养基上，经过减数分裂以后，原来的双倍体合子细胞即成为子囊，子核在子囊中发育成4～8个线性排列的单倍体子囊孢子。这种单倍体孢子经过了遗传重组，具有杂种优势，可以被观察并逐个分离出来，再培养形成单倍体细胞，作为进一步杂交改良的亲本好材料，也是研究真核细胞遗传规律的理想纯菌种。因此，创造培养条件诱导酵母细胞走上产子囊孢子的微循环，是改良育种的一个有效途径。

实验室中可选用乙酸钠培养基作为酿酒酵母的产子囊孢子培养基，不同的酵母菌也可选用合适的其他培养基。通常先将酵母菌种在营养丰富的常规液体培养基上连续摇瓶繁殖三代以上（36～48h/代），然后转接到斜面产孢培养基上于25℃适温继续繁殖，即可逐渐诱导产生有性子囊孢子。

三、材料与用具

1. 菌种

酿酒酵母斜面菌种和液体摇瓶菌种。

2. 培养基

（1）麦芽汁营养培养基或者马铃薯（PDA）培养基，液体和琼脂斜面。

（2）乙酸钠产孢培养基。

1）麦氏（McCLary）培养基（葡萄糖1.0g，KCl 1.8g，酵母汁2.5g，乙酸钠8.2g，琼脂15g，蒸馏水1000ml。溶解后分装试管，121℃灭菌15min）。

2）克氏（Kleyn）培养基[KH_2PO_4 0.12g，K_2HPO_4 0.2g，葡萄糖0.62g，NaCl 0.62g，蛋白胨2.5g，乙酸钠5.0g，琼脂15g，生物素（biotin）20μg，混合盐溶液10ml，蒸馏水定容至1000ml，pH 6.9～7.1。溶解后分装试管，121℃灭菌15min。混合盐溶液：$MgSO_4·7H_2O$ 0.4%，NaCl 0.4%，$CuSO_4·5H_2O$ 0.002%，$MnSO_4·4H_2O$ 0.2%，$FeSO_4·4H_2O$ 0.2%，蒸馏水定容]。

3）棉子糖培养基（棉子糖0.4g，乙酸钠4.0g，琼脂15g，蒸馏水1000ml，pH 6.0，115℃灭菌15min）。

4）胰蛋白胨培养基（胰蛋白胨2.5g，NaCl 0.62g，乙酸钠5.0g，琼脂15g，蒸馏水1000ml，pH 6.9～7.2，115℃灭菌15min）。

以上乙酸钠培养基可以根据实际情况选择其中一种，不同来源的酿酒酵母菌株适应情况可能不一样。

3. 试剂

0.5%孔雀绿染色液、95%乙醇、0.5%沙黄染液、苯酚复红染色液、3%酸性酒精（浓盐酸3ml + 95%乙醇97ml）、美蓝染色液。

4. 器材

恒温振荡培养箱或恒温摇床、恒温培养箱、载玻片、盖玻片、接种环、酒精灯、滴管、显微镜等。

四、内容与方法

1. 菌种活化

1）将斜面保存的酿酒酵母菌种，划波浪线接种，转接到营养培养基琼脂斜面，25℃下静置培养 36～48h，制成斜面试管菌种。

2）用接种环取斜面试管菌种，转接入营养培养基液体试管，捆扎，上摇床振荡培养，于 500r/min、25℃下持续培养 36～48h，培养终了转接移植重复 2～3 次。

2. 子囊孢子培养

活化完成的液体菌种，取样波浪形涂布于麦氏培养基或其他的乙酸钠琼脂斜面培养基，25～28℃下静置培养 3～7d，跟踪制片，观察子囊孢子的生长情况。

3. 制片与显微观察

（1）涂片固定

干净载玻片上滴加少许蒸馏水或无菌纯水，以常规涂片方法从培养试管中取酵母菌落，在玻片上涂开，轻火焰固定，做子囊孢子染色观察。

（2）染色

1）子囊孢子染色法一：先加孔雀绿染液，覆盖染色 1.5min，水洗，95%乙醇脱色 20～30s，再水洗，最后用沙黄染液复染 30s，水洗后用吸水纸吸干。此染色法在显微镜高倍镜下子囊孢子呈绿色，子囊为淡红至粉红色。

2）子囊孢子染色法二：加苯酚复红染色液轻加热染色 5～10min（加热过程不能沸腾，也不要烧干），洗去染液后，用酸性酒精来回流布脱色 30～60s，水洗去酒精，最后用美蓝染液染色 15～20s，再水洗后用吸水纸吸干。此染色法在显微镜高倍镜下子囊孢子呈红色，菌体和子囊呈青蓝色。

3）不染色直接镜检：直接取样，盖玻片压片，制成水浸片，在显微镜中用高倍镜观察，子囊为圆形或长条形大细胞，内生 2～4 个圆形的小子囊孢子。

（3）显微观察

用显微镜的高倍镜观察，注意观察子囊和子囊孢子的形状、大小和排列方式，统计数目和子囊的形成率（%）；并把各次实验的结果填入表 10-1。

$$\text{子囊的形成率}=\frac{\text{子囊总个数}}{\text{子囊总个数}+\text{非子囊细胞总数}}\times 100\%$$

在统计子囊形成率时，可以选择若干个镜头视野，把统计的结果取平均值。

表 10-1　酵母菌子囊孢子的培养情况

菌名（菌株号）	营养培养基	产孢培养基	染色方法	子囊特征	子囊内孢子数	子囊孢子特征（表面纹饰、颜色等）	子囊形成率/%

注意事项

1. 菌种活化的营养培养基要新鲜，保持培养基表面一定的湿润度可提高活化效率。

2. 保证大接种量转接到产孢子培养基上，是形成产子囊孢子微循环的关键。必要时可以用培养液离心的方法收集获取大量的酵母菌体。

五、思考题

1. 如何区别酵母菌的营养细胞、子囊及子囊孢子？
2. 列表统计、比较酿酒酵母不同菌株及不同产孢培养基对子囊孢子的形成情况。
3. 绘制酵母菌子囊及子囊孢子的形态模式图。
4. 思考从子囊中有目的挑取子囊孢子的方法。

（王伟）

实验十一　酵母细胞的核染色观察

一、目的要求

1. 学习对真核酵母细胞的细胞核分色染色方法。
2. 观察酵母细胞的细胞构成及细胞核的形态与分布。

二、基本原理

酵母菌是单细胞的真核微生物，具有高级真核细胞的完整细胞结构，胞内的细胞器和细胞核已全面分化，细胞个体较大，细胞营养体常呈单个体形态存在，是显微镜下观察和了解细胞结构的一种良好的微生物材料。

苏木精（hematoxylin，hematoxylia）是细胞核染色的一种天然优良染剂，由南美苏木（*Haematoxylum campechianum*，又名采木）树的干枝木材用乙醚浸制获得的，是淡黄色到锈紫色的碱性结晶体。苏木精在水溶液或碱溶液中易被空气氧化成氧化苏木精（hematein，又叫苏木素、苏木红），即成为红棕色的染料。氧化苏木精与嗜碱性的核酸或染色质有较好的亲和力，并以离子键形式牢固结合DNA，结合体即被染色，可以使细胞核被染成蓝紫色。配合适当的金属盐和媒染剂，增强染料与细胞核的亲和力，能使着色更深更强，而细胞核以外的原生质体却染色消退，细胞核与原生质的颜色呈现明显的分色差异，深浅反衬，细胞核呈深紫色突出，其形态和细胞内的位置分布在显微镜下呈现清晰的深色影像。

媒染剂的原理都是形成媒染剂-染料-组织复合体，相互吸附从而显示颜色。明矾（钾明矾和铁明矾）、硫酸铵矾和三价铁盐常常被用作媒染剂，以更好展示细胞核和细胞质结构。使用的金属盐不同则颜色也不同，当用铁盐呈现深蓝色沉淀，当用铝盐通常呈现蓝白色沉淀。用酸性溶液（如盐酸酒精、伊红）分化组织后呈红色，水洗后仍恢复青蓝色；用碱性溶液（如氨水）分化后呈蓝色，水洗后呈蓝黑色，等等。苏木精-伊红（hematoxylin-eosin staining，HE）分色染色在组织学及病理学切片检查中也广泛使用。

本实验用苏木精-伊红分色染色法，选铵铁矾溶液做媒染剂，对啤酒酵母进行细胞核的染色观察。

三、材料与用具

1. 菌种

啤酒酵母。

2. 培养基

常规 PDA 真菌培养基，将啤酒酵母培养成试管菌种。

3. 试剂

（1）苏木精染色液

A 液：苏木精 1g、95%乙醇 10ml；

B 液：饱和硫酸铵矾 100ml；

C 液：甲醇 50ml、甘油 50ml。

混合 A、B 液时用滴加的方式，将 A 液滴入 B 液至完全混合，置于广口瓶中，在瓶口覆盖纱布，暴露于可见光空气中，经月余后自然氧化；过滤，即成深红色的苏木红染液。将 C 液混匀倒入，静置 4～5h 后呈深黑色，再过滤，置于棕色玻璃瓶中保存待用。

（2）媒染液

铵铁矾[$FeNH_4(SO_4)_2 \cdot 12H_2O$]的 3%（*m/V*）水溶液。

（3）Bouin 固定剂

饱和苦味酸（水溶液）、甲醛和冰醋酸按 15∶5∶1（体积比）的比例混合溶解（注意干燥的苦味酸能发生爆炸，对皮肤接触亦有毒性。甲醛和冰醋酸对眼睛和皮肤都有一定的刺激性）。

4. 器材

显微镜、载玻片、玻片搁架、接种环、滴管、镊子、吸水纸和玻璃染片缸等。

四、内容与方法

1. 涂片

以无菌操作、常规方法，用接种环取酵母菌种，均匀涂薄在载玻片上，自然或微风干燥。

2. 固定

滴加 Bouin 固定剂于涂菌玻片上，固定 3～5min 后，用 70%乙醇滴流洗脱。

3. 媒染

将上述固定、洗脱好的涂片，全部浸入媒染液中，48～72h，媒染完成。

4. 水洗

取出媒染后的玻片，用自来水流动清洗，将媒染液完全洗去。

5. 染色

将上述洗去媒染液的玻片，浸入到苏木精染色液中，同样染 48～72h 后，染色完成。

6. 再水洗

取出染色玻片，以自来水缓流冲洗，将染色液完全洗去。

7. 分色

分色即是将已染色的酵母细胞玻片褪去原生质的染色，以突出细胞核颜色。将染色水洗后的玻片滴加新鲜媒染液约 2min，水洗，用吸水纸吸干，待显微镜镜检。

8. 显微镜观察

将染色、媒染好的玻片，置于显微镜下观察。结果原生质部分呈浅灰色，细胞核部分呈蓝黑，细胞核的形态与分布清晰可见。

如果分色对比的效果不好，可以将上述的染色和媒染步骤重复进行，直到呈现满意的分色效果。

注意事项

1. 酵母菌涂片时取菌不宜过多，不宜厚聚，尽量均匀摊薄。

2. 铵铁矾媒染液须新鲜配制，每液只用一次；媒染完成必须充分水洗干净，这是分色成败的关键。

五、思考题

1. 绘制酵母菌细胞核染色的观察结果，画出细胞核的精准形态和在细胞中的位置。
2. 根据实验的过程，讨论实验结果及染色成败的关键步骤。
3. 讨论苏木精-伊红分色染色法可能的广泛应用。

（王伟）

实验十二　霉菌的形态及无性孢子观察

一、目的要求

1. 学习掌握用水浸制片法观察霉菌的技术。
2. 了解霉菌细胞的构造和繁殖方式的特点。
3. 了解青霉属、曲霉属、毛霉属与根霉属的形态特征和它们之间的区别。

二、基本原理

霉菌是引起物质霉烂的丝状真菌类的通称，是多细胞的真核微生物，属于微生物中进化比较高级的种类。霉菌的菌体作丝状分枝，称为菌丝。由于菌丝分枝频繁，相互交错，从集成菌丝体，这样霉菌在固体培养基上一般长成绒毛状或棉絮状。

霉菌在系统分类的地位属于真菌中的各个纲，其中绝大部分是属于藻状菌纲的毛霉科、子囊菌纲的曲霉科和半知菌类的线菌科。繁殖方式极其多种多样，有各种无性及有性的生殖方式。

霉菌是一类细胞发育比较完善、形体稍大的微生物，无论在菌体和培养菌落上通常都与原核微生物和单细胞微生物有明显的大小区别，除此之外，霉菌的形态有各种各样的分化，尤其在繁殖器官上显示出大量的个性化独有特征，因此，对霉菌的识别鉴定主要以形态识别为主，如菌丝、孢子、孢子梗、假根和分泌产物等特征都是鉴定的依据，涉及各部分相关的形态、种类、质地、颜色、分枝、分隔、分化度、排列、着生方式、长短、大小、粗细等方面的细微差别，而其中以产孢子和产孢梗为主的整个产孢结构的形态，为霉菌最

重要的识别特征。

三、材料与用具

1. 菌种

黑根霉、毛霉、黑曲霉（或米曲霉）、青霉、白地霉。

2. 器材

显微镜、载玻片、盖玻片、吸管、接种环、镊子等。

四、内容与方法

1. 青霉菌观察

（1）平皿整体观察

将青霉菌落的培养平皿开盖后，直接置于显微镜下，用低倍镜观察。

（2）切块观察

取一个培养有青霉菌的平皿，在青霉菌落的边缘，铲取一薄片带有菌丝的培养基，放于载玻片上，在显微镜下，用低倍镜观察菌丝分隔及扫帚状分生孢子排列的方式。

（3）水浸压片观察

取培养有青霉菌的平皿，挑取一团菌丝（不要培养基），置于滴有一滴蒸馏水的载玻片上，盖上盖玻片，置显微镜下高倍镜观察。

观察青霉菌的菌丝分隔及扫帚状的产分生孢子结构（要求辨认分生孢子梗、小梗、次级小梗及链状分生孢子）（图 12-1）。

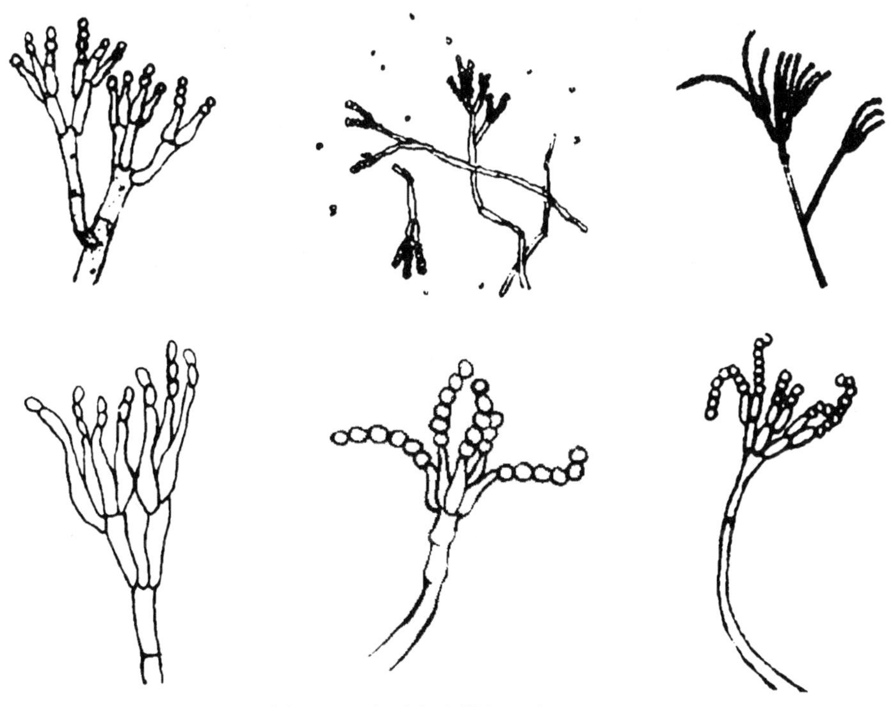

图 12-1　青霉产孢结构的各种形态

2. 黑曲霉观察

（1）培养载片观察

用载片小培养（预先备妥，方法参见“实验三十八　丝状真菌的载片培养与鉴定方法”）的玻片，直接置于低、高倍镜下观察。

（2）水浸压片观察

如果没做小培养的玻片，则取一个培养有黑曲霉的平皿，挑取一团菌丝（不要培养基），置于滴有一滴蒸馏水的载玻片上，盖上盖玻片，置显微镜下观察菌丝分隔情况及分生孢子着生情况（要求辨认分生孢子梗、顶囊、小梗及分生孢子）（图 12-2）。

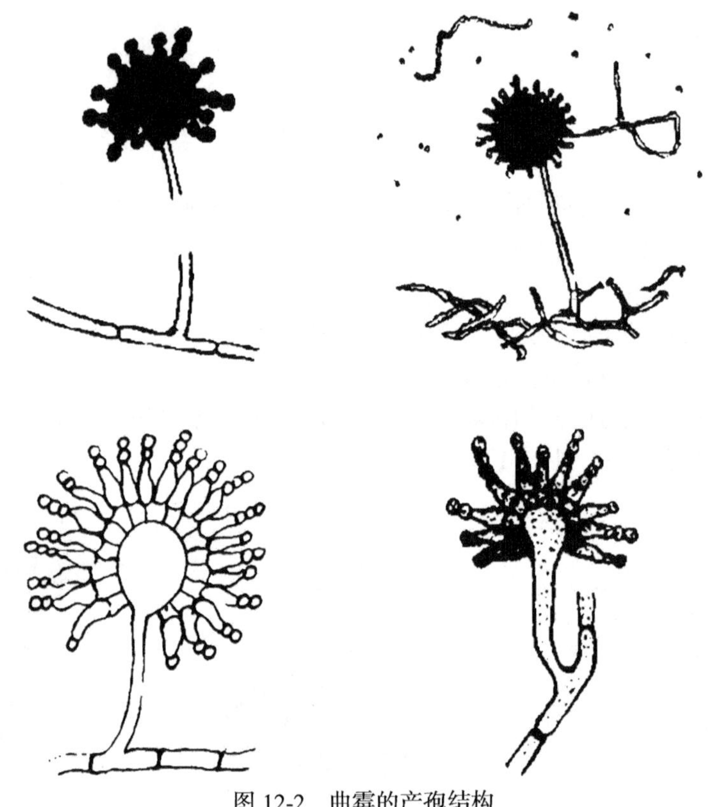

图 12-2　曲霉的产孢结构

外观（上）和纵切面（下）

3. 毛霉和根霉观察

（1）培养载片观察

用实验前准备好的载片小培养的玻片，直接置于低、高倍镜下观察。

（2）水浸压片观察

分别取培养有毛霉和根霉的平皿，以与 1. 青霉菌观察相同的方法制片，并观察菌丝有无分隔，有无假根及孢子囊，着生情况（要求辨认孢囊梗或柄、囊轴、囊托、假根、孢子囊及孢囊孢子）（图 12-3）。

4. 白地霉观察

平板整体观察或切块观察，重点观察白地霉的分节状的分生孢子（节孢子）（图 12-4）。

扫一扫看彩图

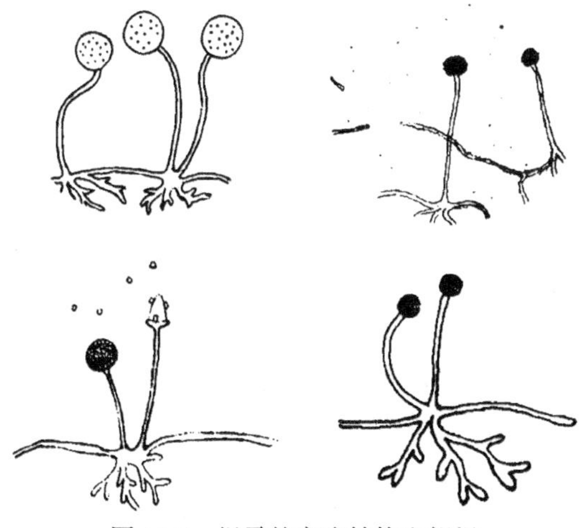

图 12-3　根霉的产孢结构和假根

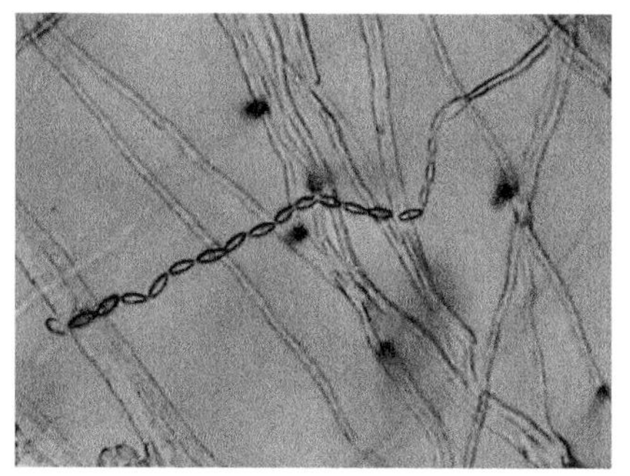

图 12-4　白地霉的分节状的分生孢子（节孢子）

注意事项

霉菌的观察重点在于菌丝结构、产孢结构的特征及孢子的形态和种类，因而挑取菌丝时尽量不要触及菌丝顶端，以免破坏其产孢结构的自然形态。

一般来说，平皿菌落的观察效果不及载片培养玻片的观察。

五、思考题

1. 什么叫作霉菌？它们的分类地位如何（什么纲）？
2. 什么叫作子囊孢子、孢囊孢子、接合孢子、分生孢子？它们是怎样形成的？
3. 为什么观察霉菌时用水浸法制片？
4. 比较细菌、放线菌、酵母菌和霉菌在大小、形态、构造和繁殖方式上的异同。

（王伟）

附：微生物学实验报告

霉菌的形态观察

1. 绘出你所观察的青霉、曲霉和根霉的特征形态图。

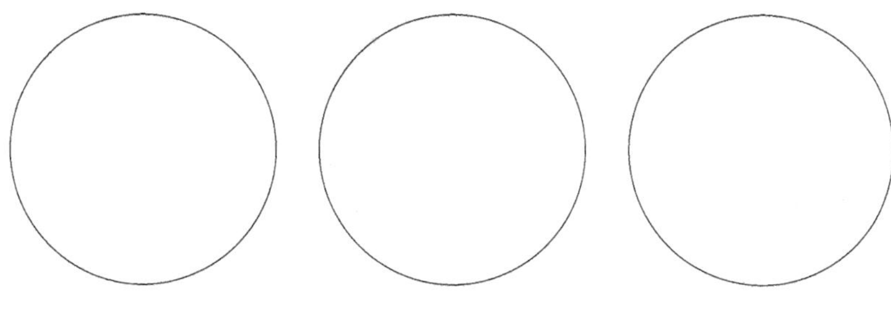

2. 填表比较根霉属、毛霉属、曲霉属和青霉属在形态上的异同。

形态特征	属别			
	根霉属	毛霉属	曲霉属	青霉属
菌丝横隔				
孢子囊				
假根				
无性孢子名				

实验十三　霉菌的有性接合孢子观察

一、目的要求

1. 熟悉霉菌的接合孢子。
2. 掌握诱导和培养根霉形成有性繁殖孢子的方法。
3. 显微观察和识别根霉的接合孢子，了解其形态特征。

二、基本原理

典型的丝状霉菌兼具无性和有性两种繁殖方式，接合孢子（zygospore）是霉菌的一种有性生殖孢子，通过不同菌体性细胞的结合（somatogamy）或由菌丝分化形成同型或异型配子囊（原配子囊），再经配子囊接触，细胞质和细胞核相互融合而形成。产生接合孢子的雌雄配子囊一般形态和大小相同或者相近，结合的过程有同宗配合（雌雄同体）和异宗配合（雌雄异体）两种形式。

根霉的接合孢子一般是异宗配合，由来源于不同性别的两种菌株在同一琼脂平板上杂交形成，经过培养以后，在异性菌丝结合处形成顶端膨大（配子囊）和膨大的融合，产生有性双倍体的接合孢子囊和内生单倍体的接合孢子。整个过程以及形成的配子囊、合子和接合孢子形态，都可以在平板上用肉眼、放大镜和显微镜跟踪观察到。不同性别的两种菌丝分别以“+”（阳性）和“−”（阴性）表示（图 13-1）。

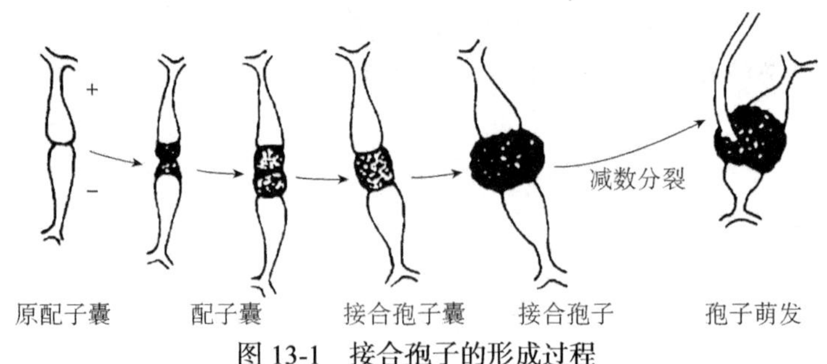

图 13-1　接合孢子的形成过程

三、材料与用具

1. 菌种

黑根霉（*Rhizopus nigricans*），或者匍枝根霉（*R. stolonifer*），“+”和“−”试管菌株各

一支。

2. 培养基

马铃薯（PDA）培养基。

3. 试剂

乳酸苯酚固定液。

4. 器材

培养皿、载玻片、盖玻片、接种针、接种环、镊子、解剖刀、解剖剪、酒精灯、放大镜和显微镜等。

四、内容与方法

1. 活化菌种

通常的根霉试管菌种，在由保藏状态转入实验状态时，一般先要在待实验的培养基上转管培养 2～3 代，使菌种得到充分的活化，获得生长旺盛的试验菌种。“+”和“−”菌株均同样的活化操作。

2. 倒平板

在超净工作台或者酒精灯火焰旁，按照无菌操作手法，将灭菌已熔化的 PDA 培养基倾倒入无菌培养皿至合适高度（一般 10～15ml），合好上盖，自然冷却凝固，待用。

3. 接种与培养

取活化的根霉试管菌种，用接种环挑取菌丝少许，转移接种在凝固的 PDA 平板上。接种时先将根霉“+”菌株的菌丝挑取少许，在 PDA 平板的一侧点接或者划成直线，烧除接种环上残留菌后，再以同样的方法在平板的另侧点接或者直线接根霉“−”菌株的菌丝，“+”和“−”的两菌株之间留有空白间隔。接种完成后将平板置于 23～25℃培养箱内倒置培养 2～5d，不时地进行观察记录，跟踪菌丝的生长。

注意：培养温度不宜过高，菌丝的生长速度不宜过快，否则不利于菌丝的交配从而形成期待中的接合孢子。

4. 制片与观察

在培养的初期，可以肉眼看到菌丝开始复壮生长，两侧菌丝逐渐向中间空白带蔓延，相互靠拢，在靠拢以后的菌丝交界处形成较密集的菌丝丛，如在透视光照下观察会更加明显，菌丝密集，颜色加深，是为接合孢子带，即是菌丝的配子囊和接合孢子囊形成的特征。

可用放大镜或者解剖镜配合观察，注意菌丝交集和融合端的菌丝体膨大现象。

对接合孢子囊和接合孢子的观察有以下两种方法。

（1）制片封片观察

取洁净的载玻片，滴加小滴蒸馏水，或者乳酸苯酚溶液，用解剖刀、镊子或者解剖剪，挑取接合孢子带的少许菌丝，放在载玻片的固定液中，轻轻分散，加盖玻片，置于显微镜下用低倍镜和高倍镜观察。仔细观察接合孢子形成过程中的各种菌丝体特殊形态，注意分辨配子囊、接合孢子囊和接合孢子，以绘图的方式记录观察结果。

（2）直接镜检观察

打开培养皿盖，在中间接合孢子带上轻压一片洁净的载玻片（盖玻片也行），使要观察的菌丝体处在一个贴近玻片下的水平面上，然后整个培养皿放在显微镜平台上，用低倍镜和高倍镜移动观察。此盖玻片方法适应了显微镜的镜头特点，聚焦清晰，能够跟踪看到菌丝自然生长中变化及细部形态，可以较好地捕捉各种特殊的形态结构。

五、思考题

1. 结合对实验的跟踪动态观察，记录和绘制根霉接合孢子的形成过程及各阶段的形态。

2. 进一步熟悉接合孢子形成过程中菌丝、配子囊、接合孢子囊和接合孢子的内在关系，推导其染色体的单、双倍体的演进变化。

（王伟）

实验十四　病毒、立克次体的形态观察及噬菌体效价测定

一、目的要求

1. 认识噬菌斑的形态及昆虫多角体病毒的形态。

2. 认识立克次体的形态。

二、材料与用具

1. 材料

苏云金芽孢杆菌噬菌体斜面、斜纹夜蛾核型多角体病毒（以染毒虫尸为材料）、恙虫热立克次体涂片、病毒形态的电子显微镜照片。

2. 培养基

牛肉汤琼脂培养基（牛肉膏蛋白胨培养基，0.7%琼脂）。

3. 试剂

40%甲醛、70%乙醇、1%NaOH 溶液、5%伊红溶液、1.5%液化琼脂等。

4. 器材

显微镜、无菌培养皿、载玻片、盖玻片、接种针、接种环等。

三、内容与方法

1. 病毒的形态观察

病毒为超显微的微生物，除较大的病毒外，一般不能在普通显微镜下见到，本实验以电子显微镜下的病毒形态照片为示范。

2. 苏云金芽孢杆菌噬菌体蚀斑的观察及效价的测定

病毒虽然在普通显微镜下无法看到，但由于噬菌体（细菌病毒）能够裂解特异细菌（微生物），利用这个特点，我们可以证实它的存在。例如，生长丰盛的含菌平板，一旦被该菌特异的噬菌体污染后，细菌被裂解，这样我们在生长丰盛的平板中可发现空斑，称为噬菌斑。噬菌斑的出现即证明了细菌病毒噬菌体的存在。

现用双层琼脂平板法制备苏云金芽孢杆菌的噬菌斑，具体操作如下。

（1）选用菌体

选用苏云金芽孢杆菌和苏云金芽孢杆菌噬菌体。

（2）稀释噬菌体

从噬菌体斜面取 2 环噬菌体放入 9ml 无菌水中作为原液，然后逐级稀释 10 倍成为 10^{-1} 至 10^{-8} 的梯度浓度。

（3）倒底层平板

每平皿倒已加热熔化的 1.5%液化琼脂约 10ml。

（4）倒上层平板

装有 5ml 0.7%琼脂的牛肉膏蛋白胨培养基的试管，加热熔化后放于 50℃左右的水浴箱内保温备用。实验皿每皿取一支牛肉膏蛋白胨培养基试管加入 1ml 苏云金芽孢杆菌的菌液和 0.1ml 的噬菌体稀释液，摇匀后倒入已凝固的底层平板上层。取 10^{-8}～10^{-5} 各个连续梯度稀释度再逐一各做两皿。

（5）做对照

按以上方法制备一个不加噬菌体的平板作为对照。

（6）观察、统计和计算

待上层平板凝固后，倒置于 37℃培养 18～24h，观察平板表面空斑的形状和数量，并计算出原液的噬菌体效价。

所谓噬菌体的效价测定，就是测定噬菌体的浓度，即测定 1ml 培养液中含有活噬菌体的数量，这个量叫作噬菌体的效价。

取噬菌斑每皿平均数在 10～100 个的稀释度，按公式 $n = Y/VX$ 计算，n 为效价，Y 为噬菌斑数目，X 为噬菌体稀释度，V 为噬菌体稀释液的体积（ml）。

例如，当稀释度为 10^{-5} 时，在 0.1ml 噬菌体样品中有 120 个噬菌斑，则

$$\text{噬菌体原液的效价} = 120/(0.1 \times 10^{-5}) = 1.2 \times 10^{8}\ \text{个噬菌体/ml}$$

3. 斜纹夜蛾核型多角体病毒的观察

昆虫病毒能在寄主昆虫细胞内产生特殊的晶体颗粒，这些颗粒常常是单个或多个病毒粒子被包围在不溶于水的蛋白质膜内，结晶成了多角体，一些多角体的直径可达 0.5～15μm，放在普通显微镜下可以见到，现以斜纹夜蛾核型多角体病毒为代表，学习涂片检查。

（1）实验材料与方法

被病毒感染的斜纹夜蛾。

具体方法如下：

取夜蛾体表层下的黏液（2 环）→涂布玻片→自然干燥→化学固定（40%甲醛-70%乙醇，1∶9，10～20min）→吸干固定液→助染（1% NaOH，1min）→水洗→染色（5%伊红，3～5min）→水洗→干燥→油镜镜检。

（2）涂片

挑取感染病毒的虫尸流出的黏稠液体少许于载玻片上，涂匀制成涂片。

（3）固定

涂片经空气自然干燥后，用 40%甲醛和 70%乙醇混合液（1∶9，体积比）固定 10～20min。

固定涂片时，均以固定液覆盖玻片为度，并注意在固定时间内添加固定液，不让其干涸。

（4）用滤纸吸干固定液

（5）助染

加 1% NaOH 溶液于涂片上，处理 1min。NaOH 的作用是使多角体蛋白质晶格松散，或使蛋白质晶格的结构改变，以达到助染的目的。

（6）水洗去碱性溶液

（7）染色

用 5%伊红溶液染色 3～5min，水洗。

（8）镜检

显微镜油镜下观察，见粉红色的多边体，多数五边形、六边形，也有少数是三边形和四边形，大小为 1.6～5.0 μm，多数为 2～3 μm，为多角体病毒。

4. 恙虫热立克次体形态观察

立克次体的大小，相当于较小的细菌，在普通显微镜下可以见到。通常情况下为球杆状，可由于培养条件或时间的不同，出现长杆状或丝状，具多形态性。本实验以恙虫热立克次体为示范片观察。

四、思考题

1. 为何根据噬菌斑的数量可以测定噬菌体的浓度？
2. 认识噬菌斑与病毒多角体在实践上有什么意义？

（王伟）

实验十五　大型伞菌的子实体担孢子观察

一、目的要求

掌握压片法观察伞菌的担子和担孢子形态。

二、基本原理

伞菌目真菌的子实体就是通常所说的蘑菇类。典型的子实体形如伞状，包括菌盖、菌柄、位于菌盖下面的菌褶或菌管、位于菌柄中部或上部的菌环和基部的菌托。其有性繁殖器担子和担孢子着生在伞盖下面菌褶两边的子实层上，子实层在生长初期往往被易脱落的内菌膜覆盖，成熟时完全外露。担子无隔，担孢子单孢，无色或有色，它的形状、大小、色泽和纹饰等是分种的重要依据。用石蜡切片或者徒手切片法制成玻片标本，可在显微镜下观察到担子和担孢子的形状、颜色及其着生方式等。

三、材料与用具

1. 材料

成熟的伞菌子实体。

2. 试剂

蒸馏水、50g/L 的 KOH 溶液等。

3. 器材

载玻片、盖玻片、眼科镊、蒸馏水、解剖针、显微镜等。

四、内容与方法

1）取干净的载玻片和盖玻片，用镊子夹住在酒精灯火焰上快速地来回过几次，目的是烧掉玻片上的有机物沾污（注意：盖玻片很容易烧碎，一定不要久烤）。

2）待载玻片冷却后，在其中央加一小滴蒸馏水（如选用干菇作为观察材料，可以用50g/L 的 KOH 溶液代替蒸馏水，这样可以使干缩的担子及担孢子恢复到原来大小）。然后用眼科镊在标本的菌褶中间部分夹取米粒大小的一块褶片浸于蒸馏水或 KOH 溶液中，并用解剖针将褶片分散（若用干菇，则要待稍浸润后再进行分散）。

3）加盖玻片时，先使其一边浸于载玻片上的溶液中，再慢慢放下另一边，确保不留气泡。然后可用铅笔上的橡皮头挤压或轻轻敲打盖玻片（注意不要把盖玻片压碎）。

4）待材料呈极薄的膜状分散后，即可置于显微镜下，先低倍镜再高倍镜观察。可通过升降聚光器或调节光圈，调整视野亮度，便可清楚地观察到担子、担孢子及其他结构的大小、形态和排列状态。

五、思考题

绘制伞菌担孢子着生在担子上的形态图，注明各部分的名称。

（宁曦）

实验十六　原核与真核微生物菌落的比较识别

一、目的要求

1. 熟悉各大类微生物群体形态的特征。
2. 进一步加深对四大类微生物菌体（单体）形态的认识。
3. 学会通过微生物外形观察来区分四大类微生物。

二、基本原理

工农业生产常用的微生物有四大类，即细菌、酵母菌、放线菌和霉菌。由于每一大类微生物个体形态的不同，在一定条件下，决定了它们菌落特征的差异，不同种类的微生物菌落在其形态、大小、色泽、透明度、黏湿度、致密度以及边缘情况等方面都有所差异。常用四大类微生物菌落的基本特征见表 16-1。

表 16-1 四大类微生物形态特征比较

特征		菌类			
		细菌	酵母菌	放线菌	霉菌
菌落特征	形状质地	湿润、光滑、薄平	湿润、光滑、厚凸	干燥、皱、紧密、坚硬	干燥、疏松、绒状或棉絮状
	大小	一般较小，不能无限扩展	一般比细菌大，不能无限扩展	一般较小，不能无限扩展	大，能无限扩展
	透明度	半透明或不透明	不透明或稍透明	不透明	不透明
	颜色	多样	单调（多数乳白色，少数红色）	多样	多样
	正反面颜色	一致	一致	不一致	一致或不一致
	与基质结合	不牢、易挑起	不牢、易挑起	牢固	较牢固
	气味	臭味或其他	酒香味或其他	土腥味或其他	霉味或其他
个体形态	形状	球、杆、螺旋状	卵圆、椭圆	菌丝状	菌丝状
		单细胞	单细胞	单细胞（多核）	一般多细胞
	大小	小而均匀	大而分化	菌丝细而均匀	菌丝粗而长，分化
		球状：0.5～2μm，杆状：0.5μm×（1～5）μm	通常（3～5）μm×（8～15）μm，也有（1～5）μm×（5～30）μm	基内菌丝直径 0.2～0.8μm，气生菌丝直径 1.1～1.4μm	直径 3～10μm
	细胞结构	原核细胞 无核膜	真核细胞 有核膜	原核细胞 无核膜	真核细胞 有核膜

根据这些菌落的基本特征，一般就可以区分常见与常用的四大类微生物，以便利用与改造它们，特别是在菌种筛选、菌种辨认等方面，采用这种菌落识别的方法简便快速，因而在工农业生产和科学实践中，应用得非常广泛。

三、材料与用具

1）四大类微生物的平板。

2）被微生物腐蚀的各种天然基质。

四、内容与方法

1）根据学过的知识，进一步熟悉和掌握各大类微生物的基本特征，一是菌落（群落）宏观特征；二是菌体（个体和群体）微观形态特征。

2）运用区分各大类微生物的原则，区分鉴别平板菌落和被微生物腐蚀的天然基质的菌群。注意观察中须牢牢把握两大特征，菌落宏观特征用肉眼和感官评定，菌体微观形态用显微镜观察。

3）记录观察结果，分析判断，得出鉴定结论。

五、提示与要求

1. 把上述观察和鉴定的结果，用简洁准确的文字，记录在实验报告的表中，作为一次阶段检验考查。

2. 独立完成，不得在课堂上相互交流和讨论。

3. 四大类微生物指通常意义上的细菌、放线菌、酵母菌和霉菌，不必鉴定到属和种。

4. 根据所提供的平皿和实物（基质）上的生长菌或者单独菌落进行观察鉴定，如果平皿或者基质上存在不止一类菌，则可以任选其中之一最有把握的进行鉴定。

5. 观察鉴定的依据可以注意菌落的形态、质地、大小、色泽、透明度、黏湿度、致密度、扩散度及边缘情况等外观指标，逐一观察记录，参看上述表格综合判断。注意给出结论的充分且必要的条件。

6. 对各种基质上未形成完整菌落或者较难判断的生长菌，可用前面所学的各种制片和染色方法，通过显微镜微观检查的方式加以全面综合的判断。

六、思考题

1. 四大类微生物相互间的本质区别是什么？这种区别与微生物的形态和菌落有怎样的联系？

2. 微生物的菌落特征与其菌体形态有怎样的关联？

3. 思考在微生物的菌落识别中，哪些是关键特征，哪些是辅助性特征？

附：微生物学实验报告

四大类微生物菌落的识别

请你运用学过的知识，鉴定几种天然基质和人工培养基上的微生物各属于何种类群，用简洁准确的文字填表报告鉴定结果。注意结果的充分必要条件。

编号	基质	鉴定方法及根据	结果

（王伟）

第二章
培养基制备与消毒灭菌技术

实验十七　微生物培养基的制备

一、目的要求

1. 了解培养基的配制原理。
2. 掌握培养基的制备过程，包括培养基的成分配比，调节酸碱度等。
3. 学习固体、半固体和液体培养基的制备。

二、基本原理

培养基是按照微生物生长繁殖或积累代谢产物所需的各种培养物，用人工方法配制而成的营养基质。

由于各类微生物对营养的要求不尽相同，营养条件千差万别，所以人工培养基的种类繁多，但营养物质总不外乎以下几类：水、碳源、氮源、无机盐和生长因子等。培养细菌常用肉汤蛋白胨培养基，培养放线菌常用淀粉培养基（高氏一号），培养霉菌常用麦芽汁或马铃薯培养基。如在培养基中加入某种化学物质以抑制一些杂菌的生长，而促进某些菌的生长，称为选择性培养基。这种培养基适用于从土壤中或混有多种微生物的样品中分离所需要的微生物。根据培养基的物理性质来分，又可分为液体、固体、半固体三种。

可根据不同的目的配制不同性状的培养基：固体培养基是液体培养基中加入1.5%～2%的琼脂；半固体培养基是液体培养基中加入0.3%～0.5%的琼脂；液体培养基则不需要加入琼脂。

培养基除了满足微生物所必需的营养物之外，各类微生物还要求有一定的酸碱度和渗透压，霉菌和酵母菌的pH要求偏酸，细菌、放线菌的pH为一般中性或微碱性，因此每次配制培养基时，都要将培养基的pH调节到所需的范围。

三、材料与用具

1. 培养基

（1）牛肉膏蛋白胨培养基（肉汤培养基）

牛肉膏0.5g、蛋白胨1g、NaCl 0.5g、蒸馏水100ml，pH7.6。

将此配方加2%琼脂，则制成固体培养基；加0.5%左右琼脂，则制成半固体培养基。

（2）马铃薯培养基（PDA培养基）

马铃薯 20g、蔗糖 2g、琼脂 1.5～2g、蒸馏水 100ml，pH 自然。

（3）高氏一号培养基（淀粉培养基）

可溶性淀粉 2g、K_2HPO_4 50mg、$MgSO_4$ 50mg、KNO_3 100mg、$FeSO_4$ 1mg、NaCl 50mg、琼脂 1.5～2g、蒸馏水 100ml，pH 7.2～7.4。

2. 材料

牛肉膏、蛋白胨、NaCl、琼脂、可溶性淀粉、K_2HPO_4、$MgSO_4$、KNO_3、$FeSO_4$、马铃薯、蔗糖、10% NaOH、10% HCl 等。

3. 用具

试管、三角瓶、烧杯、漏斗、量筒、纱布、棉花、天平、电炉、牛皮纸（废报纸）、棉绳、玻棒、pH 精密试纸等。

四、内容与方法

1. 称量

按照培养基的配方，准确称量。

2. 溶解

在容器内先盛少量水，按培养基成分顺序将各组分放入容器内加热溶解，然后补至所需水量（如配方中含有淀粉，需要先用少量冷水调成浆状才能倒进热水中）。

3. 调 pH

制备好的培养基往往不能符合所需要的酸碱度，故需用 pH 试纸或酸度计来测试校正。一般用 10% NaOH 或 10% 盐酸调至所需的 pH。

4. 熔化

如是配制固体培养基，需加入琼脂，并加热至琼脂完全熔化。在熔化过程中必须经常搅拌，避免烧焦或外溢，最后须补足在加热过程中所蒸发的水分（可在加热前于器皿壁上做刻度标记，完了再补足水分至此容积刻度）。

5. 过滤

液体培养基用滤纸过滤，固体培养基用纱布趁热过滤。一般无特殊要求的情况下，这一步可以省去。

6. 分装

取玻璃漏斗一个，装在铁架上，漏斗下连接一橡胶管与一玻璃管嘴相接。橡胶管上加弹簧止水夹，用以控制管内液体的流止。分装时，培养基盛于漏斗中（固体培养基须趁热分装），用左手拿着空试管的中部，并将漏斗下的玻璃管嘴插入试管内，以右手拇指及食指开放弹簧夹而中指及无名指夹住玻璃管嘴，使培养基直接流入管内（图 17-1）。注意不得污染上段管壁，尤其要避免污染管口或瓶口，以免沾湿棉塞，引起杂菌污染。

7. 装量

液体分装高度以试管高度的 1/4 左右为宜，固体为管高的 1/5 为宜，半固体的为管高的 1/3 为宜，分装三角瓶的容量以不超过三角瓶一半为宜，倒平板时一般每皿装 15ml 左右。

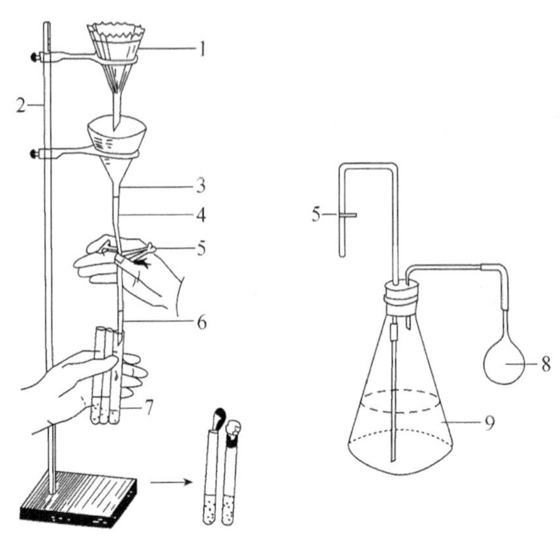

图 17-1　试管培养基的分装装置

1. 过滤漏斗；2. 铁架；3. 玻璃三角漏斗；4. 乳胶管；5. 弹簧铁夹；6. 玻璃滴管；7. 试管；8. 洗耳球；9. 培养基

8. 制备棉花塞及包扎

所有装好培养基的试管及三角瓶，在进行灭菌前都应加上棉塞封口，这样可以过滤空气，避免受外界空气杂菌的污染。做棉塞的材料以非脱脂的棉花为好，避免吸水吸湿。棉塞要松紧合适，紧贴管壁不留缝隙，以防空气中杂菌沿缝隙侵入容器。可以在棉塞外面包一层医用纱布，用棉线将开口端扎牢，这样做出的棉塞规整美观，方便多次使用。

图 17-2 所示为棉塞的一种常用做法。棉塞的 2/3 应在管内，上端露出 1/3，便于拔取。棉塞大小及形状，应如图 17-3 所示。

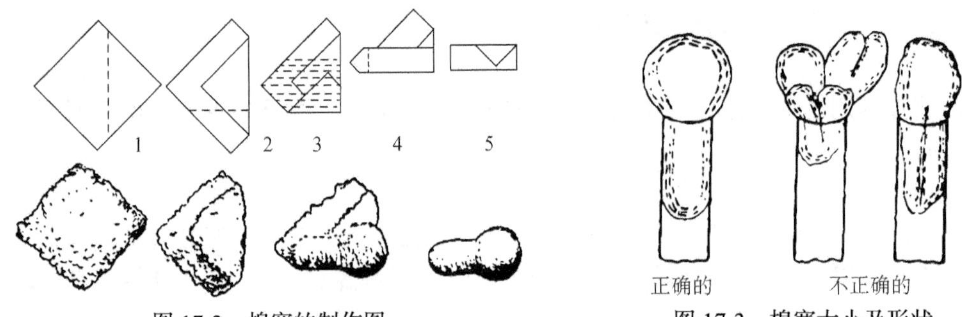

图 17-2　棉塞的制作图

图 17-3　棉塞大小及形状

棉塞塞好之后，将试管扎成捆，试管口端外包一层牛皮纸或废报纸，用棉线或橡皮筋捆扎结实，并挂一标签，注明培养基的名称、种类及组别。

棉塞也可用方便实用的铝质或者塑料的试管帽代替（图 17-4）。现在也常用透气良好的专用硅胶试管塞或瓶塞，棉塞的使用反而越来越少了。对于三角瓶的瓶口，除去用棉塞或硅胶塞之外，也可用多层医用纱布或者铝箔纸作短期的封口。

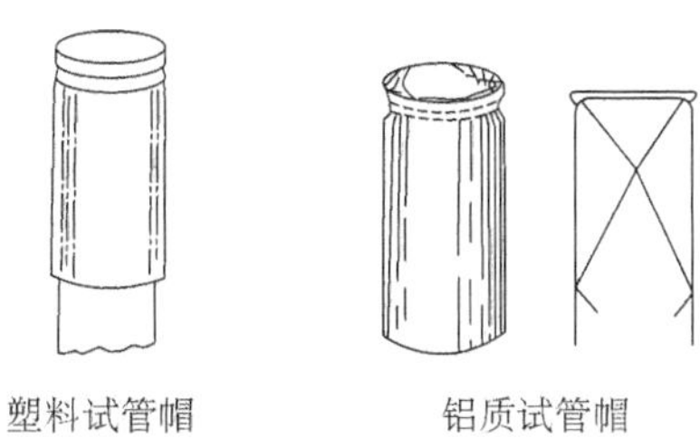

图 17-4　试管帽

9. 高压蒸汽灭菌

具体操作见“实验十八　灭菌与消毒技术”部分。

10. 放置斜面

灭菌后需要摆斜面的固体培养基，在未凝固前将试管搁置在一根长的玻棒或木棒上，使试管口端略高于试管底端，待冷却凝固后即成斜面培养基。斜面的长度一般不要超过试管总长的1/2，如图17-5所示。已捆绑成扎的试管，可以成捆地摆放斜面，不必拆散摆放。

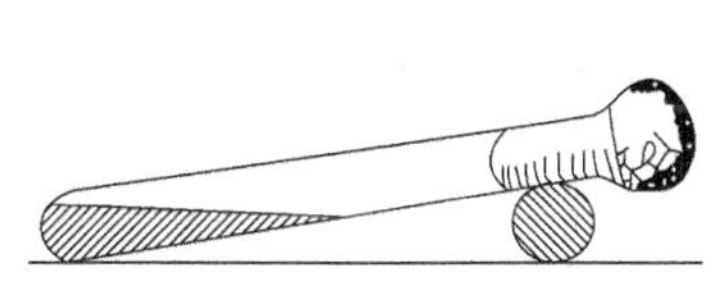
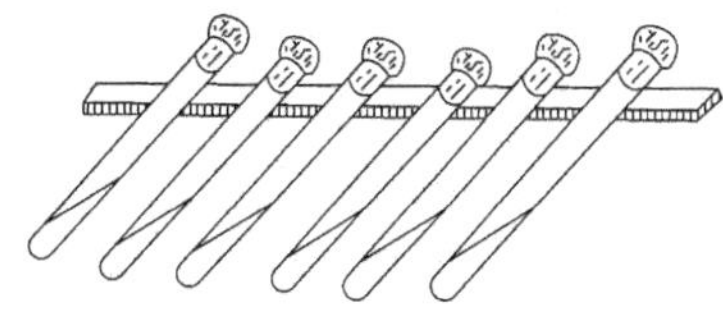

图 17-5　斜面的摆法

注意事项

1. 加热过程要求不断搅拌和补充蒸发去的水分。

2. 分装培养基时，注意避免使培养基在瓶口或试管壁上端黏附，以免沾湿棉塞，容易引起杂菌污染。如不慎沾上了培养基，应用纱布拭净再塞棉塞。

3. 培养基配好后，必须立即灭菌，如暂时不灭菌，应放入冰箱暂存。

4. 培养基的灭菌时间和温度，需按照各种培养基的要求进行，以保证灭菌效果和不损坏培养基的营养成分。

5. 灭菌后的培养基，一般必须放在37℃恒温箱中，保温培养1～3d，无菌生长方可使用。

五、思考题

1. 培养不同微生物能否用同一培养基和统一的pH？为什么？

2. 培养基为什么要灭菌后再用？为何各种培养基的灭菌时间和温度有所不同？

附：数字化教程视频

1. 电磁炉的使用及注意事项
2. 电子天平的操作
3. 斜面试管培养基的制备

电磁炉的使用及注意事项

电子天平的操作

斜面试管培养基的制备

（王伟）

实验十八　灭菌与消毒技术

一、目的要求

1. 了解消毒灭菌的基本原理及其应用。
2. 学习掌握实验室中常用的灭菌方法和消毒方法。

二、材料与用具

高压蒸汽灭菌锅、恒温电热干燥箱、蔡氏滤器、培养皿、吸管、真空泵、紫外灯等。

三、基本原理及方法

灭菌与消毒二者含义不同，前者是指杀死或消灭一定环境中的所有微生物，后者是指消灭病原菌或有害微生物。灭菌与消毒的方法很多，可分为物理方法和化学方法两大类。物理方法包括加热灭菌（湿热灭菌、干热灭菌），过滤除菌，紫外线灭菌等。化学方法主要是利用有机的或无机的化学药品对实验用具和其他物体表面进行灭菌或消毒。

下面分述各方法的基本原理及操作。

1. 加热灭菌

加热灭菌包括湿热灭菌和干热灭菌两种。

湿热灭菌可包括高压蒸汽灭菌、间歇灭菌、煮沸灭菌等。

干热灭菌可分成直接灼烧法、恒温干燥箱灭菌法等。但无论哪种加热的方法，其基本原理是一样的，即通过不同的加热使细菌体内蛋白质凝固变性，从而达到杀灭细菌的目的。蛋白质的凝固与蛋白质中含水量的多少有关，含水量较多者，其凝固所需要的温度较低。反之，含水量较少者，需较高温度才能使蛋白质凝固。因此，灭杀芽孢比灭杀营养体所需要的温度高。

在同一温度下，湿热灭菌的杀菌效率比干热灭菌大，因为在湿热灭菌情形下，菌种易于吸收水分，使蛋白质易于凝固，湿热灭菌的穿透力强，而且当蒸汽与被灭菌物体接触凝成为水时，又可放出热量，使温度迅速增高，从而增加灭菌效力。

（1）高压蒸汽灭菌

高压蒸汽灭菌是利用高压蒸汽来达到灭菌的目的，其温度在100℃以上，有强大的杀菌能力，灭菌时是利用高压蒸汽灭菌锅（图18-1、图18-2）进行的。高压蒸汽灭菌常用于对液体物质的灭菌，一般使灭菌锅在排尽残留冷空气后，控制并保持锅内压力在0.1MPa，即15lb/in^2（psi）或1.05kgf/cm^{2}下，使锅内温度达到121℃，维持25min（特殊情况下，一些耐热性差的营养培养基，可通过降低灭菌压力并延长灭菌时间的方式，达到灭菌的效果而又尽量保证培养基中的每一种营养成分不招致灭菌的破坏）。

1）普通高压蒸汽灭菌锅操作程序。

a. 打开灭菌锅盖，向锅内加适量水（切记！不加水或水量不够将可能导致加热灭菌中将灭菌锅彻底烧干，继而烧爆发热管，使灭菌锅报废）。

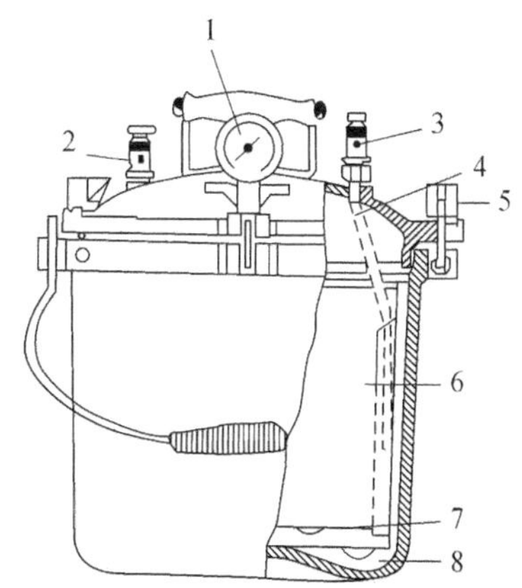

图 18-1　手提式高压蒸汽灭菌锅

1. 压力表；2. 安全阀；3. 放气阀；4. 软管；5. 紧固螺栓；6. 装料桶；7. 筛孔架；8. 水

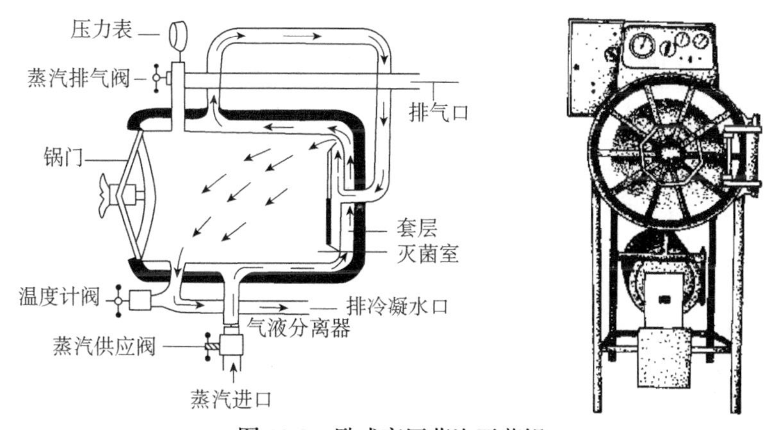

图 18-2　卧式高压蒸汽灭菌锅

b. 加水后，将待灭菌的物品放入锅内（不要放太挤、太满，以免影响蒸汽的流通和灭菌效果），加盖旋紧螺旋，使蒸汽锅密闭。

c. 打开蒸汽活塞（放气阀、放气开关、排气阀），加热（煤气、蒸汽或其他的加热方式均可），自排气口开始产生蒸汽后让其自然排气 10min（此时蒸汽将锅内的冷空气由排气孔排出），之后关闭放气活塞，让温度随蒸汽压力的逐渐增高而缓慢地上升。锅内压力的升降情况可通过压力表读出，待读数逐渐上升至所需的压力数后，通过控制热源的强度大小（比如调低热源电压、减少热源或关闭部分发热管组等）或调节排气（可通过排气阀缓慢均匀地排除部分热蒸汽），维持压力恒定在所需的数值及维持所需的时间，待时间终了后关闭热源，压力随之下降并逐渐回零。

高压锅（灭菌锅）上的放气阀（排气阀）是个很重要的控制部件，可以灵活开闭，用于对锅内压力进行人为地控制调节。但当锅内压力很高时，放气阀的开启不能过大，以免引起锅内物质冲爆，或引发危险。安全阀（保险阀）也是一个控制气流和气压的部件，在锅内压力过高、超过额定数值时，安全阀会自动开启以减压排险。正常情况下不需要手动安全阀，更不要用安全阀来代替放气阀做排气的功用。

d. 当压力表显示锅内的气压降至 0 时，彻底打开排气阀，使锅内外气流相通后，始能旋开锅盖，取出锅内物品。压力未降至 0 时，切勿打开锅盖，以免引起冲爆危险。如果时间急迫，可以关闭热源后通过排气阀用人为控制缓慢排气，使压力快速回降至 0，再开锅取物。取物时须戴上手套或使用毛巾，小心谨慎，避免烫伤或弄洒灭过菌的物品。

e. 灭菌后，培养基放置于 37℃温箱 24h，作无菌培养检验。

若无菌生长，可保存备用。

若是斜面培养基，则从锅内取出后趁热立即摆成斜面，待冷却凝固后也放于 37℃培养。若无菌，保存备用。

高压蒸汽灭菌是应用最广的一种灭菌方法，一般培养基、玻璃器皿以及传染性标本等都可以应用此法灭菌。但应用此法灭菌的一个关键是在压力上升之前，必须先让蒸汽将锅内的冷空气完全驱尽后，再关闭排气阀门，否则，虽然压力表上指示 0.1MPa，但锅内的温度还只有 100℃（表 18-1），达不到正常灭菌所需的 121℃，结果往往会造成灭菌不彻底或灭菌失败。

表 18-1　灭菌锅内留有不同分量空气时，压力与温度的关系

压力数			全部空气排出时之温度（℃）	2/3 空气排出时之温度（℃）	1/2 空气排出时之温度（℃）	1/3 空气排出时之温度（℃）	空气不排出时之温度（℃）
（MPa）	（kgf/cm^2）	（lb/in^2）					
0.03	0.35	5	108.8	100	94	90	72
0.07	0.70	10	115.6	109	105	100	90
0.10	1.05	15	121.3	115	112	109	100
0.14	1.40	20	126.2	121	118	115	109
0.17	1.75	25	130.0	126	124	121	115
0.21	2.10	30	134.6	130	128	126	121

注：压力单位过去一般用 lb/in^2（psi）和 kgf/cm^2 表示，现在已不用，改用法定压力单位 Pa 表示，具体换算关系为：
1psi≈6.89kPa≈6894.76Pa
$1kgf/cm^2$≈98.07kPa
1bar＝100kPa＝0.1MPa≈14.5psi≈$1.02kgf/cm^2$

注意：使用高压灭菌设备涉及压力容器安全问题，不可掉以轻心！过程中每台设备须有专人负责看管；使用者必须熟悉并严格遵守操作规程，避免任何疏忽和麻痹大意。

2）全自动高压蒸汽灭菌器。

实验室用的高压灭菌设备现已逐渐步入自动化控制的发展轨道，借助于电脑程序控制和高效精致的控制元件，各种全自动和半自动操控的新型高压灭菌器产品不断出现，基本可以达到对温度、压力、灭菌与保温时间甚至于预排冷空气的过程实现全面自动化控制，既方便了使用操作又极大地提高了工作效能和安全水平，是高压灭菌设备的发展方向。以日产 HIRAYAMA HVE-50 全自动高压灭菌器为例，各项电子轻触式操控按钮和数据显示都集中在控制面板上（图 18-3），清晰明了，灭菌中所需的各种设置选项和操作基本可以在控制面板上分步一次性完成，一旦设定，剩下的灭菌工作就由机器自动完成了。

其操控使用方法详述如下。

a. 机身右侧面板的“POWER”（电闸）向上扳动至“ON”位置，接入电源。按上部控制面板“POWER ON/OFF”开启仪器电源，机器即进入待机状态，面板进程灯的“ST-BY”开始闪亮，消毒模式和温度显示也开始闪亮。

b. 确认前面板右边的压力表指示针在零位（0MPa），将前侧面板上部的开关控制杆横

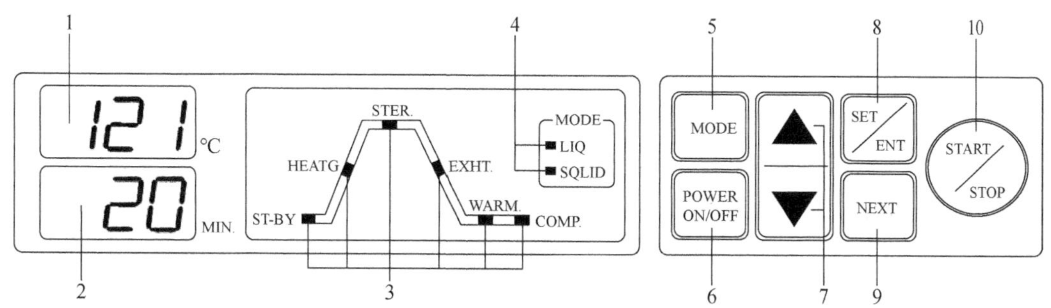

图 18-3　HIRAYAMA HVE-50 高压灭菌器的控制面板

1. 温度或出错显示；2. 时间或排气模式显示；3. 进程显示；4. 工作模式显示；5. 模式选择按钮；6. 电源开关按钮；7. 数值设置增减按钮；8. 设置/设定按钮；9. 选项按钮；10. 启动或取消按钮

拨置于右侧“UNLOCK”开启位。双手紧握上盖把手，上提，打开上盖。加入灭菌用水（蒸馏水或无离子水）至内胆底部中心的水平面量孔高度。用盛物筐装好灭菌物品，分层装入。

c. 放好灭菌物品后，压下上盖，关严至磁吸扣锁牢，将前侧开关控制杆向左横拨至“LOCK”锁止位，排气旋钮按顺时针方向旋紧至“CLOSE”位置。

d. 按“MODE”轮流选择消毒/排气模式，选定后面板“MODE”项下 LIQ（琼脂模式）、LIQ（液体模式）或 SOLID（固体模式）指示灯常亮。

e. 按“SET/ENT”设置，面板温度（℃）显示灯闪亮，按“▲”或“▼”增减调节，设定灭菌温度。再按“NEXT”设置，面板时间（MIN，分钟）显示灯闪亮，按“▲”或“▼”增减调节，设定灭菌时间。

f. 按“NEXT”，可继续设置排气速率（在排气减压模式下）和保温温度（在琼脂模式下），面板显示灯闪亮，按“▲”或“▼”增减调节（此两项在普通液体和固体模式下不定出现）。按“SET/ENT”保存设置，显示器停止闪烁。

排气方式中 P-0：不设置，P-1：微小体积脉冲式排气，P-2：小体积脉冲式排气。

g. 按“START/STOP”启动灭菌，机器进入自动工作状态（第二次按“START/STOP”将取消灭菌）。灭菌开始，面板上的进程灯逐级闪亮以显示机器的即时工作状态，依次进程为 ST-BY（待机），HEATG（升温），STER.（灭菌），EXHT.（减压/降温），WARM.（保温），COMP.（结束）。

h. 灭菌完成，机器鸣叫三次，进程灯固定在“COMP.”位置闪亮，表明机器灭菌工作结束。待前侧压力表读数显示压力归零（0MPa）时，可以开盖取物。

i. 将前侧面板排气旋钮反时针旋转至“OPEN”位置，上端开关控制杆向右横拨回复至“UNLOCK”开启位，用双手上提打开上盖，取出灭菌物品。

j. 最后按“POWER ON/OFF”关闭仪器电源，再向下扳动右侧面板的电闸至“OFF”位置，切断电源，结束灭菌。

注意事项

1. 每次使用灭菌器前必须检查机器内胆是否有足够的灭菌用水，须保证水位不低于底部中间水面量孔中的铁条，并且要使用纯净无离子水。长期不用时要排干内腔存水。

2. 使用中须经常检查机身前部排气壶内的水位，务必保持在“LOW”和“HIGH”之间。

3. 前部面板的手动排气旋钮在使用中须处于关闭状态。

（2）间歇灭菌

有些培养基如明胶培养基、含糖培养基、牛乳培养基等，因不耐高温，可采用间歇灭菌法。间歇灭菌的温度和时间要求为 100℃下 30min，这样的温度和时间，是足以杀死一切细菌的营养体，但是不能杀死芽孢，因此采用此法灭菌是将待灭菌培养基经第一次灭菌后（100℃，30min），取出到温箱培养半天，使其芽孢萌发为营养体，第二次再经 100℃灭菌 30min，使其萌发的营养体被杀死。为彻底避免其中仍有芽孢残留，第三次经培养后再灭菌，以达到彻底灭菌。

使用步骤如下。

1）器内加水，锅底加火，100℃，30min。

2）每日加热 30min，连续三次。第一次、第二次灭菌后，把培养基放入 37℃温箱培养 8～12h。

（3）煮沸消毒

注射器和解剖器械等，均可用煮沸消毒。其方法是先将注射器等用纱布包好，然后放进煮沸消毒器内，加热煮沸。一般对于细菌的营养体煮沸即可，但对其他芽孢需要延长时间，往往需煮沸 1～2h。如果在水里加入 1%碳酸钠，可促使芽孢死亡，而且可以防止金属器械生锈。

（4）干热灭菌法

利用热空气灭菌，适用于试管、吸管、三角棒、培养皿等玻璃器皿的灭菌，对培养基或溶液、纤维和橡胶用品则不能用此法灭菌。干热灭菌是利用恒温干燥箱（图 18-4）进行的。

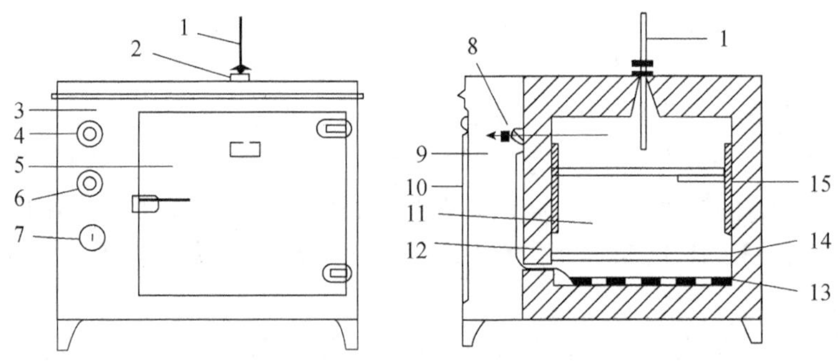

图 18-4　恒温干燥箱的外观和内部结构

1. 温度计；2. 排气阀；3. 箱体；4. 控温旋钮；5. 箱门；6. 指示灯；7. 开关；8. 温控阀；9. 控制室；10. 侧门；11. 工作室；12. 保温层；13. 电热器；14. 散热板；15. 搁板

使用步骤如下。

1）将包扎好的待灭菌物件放入恒温干燥箱内。

2）将门关好，插上电源插头，打开开关，旋动恒温调节器至所需温度。

3）待温度上升至 160℃时，借恒温调节器之自动控制，保持温度 2h，即灭菌完毕。

4）中断电源，让温度自然下降，待温度降至室温差不多时，打开箱门，取出灭菌物品。

注意事项

1. 灭菌的器皿必须干燥，否则容易破裂。

2. 三角瓶、试管均应在瓶口（管口）配上棉塞，或者瓶塞、试管塞、试管帽、纱布和铝箔纸等使封口，再外包一层纸并用棉线扎牢（如果用铝箔纸封口则不宜线扎）；培养皿、三角扩散棒、移液管（吸管）应用纸包好（图 18-5，移液管包扎前应在上端管口内塞入少许棉花，起过滤空气的作用），方能灭菌。

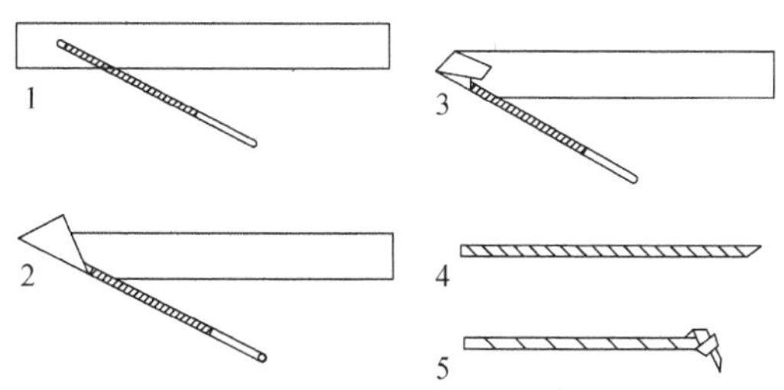

图 18-5　移液管（吸管）的纸包扎方法

3. 灭菌温度不超过 170℃。否则棉花和纸会烧焦，甚至会发生燃火事故，所以在使用时要随时检查温度情况，以防止自动恒温调节失灵。

4. 灭菌结束后，箱内温度依然很高，不要立即开启箱门。若温度没有降下就开门，冷空气突然进入高温的箱内，玻璃器皿会炸裂，热空气冲出，有致皮肤灼伤和身体受创的危险，因此，切忌灭菌完毕立即打开箱门，必须等温度降至 60℃以下时方能打开。

2. 过滤除菌

过滤除菌是用细菌过滤器（图 18-6）进行的一种除菌方法，此过滤器的过滤板孔眼非常小，致使细菌不能通过，故滤液即是无菌。某些不能用热力灭菌的培养基或其他溶液（如抗生素、血清等），可用细菌滤器除菌。常用的细菌滤器有赛氏滤器、玻璃滤器等。

过滤除菌的操作步骤如下。

1）将过滤器及抽滤瓶等全部装置，用纸包好，在使用前先进行高压蒸汽灭菌 30min。

2）用无菌操作把滤器安装于抽滤瓶上。

3）以橡胶管连接抽滤瓶与安全瓶（中间可连一个水银检压计），再将安全瓶接于抽气装置上。抽气装置开动时形成负压抽气，帮助过滤。一般可在自来水龙头上接抽气装置，利用自来水快速流动造成负压。安全瓶也可直接接在真空泵上，用真空泵抽滤负压更大，速度更快（图 18-6，抽滤式）。

4）将要过滤的溶液注入滤器内，再开动抽气机，即开始过滤，在滤液快滤完时，即可停止过滤。

5）用无菌操作将滤液倒入无菌瓶内，置于 37℃的温箱培养 24h，若无菌生长，可保存备用。

6）滤器用毕后，须立即浸入 20%来苏水溶液中浸泡半小时，之后用 2%NaOH 通过滤器，除去脏物，再用 0.1mol/L HCl 通过滤器使碱中和。最后用蒸馏水过滤，直到过滤水的 pH 为 7.4 为止，干燥、灭菌后再使用。

注意事项

过滤时间不宜太长，因低压能使弯曲运动的细菌通过滤器。但亦要避免过度减压，因微小颗粒将堵塞于滤器微孔内，而失去过滤效能。一般以 100～200mm 水银柱减压为限。

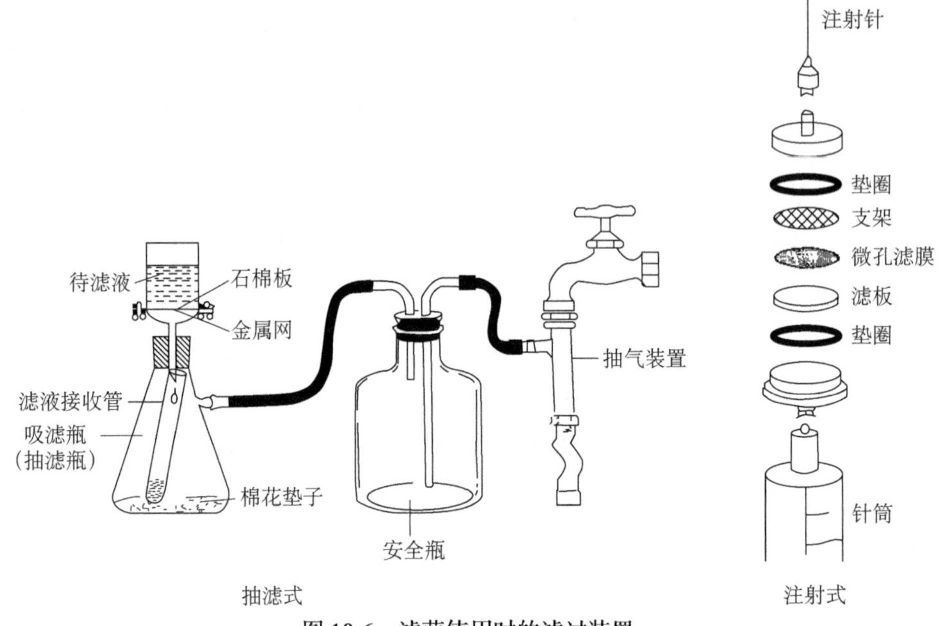

图 18-6　滤菌使用时的滤过装置

3. 紫外线灭菌

紫外线具有强烈的杀菌作用。一般细菌用紫外线照射 5～10min，即可死亡。无菌室、无菌罩都必须用人工的紫外灯（波长 255nm）照射半小时后才能使用。因紫外线穿透力不强，故紫外线照射前，室内必须清洁干净，否则达不到灭菌效果。

4. 无菌室的消毒方法

1）紫外线消毒。

2）喷雾消毒。

在没有紫外灯设备的情况下，可将无菌室（或无菌箱）抹干净后，用 5%苯酚或 1%来苏尔喷雾消毒。亦可用 5%苯酚、1%来苏尔或 2%～5%漂白粉滤液喷雾消毒，使空气中带有杂菌的灰尘落地。

3）熏蒸消毒。

使用前一天用福尔马林熏蒸消毒（如福尔马林有过多的白色沉淀，可在熏蒸之前加几滴硫酸）。熏蒸的方法是将福尔马林放在瓷碗中（每立方米房间加入约 10ml 福尔马林），加火熏蒸（或加少量 $KMnO_4$），使之挥发至干即可。

此外，接种室（或生产车间）消毒，还可用硫黄熏蒸，用量约每 200m^3 0.5kg。

以上各方法均应在门窗关紧的情况下进行。

四、思考题

1. 高压蒸汽灭菌开始时，为什么要放尽容器内的冷空气？灭菌后，磅压未降低到“0”时，为什么不可开锅？

2. 高压蒸汽灭菌为什么比干热灭菌要求温度低而时间短？

3. 如果没有高压蒸汽灭菌锅时，应怎样进行培养基的灭菌？

附1：微生物学实验报告

培养基的制备、灭菌与消毒

填写下列各空格：

1. 培养细菌通常用________培养基；放线菌用________培养基；霉菌用________培养基。

2. 制备培养基的主要步骤：①________，②________，③________，④________，⑤________，⑥________，⑦________，⑧________。

3. 熔化琼脂时要注意：①________，②________。

4. 分装培养基时要注意：①________，②________。

5. 高压蒸汽灭菌一般压力控制在______MPa，约合______lb/in²（psi）或者______kgf/cm²，温度______℃，维持______min，待压力降至______时，才能打开锅盖。

6. 干热灭菌一般温度控制在________℃，维持________h。待温度降至________℃以下才能开箱。

7. 高压蒸汽灭菌的关键是________，否则会造成________。

附2：数字化教程视频

1. 常用玻璃器皿的洗涤、干燥、包扎与消毒灭菌
2. 高压蒸汽灭菌锅的使用方法
3. 电热恒温干燥箱的使用方法

常用玻璃器皿的洗涤、干燥、包扎与消毒灭菌

高压蒸汽灭菌锅的使用方法

电热恒温干燥箱的使用方法

（王伟）

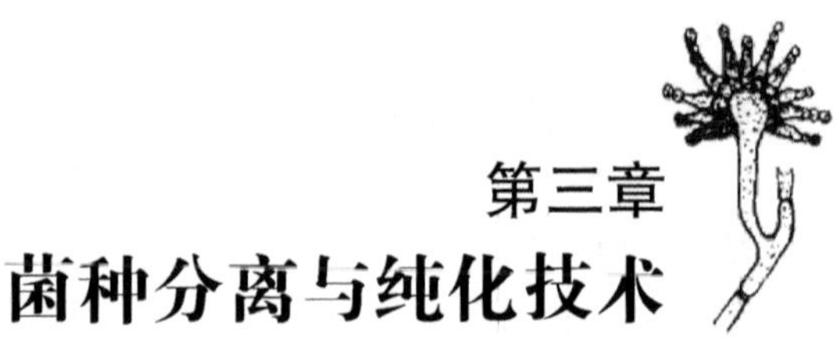

第三章
菌种分离与纯化技术

实验十九　微生物的接种分离技术与菌种的冰箱保藏

一、目的要求

1. 了解微生物纯种分离的原理和在实践中的应用。
2. 掌握微生物最基本的无菌操作接种、分离和纯培养方法。

二、基本原理

微生物的接种是指将微生物的纯化菌种转接到适合该菌种生长的无菌培养基上，以进行纯种的传代培养，其要点是转接和传代中不得有任何的外源微生物介入或污染。微生物的分离与纯化则是从自然界或混杂微生物群体中将微生物进行相互分离，以获得微生物的单一纯菌种或者纯菌株。微生物的接种和分离是微生物学的重要技术手段，对此技术的熟练掌握是从事微生物学工作的基本要求。

自然界中微生物的种类多、数量大，而且都是杂居在一起。纯种分离将从含有多种杂居微生物的材料中，通过稀释分离、划线分离、单孢子分离等方法，使它们分离成为单个个体并在固体培养基上的固定地方繁殖成为单个菌落，从单个菌落中挑选所需纯种。有时候，为了更有效地分离获得某一类群的微生物品种，还会针对性地设计筛选性培养基和相适应的培养条件，根据待分离微生物的生长要求，或加入某种抑制剂造成有利于该微生物生长而抑制其他微生物生长的环境，从而淘汰那些不需要的微生物，来进行单菌分离获得纯种。纯种再经繁殖培养后，可用于进一步研究形态、生理等特征，以便更好地应用于工农医实践中去。

从微生物群体中经分离生长在平板上的单个菌落并不一定就是纯培养的，有时对纯培养的确定除观察其菌落特征外，还要结合显微镜检测个体形态特征。有些微生物的纯培养要经过一系列分离与纯化过程和多种特征鉴定才能得到。

微生物接种分离的所有操作，自始至终均须按照无菌操作的规范要求进行，避免过程中遭受任何的杂菌干扰和污染。

三、材料与用具

1. 菌种

八叠球菌、四联球菌、枯草芽孢杆菌、变形杆菌、白色葡萄球菌。

2. 培养基

牛肉膏琼脂培养基、高氏一号培养基、马铃薯培养基。

3. 材料

土壤样品。

4. 用具

无菌培养皿、无菌吸管、无菌移液管、无菌水、无菌试管斜面、酒精灯、涂布棒、接种环、接种针（图 19-1）和培养箱等。

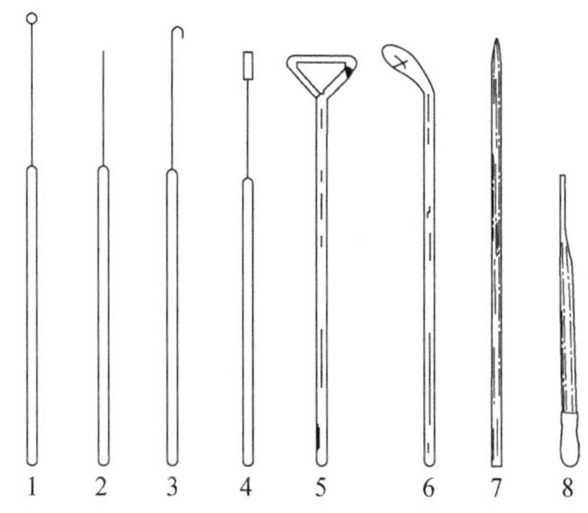

图 19-1　微生物的常用接种及分离工具

1. 接种环；2. 接种针；3. 接种钩；4. 接种铲；5、6. 玻璃涂布棒（三角棒）；7. 移液管；8. 滴管

四、内容与方法

1. 试管琼脂斜面接种

图 19-2 为用无菌操作将微生物从一个斜面培养基上接种至另一个斜面培养基上的操作方法。

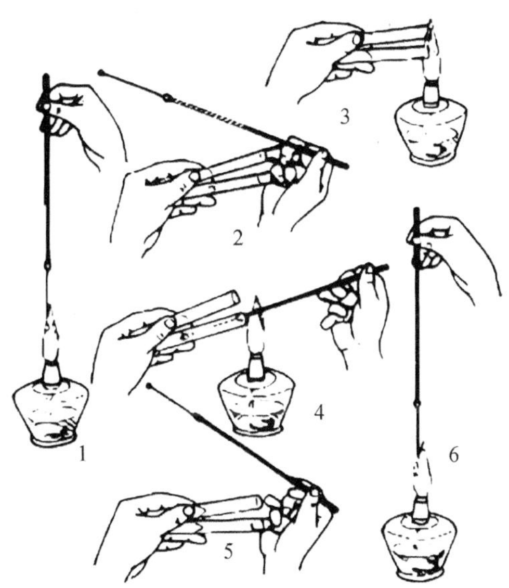

图 19-2　斜面接种的无菌操作规程

1. 灼烧接种环；2. 拔出试管塞；3、4. 移种；5. 重新加塞；6. 烧菌

1）接种前将试管贴上标签，注明菌名、接种日期、接种人姓名等。

2）点燃酒精灯。

3）将菌种和斜面培养基的两支试管用大拇指和其他四指握在左手中，使中指位于两试管之间的部分，试管底部贴近掌心。斜面向上，管口齐平，并使它们位于水平位置（图 19-3）。

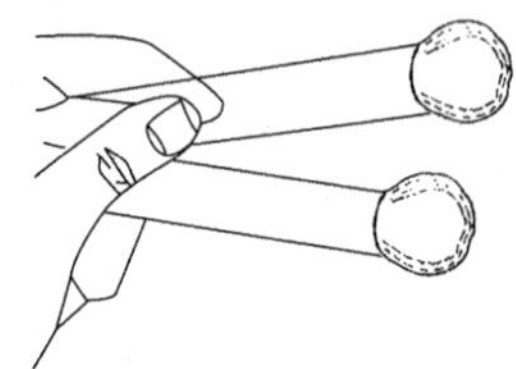

图 19-3　左手手握菌种试管和待接试管的方法

4）先将试管塞用右手拧转松动，以利接种时拔出。

5）右手拿接种环，在酒精灯火焰上将小圆环部分烧红灭菌，圆环以上凡于接种时可能进入试管的部分，都应用火焰灼烧。

以下操作都要使试管口靠近火焰旁。

6）用右手小指、无名指和手掌拔除管塞，并将管塞夹在手指间。

7）不断转动试管口（靠手腕的动作）以火焰灼烧管口一周，使管口上可能沾染的少量菌或带菌尘埃得以烧去。

8）将烧过的接种环伸入菌种管内，先行触碰没有长菌的培养基部分（如斜面的顶端），使其冷却，以免烫死被接种的菌体。然后轻轻接触斜面上的菌体，刮取少许菌落，再慢慢将接种环移出试管。

注意：不要使环的部分碰到管壁和管口，取出时也不可使环通过火焰，更不可触及其他无关的物品或桌面。

9）迅速将接种环在火焰旁伸进另一无菌斜面试管，在培养基斜表面上轻轻划线，由底至顶（由内向外、由下而上）划曲折线或波浪线，直线亦可（图 19-4），划线一次完成。

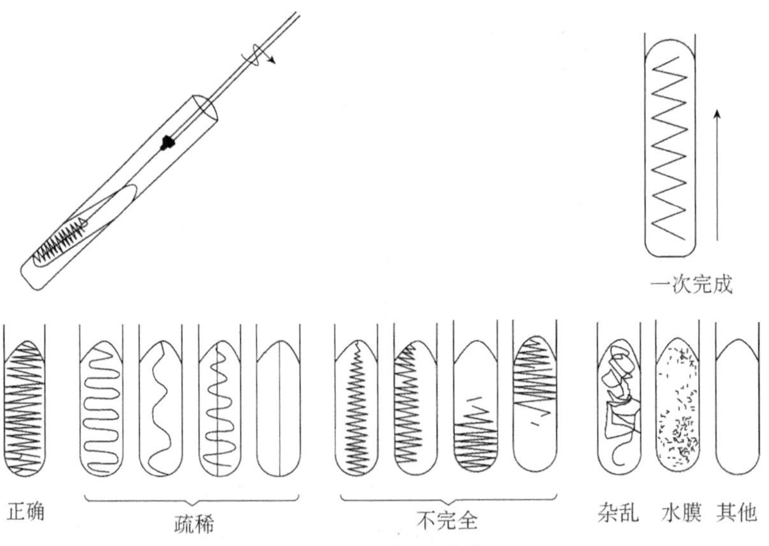

图 19-4　斜面接种示意图

注意：不要把培养基划破，也不要使菌种污染管壁。

10）退出接种环，再灼烧试管口，随后在火焰旁将管塞塞上。塞管塞时，不应将试管去迎管塞，以免试管在运动时纳入不洁空气。

11）放回接种环前，将环在火焰上再行灼烧灭菌。放下接种环后，再腾出右手将试管塞塞紧。

12）斜面接种的结果观察：观察斜面接种经培养后的菌落生长情况，有否杂菌污染及能否清晰观察到菌落的斜面培养特征等。

2. 液体培养基接种

1）与琼脂斜面接种方法相同，在酒精灯火焰旁完成。可使试管口略向上斜，避免培养基液体流出。

2）将取有菌种的接种环，送入液体培养基时，要使环在液体表面与管壁接触的部分轻轻摩擦、研匀，使菌种均匀分布在液体中，如由液体菌种接种至液体培养基，只需取出一环菌液在待接液体培养基中轻轻搅动即可。接种后塞好管塞，将试管在手中轻轻打动，混匀液体。

3）液体接种的结果观察：观察接种培养后，菌体在液体培养基中的生长情况。有些菌在液体培养基中生长后使培养基均匀混浊，有些菌则在表面形成菌膜，有些在管底产生沉淀。

3. 穿刺接种

1）用接种针（必须很挺直）在火焰旁以无菌操作，取出少许菌种。

2）将接种针移入半固体或琼脂深层培养基，自培养基中心点刺入，直到接近管底，但不要穿透（图 19-5、图 19-6），然后，沿穿刺途径慢慢将针拔出。穿刺的接种针须保持直线进出，勿使左右摆动，这样可使接种线笔直整齐，易于观察。将上述已接种之试管同置于37℃温箱中培养 24～48h，观察其生长情况。

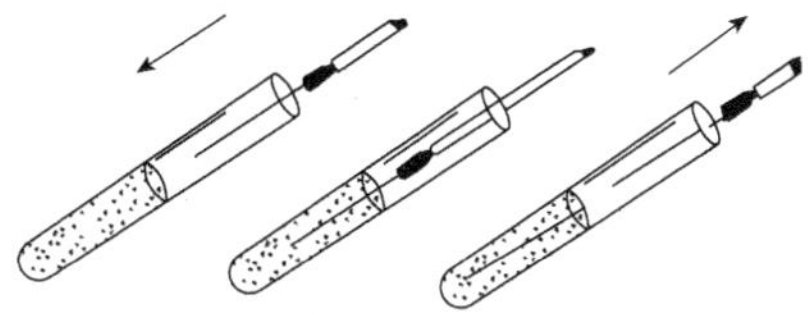

图 19-5　穿刺接种示意

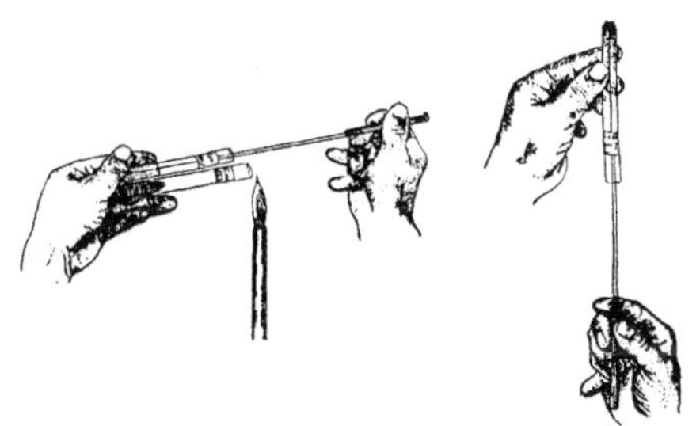

图 19-6　水平式穿刺接种和垂直式穿刺接种

3）穿刺接种的结果观察：观察穿刺轨迹上菌种生长情况，由此判断该菌是否具备运动能力以及它的呼吸类型。

穿刺接种一般用于下列两种情况下，一是需要检定菌种是否具有独立运动能力时，如果菌在半固体培养基上穿刺接种后，只限于在穿刺直线上生长，其培养以后的生长轨迹为直线，则说明该菌不运动；而如果生长轨迹由穿刺直线向四周蔓延扩散（常常呈扇形面外向扩展），说明该细菌能活动，具有独立运动能力。二是针对一些稍厌氧的品种，在培养基表面生长不良，必须接种深入到培养基的深部，才能保证菌种的良好生长，故由此法接种培养也可大致判定培养菌的生长与供氧的关系（微生物的呼吸类型：好氧、厌氧、兼性好氧与兼性厌氧）。

4. 琼脂平板划线分离

1）平板的准备。

a. 加热熔化琼脂培养基，待冷却至 50℃左右，取一无菌培养皿置于实验台上。

b. 右手持盛有培养基之试管或三角瓶，用左手小指和无名指之间夹取管塞，管口在火焰上灼烧一圈灭菌，然后移离火焰，斜置于火焰旁边。

左手将培养皿盖打开少许，开口处靠近火焰。尽快注入试管（或三角瓶）中液化的培养基，约 15ml，使其厚度为 3～4mm，加盖后立即轻轻晃动培养皿，使培养基分布均匀，平置于桌上，待冷却凝固后即成琼脂培养基平板（图 19-7）。

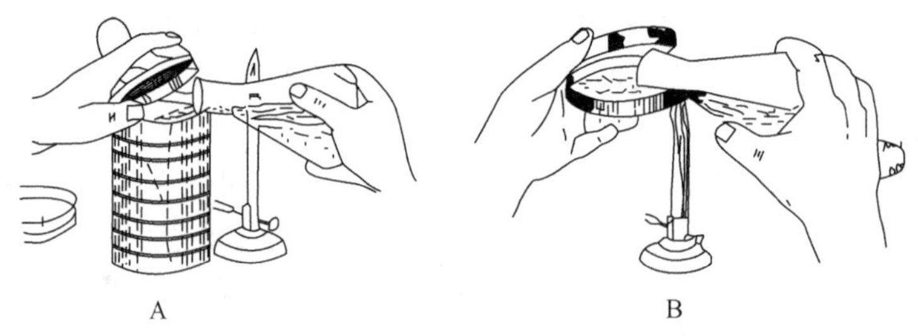

图 19-7　将培养基倒入培养皿内（倒平板）

A. 皿架法；B. 手持法

2）划线分离须以无菌操作严格要求，在超净工作台和酒精灯火焰旁完成。左手持凝固的琼脂平板，用手掌的后几个指头托住皿底，拇指和食指卡住皿盖，靠近火焰，在火焰旁打开培养皿盖成倾斜状，使皿盖与皿底成一夹角开口。不可使手指触碰到培养皿内边缘，同时平板开口不能与口腔相对，也不可使平板表面向上开盖暴露，以免空气杂菌落入。

3）用灭菌接种环蘸取欲分离的菌液，将粘有菌液的接种环，从夹角开口处进入，在平板表面的一端涂一点，迅速盖好平板，然后将接种环在火焰上灼烧灭菌，待冷却后再依同样方式打开培养皿，开口靠近火焰，在已涂过的菌液点处，开始单方向地在培养基表面划平行线或蛇形线。注意每完成一次划线而即将开始第二次划线时，应将接种环在火焰上再经灼烧灭菌，待冷却后压着第一次线的尾端向另一方向再次划线，此后以同样的方式逐次类推，再划再分离（图 19-8）。这样划线的目的是使待分离的菌液或者菌落在划线中得到逐级稀释，至最终的划线完毕时，由混杂聚集的群体分离成分散单个的菌体。

注意划线仅在培养基表面进行，不要划破培养基，划线时勿使接种环碰到培养皿边缘；另外划线必须单向进行，不宜在一条直线上来回或双向地划。

4）划完后合拢皿盖，将接种环灼烧灭菌，用玻璃铅笔在平板底部注明姓名与日期，底部朝上（倒置）放置 37℃温度中培养 24h，取出观察结果。

5）划线结果观察：观察划线培养后，是否可以得到逐一分开直至最后成单个的菌落

（点状菌落），将单个点状稀疏之菌落挑移至斜面培养基即获得纯菌种，进行纯种培养。

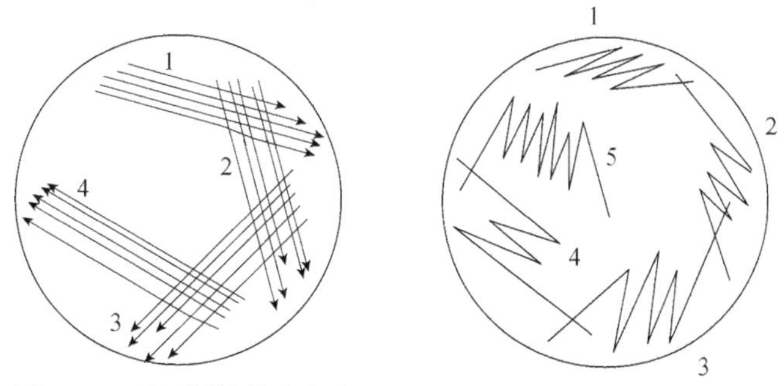

图 19-8 平板划线分离方式（1、2、3、4、5 表示划线顺序）

划线分离的方法操作简单、方便易用，常用在对样品非定量要求下的菌群或单体的分离，适用性强。

5. 稀释分离

分离方法很多，本实验主要利用倾注法进行土壤微生物的分离和保藏，其基本原则系稀释菌源，使菌的浓度按梯度递减，再接少量此稀释菌液于固体培养基上，经培养后，便获得彼此分离和肉眼可见的单独菌落，然后将所需菌落挑出，接种到斜面上培养，获得纯菌种。如菌种不纯，可再依法反复稀释，或配合进行划线分离，最后获得纯菌株为止。

稀释分离方法的过程稍繁，常用在既要求分离得到任何的单个菌落，又能对分离的菌种进行数量统计的情况下。

（1）稀释土壤（图 19-9）

1）称土样 2g，在火焰旁加到一个装有 18ml 无菌水的锥形瓶内。将瓶子摇荡 5min 后，即成 10^{-1} 的土壤稀释液。

2）用一支 1ml 无菌移液管吸取土壤稀释液 1ml，加到一个盛有 9ml 无菌水的试管内，制成 10^{-2} 的土壤稀释液（图 19-10）。

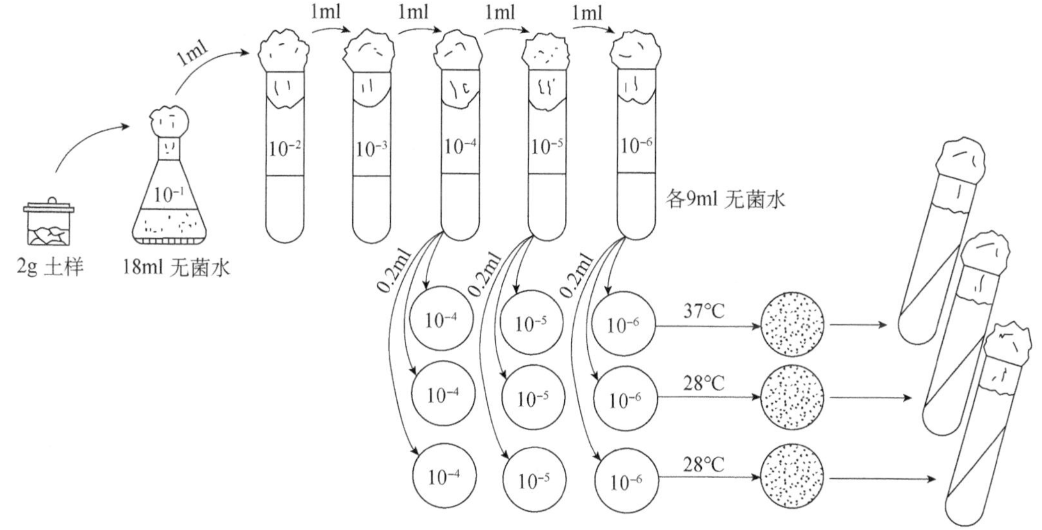

图 19-9 土壤微生物的稀释分离过程

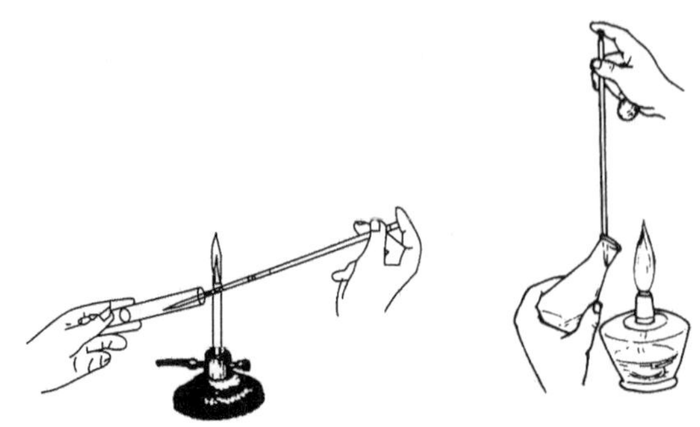

图 19-10 用移液管移接菌液的方法

3）同法按每级稀释 10 倍的次序得到 10^{-3}、10^{-4}、10^{-5}、10^{-6} 的土壤稀释液，可根据土壤中微生物的数量，决定最高的稀释度。

4）稀释完后，分别用无菌的 1m1 吸管，吸取 3 个连续稀释梯度的土壤稀释液各 0.2ml（如 10^{-4}、10^{-5}、10^{-6} 浓度），放入编号的无菌空培养皿中。

（2）平板制作及培养

将熔化好的培养基冷却至 45～50℃左右，倒入带有土壤稀释液的培养皿内（约 15ml），轻轻摇匀（稀释倾注分离）。培养基凝固后将培养皿放入温箱中培养。或者先倒培养基待凝固后再移入土壤稀释液，用扩散棒（涂布棒）将稀释液（0.1ml，约 2 滴）在培养基表面涂布均匀（稀释涂布分离，图 19-11）。

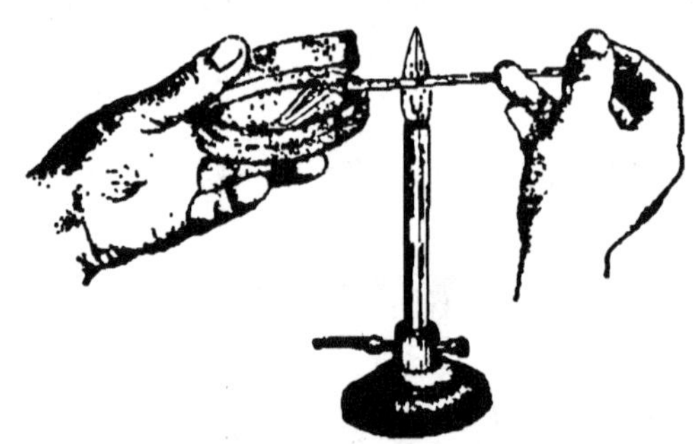

图 19-11 涂布操作方法

每个浓度的土壤稀释液做 2 个淀粉琼脂（高氏一号）培养基，培养放线菌。若要分离细菌，则用牛肉膏琼脂培养基，分离真菌用马铃薯琼脂培养基。

细菌放在 37℃温箱中培养 24h，霉菌及放线菌在 25～30℃培养 5～7d，即出现菌落。

对稀释的倾注式和涂布式分离的培养结果观察，同划线分离一样，也是观察培养基中是否可以得到逐一分开成单个的菌落（点状菌落）。

如果稀释度合适时，样品中的菌株就会彼此分离，培养后长成单独的菌落，根据需要挑选单纯的、不同类型的菌落，接种到斜面培养基上，成为纯菌种。

倾注式分离和涂布式的分离在向培养皿中注入培养物和培养基的操作顺序上，刚好相反。倾注法培养后的长成菌落可均匀地分布于培养基中的各个层面，一般用于单纯对分离菌落的完整计数和统计。而涂布分离则要求分离后培养长成的菌落都长在培养基的表面，便于挑取单菌落。两种分离方法的目的性有所差别。

6. 微生物菌种的冰箱保藏法

在平板上选择分离纯化的细菌、放线菌和真菌菌落，转接至斜面培养基上，待完全生长后，放入冰箱内保存，定期活化和移种（表 19-1）。

表 19-1　各种微生物培养和保藏的方法

菌种种类	培养基	培养温度	培养时间	保藏温度	保藏时间
细菌	肉膏蛋白胨斜面	30℃或 37℃	1～2d	4～5℃	1 个月
放线菌	淀粉斜面	25～30℃	7～10d	4～5℃	6 个月
霉菌	豆芽汁斜面	25～30℃	5d	4～5℃	3 个月
酵母菌	豆芽汁斜面	25～30℃	2～3d	4～5℃	2～3 个月

五、思考题

1. 掌握微生物的分离技术有何实践意义？

2. 平板划线分离与稀释分离的方法有何不同的适用特点？为什么划线时要强调必须单方向地划？

3. 倾注式分离和涂布式分离法在操作程序和分离结果上有何不同点？

4. 为什么加热熔化后的琼脂培养基要冷却至 45～50℃才可倒入培养皿？

5. 微生物的接种分离过程中如何防止杂菌污染？

附1：课堂示例（4学时）

实验内容总览

（一）接种

1. 斜面接种（图 19-2、图 19-4）

每人各接四联球菌、枯草芽孢杆菌和白色葡萄球菌共 3 支。

2. 液体培养基接种（免做）

3. 穿刺接种（图 19-5、图 19-6）

每人各接变形杆菌和白色葡萄球菌 2～3 支。

（二）分离

1. 平板划线分离

1）倒平皿（图 19-7B）：每人倾倒 5 个，皿中培养基厚度 3～4mm。

2）划线（图 19-8）：每人划放线菌 2 个平皿。

3）培养：培养箱中倒置培养。

2. 稀释倾注分离

1）稀释土壤：2g 土壤→18ml 无菌水，每次稀释 10 倍（图 19-9、图 19-10）

2）倾注法倒平皿：3 个连续稀释度的土壤液各 0.2ml，注入 3 个无菌空皿中，倾入 15ml 左右熔化的高氏一号培养基（保温 45～50℃），轻轻摇匀，平置待冷凝固。

3）培养：培养箱中倒置培养。

3. 稀释涂布分离（图 19-11）

1）连续稀释度的土壤稀释液各 0.1ml（2 滴），注入凝固平板，扩散棒充分涂布开来。

2）培养：培养箱中正置培养。

注意：所有接种及分离的试管和平皿，注明班组和姓名，置于培养箱中培养。

附2：微生物学实验报告

微生物的接种与分离

1. 通过实践，你认为划线、涂布、倾注这三种常用分离方法哪一种比较好？理由何在？

2. 采用划线分离法，经过培养后，你是否分离到单菌落？有什么经验或教训？

3. 你在接种分离过程中是否有杂菌污染？原因何在？

4. 从半固体穿刺接种培养后细菌所表现的生长特征，判断你所接的菌种是否有运动能力。

附3：数字化教程视频

1. 移液管的使用
2. 移液器的使用和注意事项
3. 超净工作台的操作
4. 平板培养基制备
5. 试管斜面接种及穿刺接种
6. 平板划线法、倾注法与涂布法分离技术

移液管的使用

移液器的使用和注意事项

超净工作台的操作

平板培养基制备

试管斜面接种及穿刺接种

平板划线法、倾注法与涂布法分离技术

（王伟）

实验二十　苏云金芽孢杆菌的分离和鉴定

一、目的要求

1. 了解苏云金芽孢杆菌的杀虫功效。
2. 学习从土壤中选择性分离苏云金芽孢杆菌的方法。
3. 掌握苏云金芽孢杆菌的形态特点和常规鉴定方法。

二、基本原理

苏云金芽孢杆菌（*Bacillus thuringiensis*，Bt）是一种革兰氏阳性土壤细菌，也是迄今研究最多、应用最为广泛的病原性杀虫细菌，尤其对于鳞翅目昆虫威力强大。苏云金芽孢

杆菌的成熟营养体内能很特别地形成芽孢和伴孢晶体（parasporal crystal），其杀虫活力源于伴孢晶体内含有晶体蛋白——δ-内毒素，此外还有 β-外毒素、α-外毒素和 γ-外毒素。

苏云金芽孢杆菌在自然界中分布广泛，既可在昆虫体内寄生生存，又可在土壤中分解有机体以腐生生存，因而获取菌种不仅可以从罹病虫体中分离，也可以从土壤、落叶及垃圾等物上分离得到。本实验学习以选择性筛选和培养手段，从土壤中分离苏云金芽孢杆菌。

土壤是苏云金芽孢杆菌的良好栖息地，自然也是其他众多微生物的繁殖温床，菌源种类极为丰富。在有目的的分离苏云金芽孢杆菌过程中，必须抑制非目的菌的生长，排除对苏云金芽孢杆菌的培养干扰，才能达到分离纯化苏云金芽孢杆菌的目的，这就是选择性培养的含义。

分离培养苏云金芽孢杆菌中须要选择性抑制真菌类及非芽孢细菌的生长（常以加温处理），又要选择性抑制同类芽孢细菌的生长（适当适量的抗生素处理），再加以一些稀释分离的手段和再纯化过程，获得目标纯菌种，最后通过菌种鉴定和必要时的感染昆虫及毒力活性测试，获得最后的确认。

确证生物活性的苏云金芽孢杆菌经过扩大培养后，收集其菌体并添加适量的填充料，可以制成杀虫菌粉，对玉米螟、松毛虫、棉铃虫、菜青虫、稻苞虫和黏虫等几十种危害农林作物的鳞翅目昆虫的幼虫具有很强的感染杀虫力，是很好的生物防治制剂。

三、材料与用具

1. 材料

土壤样品。

2. 培养基

1）牛肉膏蛋白胨琼脂培养基（平板和斜面），液体培养基。

2）糖发酵培养基（葡萄糖、木糖、阿拉伯糖、甘露醇）。

3）葡萄糖蛋白胨水培养基。

4）柠檬酸盐斜面培养基。

5）硝酸盐培养基。

6）苯丙氨酸脱氨试验培养基。

7）牛奶琼脂培养基。

8）酪氨酸肉膏蛋白胨培养基。

9）明胶培养基。

10）淀粉肉膏蛋白胨培养基。

3. 药品试剂

革兰氏染色试剂、0.1%美蓝染色液、石炭酸复红染色液、乙酰甲基甲醇（VP）试剂、亚硝酸盐试剂。

青霉素、多黏菌素 B、溶菌酶、鲜蛋黄、H_2O_2、10%（m/V）$FeCl_3$溶液、生理盐水、香柏油、二甲苯、无菌水。

4. 器材用具

无菌培养皿、无菌吸管、无菌三角瓶（内装玻璃珠）、试管、酒精灯、涂布棒、接种环、接种针、水浴锅（恒温水箱）、精密 pH 试纸、显微镜、擦镜纸、载玻片、培养箱等。

四、内容与方法

1. 苏云金芽孢杆菌的土壤菌种分离（稀释涂布法）

（1）土壤取样

铲去取样点的土表层，用干净的采样工具铲取土样 50～100g，每个采样点至少取 10 处，并将所采土样装于无菌瓶中混匀，带回实验室风干、碾碎，充分混合后取约 50g 细土，密闭于塑料袋中保存在低温干燥处。

（2）样品处理

称取 10g 土样于 100ml 无菌水三角瓶中（瓶内装有玻璃珠），充分振荡以分散菌体，即成为稀释 10 倍（10^{-1}浓度）的土壤悬液。置于 65℃水浴中预处理 15min，杀灭真菌及非芽孢类微生物。

（3）分离培养基

分离培养基以牛肉膏蛋白胨琼脂培养基，加入适量抗生素（青霉素、多黏菌素 B 或者同时添加，浓度 4～5mg/L）做选择性培养。加入青霉素和多黏菌素 B 对其他芽孢类细菌有较好的抑制作用，而对苏云金芽孢杆菌的影响甚微，因此选择性效果很好，可以较大地提高分离苏云金芽孢杆菌的检出率。但抗生素的含量不能太高，否则同样抑制苏云金芽孢杆菌的生长，影响分离效果。有时在培养基中单独添加多黏菌素 B（浓度 5mg/L）也有较好的分离效果。

琼脂培养基以三角瓶盛装做常规灭菌，灭菌完成立即添加抗生素，待冷却至 50℃左右时倾倒入无菌培养皿备用。

（4）稀释分离

采用 10 倍逐级稀释法，依次得到 10^{-2}、10^{-3}、10^{-4}、10^{-5}、10^{-6}稀释度的土壤稀释液。可根据土壤中微生物的数量，决定最高的稀释度（土壤稀释方法详见“实验十九　微生物的接种分离技术与菌种的冰箱保藏”）。

用无菌移液管取上述 3～5 个连续稀释度的土壤稀释液 0.1ml，每一个稀释度做 3 次重复，分别放入分离培养基的无菌琼脂培养皿中，用无菌三角扩散棒将稀释液涂布开来。

（5）培养、观察和镜检

涂布好的培养皿，倒置于 30℃培养箱中恒温培养。

培养 24h、48h、72h 后，观察记录培养菌落的形态。苏云金芽孢杆菌在牛肉膏蛋白胨培养基中，于培养 24h 后即可形成灰白、大小均匀、黏湿、不透明、有皱纹、边缘不规则的菌落。挑取外观疑似菌落，用石炭酸复红染料染色 1～2min，镜检，观察记录菌体、芽孢和伴孢晶体的形态。如具有杆状营养体、芽孢及伴孢晶体，可初步确定为苏云金芽孢杆菌，挑取这些菌落做重复的培养观察，其余菌落可以废弃。

拟确定的目标菌落最后转至培养斜面，反复转管培养。如菌种不纯，可再依法反复稀释，或配合进行划线分离，直至获得纯培养物为止。

（6）菌种保藏

将检查合格、有伴孢晶体的纯培养菌株，转至无菌斜面，30℃培养 24h 后直接放 4℃冰箱保藏。或取高浓度的斜面孢子悬液于无菌砂土管中，置于真空干燥器内抽真空后 4℃冷藏保存。

2. 苏云金芽孢杆菌的菌种鉴定

（1）细菌形态特征

1）革兰氏染色和芽孢染色。

取 24h 菌龄的培养物，以革兰氏染色法进行染色（方法见“实验四 细菌的革兰氏染色和芽孢染色技术”）并在显微镜油镜下观察，以鉴定菌株属于革兰氏阳性或阴性。

一般情况下，芽孢的观察不是必须通过芽孢染色法，在革兰氏染色或者普通石炭酸复红染色 1～2min 后就能在油镜下看到，苏云金芽孢杆菌的芽孢和伴孢晶体甚至可以不经染色直接在相差显微镜下观察到。极少数情况下才须经芽孢特殊染色（方法见“实验四 细菌的革兰氏染色和芽孢染色技术”）后在普通光学显微镜下观察。

观察芽孢时注意芽孢的形状、大小及着生位置，芽孢囊是否膨大，伴孢晶体的形状与分布等。

当苏云金芽孢杆菌菌体老熟时，芽孢呈椭圆或卵圆形着生于菌体细胞一端，大小为（0.8～0.9）μm × 2.0μm，在细胞的另一端形成一至多个菱形或正方形的伴孢晶体。有时芽孢位于细胞中央，而伴孢晶体却位于细胞两端，完全成熟后的芽孢和晶体常呈游离状。能形成芽孢并同时形成伴孢晶体是苏云金芽孢杆菌区别于其他芽孢杆菌的最显著的形态特征。

2）菌体大小及个体形态观察。

在革兰氏染色观察和芽孢染色观察的同时，注意观察细菌营养体的形态、大小、杆菌两端、排列及分布等个体特征，同时做菌体大小的量值测定（方法见“实验三十一 显微测微技术”），做好记录。

3）鞭毛染色。

鞭毛染色法确定鞭毛的有无及其着生位置等。须取 24h 的培养菌及多个重复实验的一致结论，获得准确的结果（方法见“实验五 细菌的荚膜染色和鞭毛染色技术”）。

4）美蓝染色。

取幼龄培养物用 0.1%美蓝染色液染色，观察原生质中有无不着色的聚 β-羟基丁酸颗粒。

（2）细菌培养特征

1）斜面培养特征。

取牛肉膏蛋白胨斜面试管，用接种环挑少量菌种做由下向上划一条线或弯折线接种，30℃培养 24h，观察其生长情况（形状及光泽等），做好记录。

2）菌落形态。

培养物接种于牛肉膏蛋白胨琼脂平板，置 30℃培养 48h 后，观察记录单个菌落的培养特征（形状、大小、表面、边缘、隆起形状、透明度、干湿度、菌落及培养基的颜色和气味等）。

苏云金芽孢杆菌的培养菌落在牛肉膏蛋白胨培养基上呈乳白色至灰黄色，不透明，湿润，略呈圆形、扁平状，表面有皱纹，边缘稍不整齐。

（3）细菌生理生化鉴定

1）细菌与氧气的关系试验（试验方法见“实验三十九 细菌的鉴定”）。

2）过氧化氢酶反应。

在一洁净的载玻片上先加 5% H_2O_2 一滴，然后挑取 24h 的培养菌落涂抹其上，观察有无气泡出现，有气泡为阳性，无气泡则为阴性。阳性反应表明有过氧化氢酶存在，能将 H_2O_2 分解为 H_2O 和 O_2。

3）卵磷脂酶测定。

卵磷脂酶也是一种分解酶，它能催化卵磷脂的分解反应生成脂肪和水溶性的磷酸胆碱。

$$
\begin{array}{l} CH_2-O-CO-R_1 \\ | \\ CH-O-CO-R_2 \\ | \\ CH_2-O-\underset{\underset{OH}{|}}{\overset{\overset{O}{\|}}{P}}-O-C_2H_4-N^+-(CH_3)_3 \end{array}
\xrightarrow{H_2O}
\begin{array}{l} CH_2-O-CO-R_1 \\ | \\ CH-O-CO-R_2 \\ | \\ CH_2-OH \end{array}
+HO-\underset{\underset{OH}{|}}{\overset{\overset{O}{\|}}{P}}-O-C_2H_4-N^+-(CH_3)_3
$$

卵磷脂　　　　甘油脂或脂肪　　　　磷酸胆碱

制蛋黄平板：在无菌操作下取鲜蛋黄一枚于等量的生理盐水中，充分摇匀制成蛋黄液。取 10ml 蛋黄液加入熔化并冷却至约 50℃的 200ml 牛肉膏蛋白胨琼脂培养基中，混匀后迅速倾倒入无菌培养皿，制成蛋黄平板备用。

实验时用接种针取菌种点接于蛋黄平板表面，每皿点 4 点，30℃培养 48h，观察其生长情况。在菌落周围和菌落下部如有不透明的区域出现，则表明蛋黄中的卵磷脂被分解成脂肪和水溶性的磷酸胆碱，呈阳性反应，说明菌株有卵磷脂酶存在。实验时可设对照进行观察。

4）溶菌酶抗性试验。

制溶菌酶溶液：称取 0.1g 溶菌酶加入 60ml 无菌 0.01mol/L 的 HCl 中，在小火上煮沸 20min 即成溶菌酶溶液。

冷却后此溶液 1ml 与 99ml 已灭菌的牛肉膏蛋白胨液体培养基混合，分装于无菌试管即成溶菌酶肉膏蛋白胨培养液。接种培养，同时设无酶对照管，30℃条件下培养，定期观察记录菌株的生长情况。

5）耐盐性试验。

在牛肉膏蛋白胨液体培养基中添加 2%、5%、7%等不同浓度的 NaCl，同时设正常低盐对照管，接种后 30℃条件下培养，定期观察记录菌株的生长情况。

6）糖（或醇）类发酵试验（方法见“实验三十九　细菌的鉴定”）。

分别测试细菌对 D-木糖、D-葡萄糖、L-阿拉伯糖和 D-甘露醇的利用情况，以及利用葡萄糖产气的情况，做好实验结果记录。

7）硝酸盐还原试验（方法见“实验三十九　细菌的鉴定”）。

8）VP 试验（乙酰甲基甲醇试验）（方法见“实验三十九　细菌的鉴定”）。

9）柠檬酸盐试验（方法见“实验三十九　细菌的鉴定”）。

10）苯丙氨酸脱氨酶试验。

在苯丙氨酸脱氨酶存在下，苯丙氨酸被氧化脱氨将形成苯丙酮酸，遇到 $FeCl_3$ 呈蓝绿色。

苯丙氨酸脱氨试验培养基制成试管斜面，接入菌种，30℃条件下培养 3～7d 后，加入 10%$FeCl_3$ 溶液 4～5 滴，如斜面和试剂交界处呈蓝绿色者为阳性反应，表明菌株分泌苯丙氨酸脱氨酶。

11）酪蛋白水解试验。

将牛奶琼脂培养基制成牛奶平板，将菌种点接于平板上面，每皿接 3～5 点，30℃培养 1d、3d、5d，观察菌落周围和菌落下部是否出现透明圈区域，酪蛋白被分解而呈现透明为阳性反应，表明菌株有分解酪蛋白的能力。

12）酪氨酸水解试验。

具有酪氨酸酶的菌株能使酪氨酸、酚等酚类化合物氧化成醌，再经脱水、聚合等系列反应生成黑色的不溶物质。

将酪氨酸肉膏蛋白胨培养基制成后分装试管，灭菌摆成斜面，接种后置于 30℃条件下培养 3～7d，观察斜面出现黑色素者为阳性反应，表明菌株能产生酪氨酸酶。

13）明胶水解试验（方法见“实验三十九　细菌的鉴定”）。

14）淀粉水解试验。

测试淀粉酶的存在。产生淀粉酶的菌株能将淀粉水解为小分子的无色糊精，进而分解为麦芽糖和葡萄糖，使淀粉遇碘不再变蓝色，由此验证淀粉酶的存在。

淀粉肉膏蛋白胨培养基（加 0.2%可溶性淀粉）分装三角瓶，灭菌后在冷却至 50℃时倒入无菌培养皿。将菌种点接于平板上面，每皿接 3～5 点，30℃培养 2～3d，在菌落周围滴加碘液，这时平板呈现蓝色；如果菌落周围有无色透明圈出现，说明淀粉被水解，为阳性，而此时的透明圈大小其实也反映了淀粉水解能力的大小。

（4）鉴定结果记录

将各项鉴定实验的结果汇总记入表 20-1，然后查阅对照细菌分类鉴定手册的相关内容（见附注 1），最后确定所分离得到的菌株是否为苏云金芽孢杆菌（图 20-1）。

表 20-1　苏云金芽孢杆菌的鉴定实验结果记录表

实验项目		菌株编号			对照
形态特征	革兰氏染色				
	菌体形态				
	菌体大小（长 × 宽），μm × μm				
	原生质均匀与否				
	芽孢（有无、形状、大小、位置）				
	芽孢囊膨大与否				
	伴孢晶体（有无、形状）				
	鞭毛				
培养特征	斜面培养				
	平板培养（菌落形态：形状、颜色、大小、透明度、干湿度、气味、表面、边缘）				
生理生化特性	与氧的关系				
	生长温度（最低～最高，℃）				
	抗溶菌酶（0.001%）试验				
	耐盐性试验（2%、5%、7% NaCl）				

续表

实验项目		菌株编号			对照
生理生化特性	耐酸性培养基（pH5.7）				
	过氧化氢酶反应				
	卵磷脂酶测定				
	葡萄糖发酵				
	阿拉伯糖发酵				
	木糖发酵				
	甘露醇发酵				
	还原硝酸盐				
	VP 试验				
	VP 培养液生长后 pH				
	柠檬酸盐试验				
	苯丙氨酸脱氨酶试验				
	酪蛋白水解试验				
	酪氨酸水解试验				
	明胶液化试验				
	淀粉水解试验				
鉴定结果					

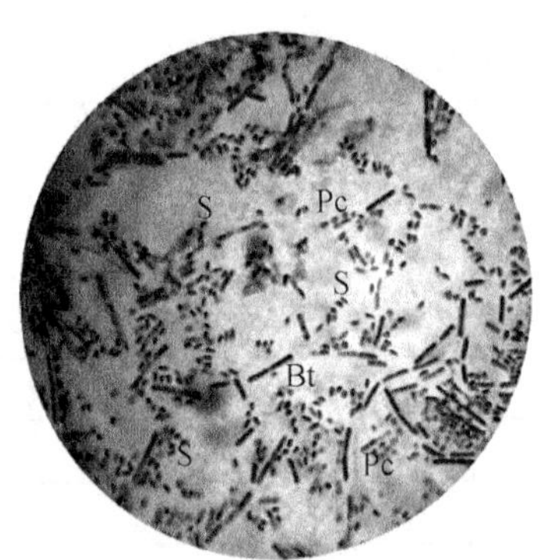

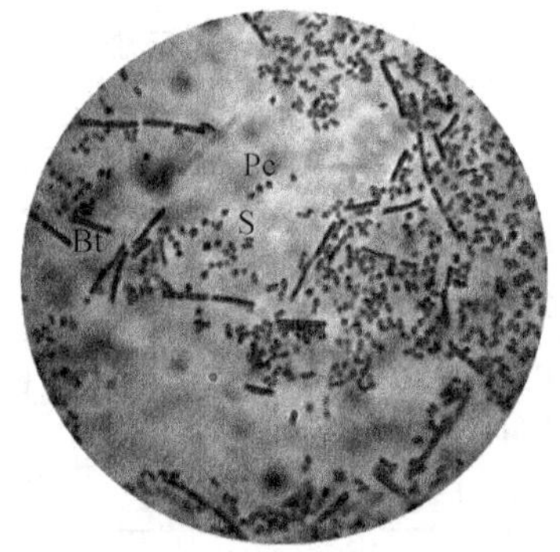

图 20-1　苏云金芽孢杆菌（*Bacillus thuringiensis*）的显微形态（1600×）
Bt. 营养体；S. 芽孢；Pc. 伴孢晶体

五、思考题

1. 苏云金芽孢杆菌有哪些菌落和个体特征？为什么说它比较容易识别？
2. 从土壤中分离苏云金芽孢杆菌为何要用选择性培养基？有哪些具体措施？
3. 设想要获得高生物活性的杀虫菌株，你有哪些途径和方法？

附1：苏云金芽孢杆菌（*Bacillus thuringiensis*，Bt）的鉴定特征

培养菌落在牛肉膏蛋白胨培养基上呈乳白色至灰黄色，不透明，湿润，略呈圆形、扁平状，

表面有皱褶，边缘不规则；革兰氏阳性，兼性厌氧菌。

营养体杆状，单个存在或2～4个形成短链状，两端钝圆，具周生鞭毛，有运动性；体内同时形成芽孢和伴孢晶体，成熟后芽孢和晶体游离。

菌体宽度0.9μm以上[（1.0～1.2）μm×（3～5）μm]，芽孢囊不明显膨大，芽孢椭圆形或柱形[（0.8～0.9）μm×2.0μm]、中生至端生，伴孢晶体菱形、椭圆形、方形或不规则形状，单个或多个出现于细胞的一端或两端。

生长温度10～40℃；生长在葡萄糖营养琼脂上的幼龄细胞，用美蓝淡染色，原生质中有不着色的颗粒。

生理生化性状：VP试验（乙酰甲基甲醇试验）"+"，VP培养液生长后的pH<6；接触酶（过氧化氢酶）反应"+"，卵磷脂酶测定"+"，抗溶菌酶（0.001%）试验"+"，耐盐性试验（7% NaCl）"+"，在酸性培养基（pH5.7）上生长"+"；糖（或醇）类发酵试验：D-木糖"−"，D-葡萄糖"+"，L-阿拉伯糖"−"，D-甘露醇"−"，葡萄糖产气"−"；柠檬酸盐试验"+"，硝酸盐还原试验"+"，苯丙氨酸脱氨酶试验"−"，酪蛋白水解试验"+"，酪氨酸水解试验"+"，明胶水解试验"+"，淀粉水解试验"+"。

附2：数字化教程视频

超声波细胞破碎仪的操作

超声波细胞破碎仪的操作

（王伟）

实验二十一　根瘤菌的分离和鉴定

一、目的要求

1. 掌握从根瘤中分离根瘤菌的方法。
2. 掌握根瘤菌的培养和鉴定方法。

二、基本原理

根瘤菌（rhizobia）是一类广泛分布于土壤中的革兰氏阴性杆状细菌，在合适的条件下，能侵染豆科植物并与之进行共生结瘤固氮。根瘤菌可以将大气中的无机氮转化为有机氮，但是它从植物体内获取营养。实验室培养时，只有当培养基中含有丰富的B族维生素时，才能够旺盛生长，生长最适pH为6.5～7.5。

分离固氮菌首先需要用升汞溶液杀死根瘤表面的杂菌，同时在选择培养基中加入结晶紫以抑制杂菌的生长，或者在鉴别培养基中加入刚果红以检出分离出来的根瘤菌。

三、材料与用具

1. 材料

长有根瘤的大豆植株。

2. 培养基

甘露醇酵母琼脂培养基（YMA 培养基），结晶紫酵母甘露醇琼脂培养基，刚果红酵母甘露醇琼脂培养基，溴麝香草酚蓝酵母甘露醇琼脂培养基（BTB 培养基），石蕊牛奶培养基，牛肉膏蛋白胨培养基。

3. 试剂

革兰氏染液一套。

4. 器材

超净工作台、恒温培养箱、显微镜、接种环、无菌水、无菌刀片、无菌剪刀、培养皿等。

四、内容与方法

1. 分离大豆根瘤菌

选取个大、饱满的根瘤，用剪刀剪下（带部分根），将其浸泡在水中 4～5min，洗去杂质，再用 95%乙醇浸泡 5min，用 0.1% $HgCl_2$ 溶液表面灭菌 5min，再用无菌水冲洗 10 次。

在无菌操作的情况下，将单个根瘤压破后分别在结晶紫酵母甘露醇琼脂培养基和刚果红酵母甘露醇琼脂培养基的平板上做划线分离。28℃培养。一般快生型根瘤菌（苜蓿、三叶草、紫云英根瘤菌）培养 3～5d，慢生型根瘤菌（大豆、花生根瘤菌）培养 7～10d 即可长出菌落。

2. 大豆根瘤菌的纯化培养

根瘤菌的菌落呈圆形、黏质、有光泽，边缘整齐，稍有突起，不吸收或者微吸收刚果红，因而菌落呈现白色。分离挑出典型的单菌落，接种在 YMA 培养基上，28℃培养，所得的菌落用革兰氏染色法检查，如菌落不纯，再次划线分离。

3. 根瘤菌的鉴定

1）挑选的菌落接种于牛肉膏蛋白胨培养基中，经 37℃培养 24～48h，观察其是否能够生长。

2）挑选的菌落接种于溴麝香草酚蓝酵母甘露醇琼脂培养基（BTB 培养基）上，经 28℃培养 5～15d，可以鉴别产酸根瘤菌（浅蓝色变为黄色）或者产碱根瘤菌（浅蓝色变为深蓝色）。

3）挑选的菌种接种于石蕊牛奶培养基中，产酸根瘤菌使石蕊牛奶变红色，并有乳清环，产碱根瘤菌使石蕊牛奶变蓝色。

4）如实验条件许可，可采用气相色谱仪测定固氮酶活性。所分离的菌株接回大豆植株，若能结瘤，并具有固氮活性，表明是根瘤菌。

5）侵染力测定和结瘤实验：种子用浓硫酸处理 1～3min，用水冲洗 8～10 次，置于培养皿中催芽，待种子露白后用对应的豆科牧草根瘤菌拌种，植于砂土中。室温（25～30℃）培养 20～30d 后检查结瘤结果。

6）以大豆根瘤菌总 DNA 作为模板进行 PCR 扩增，从分子水平鉴定根瘤菌，与传统的回接试验相比，具有快速高效的特点，可以极大地提高根瘤菌分离的效率。

五、思考题

1. 培养基中加入结晶紫的作用是什么？

2. 溴麝香草酚蓝在培养基中起什么作用?

（宁曦）

实验二十二　土壤固氮菌的选择性分离

一、目的要求

1. 掌握用选择性培养基分离土壤中自生固氮菌的方法。
2. 掌握划线分离纯化微生物的方法。

二、基本原理

土壤中微生物数量众多，在肥沃土壤中固氮菌的数量也很多，一般分为自生固氮菌、共生固氮菌及联合固氮菌。自生固氮菌大多数是杆菌或短杆菌，单生对生皆有。经过 2～3d 的培养，成对的菌体呈“∞”排列，并且外面有一层厚厚的荚膜。在自然界广泛分布于土壤和水中，它们可以利用空气中的氮气作为氮源，能够独立生活固氮，因此可以选用无氮培养基来进行分离，使固氮菌在培养基上旺盛生长，同时抑制杂菌的生长，然后通过稀释法或者划线分离纯化法得到单菌落，直至得到纯种。但如果无氮培养基上生长的固氮菌培养时间过长，会分泌含氮化合物，导致固氮菌落周围有少数嗜氮菌落生长，因此需要注意挑取菌落的时间。

三、材料与用具

1. 材料

花园土。

2. 培养基

阿什比（Ashby）培养基，改良瓦克斯曼（Waksman）77 号培养基。

3. 试剂

结晶紫染液、革兰氏染液一套。

4. 器材

超净工作台、恒温培养箱、酒精灯、显微镜、试管、培养皿、接种环、试管架等。

四、内容与方法

1. 好氧性自生固氮菌的加富培养

取 3～10cm 深层土样，放入 28℃培养箱待土壤干燥，将土壤均匀地撒在无菌的阿什比培养基上，于 28～30℃下培养 4～7d，挑取土壤周围长出的浑浊、半透膜的胶状菌落，采用划线分离法接种至新的无菌阿什比平板上得到菌落的纯培养。

2. 好氧性自生固氮菌的分离培养

将高温灭菌后的改良瓦克斯曼 77 号培养基倒入无菌培养皿中，凝固后将平板放入

65～70℃的烤箱中烘烤 15～20min，除去平板表面的水分。将加富后的样品用无菌水分别稀释 10 倍、100 倍及 1000 倍，分别取各稀释梯度的菌液 0.1ml 加在平板上，用灭过菌的三角棒涂匀后，28～30℃恒温培养 7d，长出的菌落即为好氧性自生固氮菌。

3. 厌氧固氮菌及兼性厌氧固氮菌的分离培养

厌氧固氮菌如固氮螺菌和固氮梭菌，其分离培养基和分离方法都与普通平板稀释法相同，在接种时，采用混菌法，培养基多一些，于厌氧罐中培养。对厌氧罐采取物理、化学方法除去氧气，保留氮气，培养后生长出来的菌落为厌氧固氮菌或者兼性厌氧固氮菌。挑取一定数量的菌落，再分别接种到新的阿什比培养基上，分别置于厌氧罐外和厌氧罐内培养，在厌氧罐内、外均能够生长的为兼性厌氧固氮菌，而在厌氧罐外的平板上不生长，仅在厌氧罐内平板上生长的可能为厌氧固氮菌。对以上分离得到的菌落继续进行稀释，涂布于相应的选择平板，重复步骤直到得到该菌落的纯培养。

4. 形态鉴定

将得到的纯种菌落进行涂片，染色，镜检。观察菌体的形态，是否是杆状、短杆状或者球状的单一形态，菌体细胞较大，常呈单个或者“∞”排列，细胞表面是否有较厚的荚膜。如发现有杂菌，则需进一步划线分离纯化。

5. 固氮酶的活性测定

分离所得的菌还需测定其固氮酶的活性，才能够确定是否为固氮菌。

固氮酶是多功能的氧化还原酶，除了能够还原 N_2 外，还能够还原多种类型的底物，如乙炔、氰化物、叠氮化物、氢离子等。微生物能够在常温常压下固氮，是靠固氮酶催化分子氮还原成氨，如测得反应后氨的含量高，则固氮酶的活性高。因此可采用乙炔还原法或者凯氏定氮法来测定固氮酶的活性。

五、思考题

1. 分离固氮菌选择培养基的原则是什么？它的碳源和氮源分别来自什么？
2. 自然界的自生固氮菌有哪些主要群类？是否可制成菌肥用于农业生产，为什么？

附：数字化教程视频

旋涡混合器的操作

旋涡混合器的操作

（宁曦）

实验二十三　外生菌根菌的分离及染色鉴定

一、目的要求

1. 了解菌根真菌在作物育苗、植树造林和植被恢复等方面的积极意义。
2. 学习外生菌根菌的分离技术。
3. 掌握对自然菌根形态的染色观察和鉴定方法。

二、基本原理

菌根（mycorrhiza）是土壤中的植物根系与真菌菌丝形成的一种共生联合体，是植物和真菌在长期的生存过程中共同进化的结果。

菌根真菌从植物体内获取自身所需的碳水化合物和营养物质，而植物也从真菌中得到某些独特的营养成分和活性产物，可以提高植物在不良环境下的抗御能力，促进根系发育和植物生长，所以菌根中的真菌与植物是互为补充、相互依存的关系。菌根既是共生体，但组成菌根的真菌和植物又具有各自独立的生物特征。菌根真菌在植物育种移栽、植树造林、逆境植被恢复和农业增产方面发挥着重要的作用，相关的应用技术取得较大的进展，受到日益广泛的关注；此外，许多大型菌根真菌是品质优良的食用菌。

根据菌根在根系的着生部位及形态学特征，可分为外生菌根（ectomycorrhiza）、内生菌根（endomycorrhiza）和内外生菌根（ectendomycorrhiza）3 个主要类型，此外还有混合菌根、假菌根及外围菌根等次要类型。

外生菌根菌以菌丝包围宿主植物的营养根，不侵入根部细胞组织，只在根细胞的间隙延伸生长，形成网状结构，称为哈氏网（Hartig net），并常在根际外表形成菌丝体外套，称为菌套（又称菌鞘，mantle，附图 23-1），所以植物的根常常变短、变粗、变脆，无根冠和表皮，出现各种颜色变化，见不到根毛。外生菌根有一定形状和颜色，并随着宿主植物及菌根菌种类的不同而呈现多样性（附图 23-2）。大部分乔灌木植物的菌根为外生菌根。

内生菌根菌直接穿透细胞壁侵入宿主植物的根细胞内部，形成不同形状的吸器，在细胞之间不产生哈氏网，在根的外部一般无形态及颜色的异常变化，表面不产生菌套，植物根毛仍可保留，肉眼难以发现和区分。大量的维管植物、草本植物和有花植物的菌根为内生菌根。内生菌根又分为无隔膜内生菌根及有隔膜内生菌根两类。其中无隔膜内生菌根的胞内菌丝体呈泡囊状和丛枝状，称为泡囊丛枝状菌根（vesicular-arbuscular mycorrhiza），简称 VA 菌根，存在于约 80%以上的维管植物中，是内生菌根的常见形态，也是宿主范围最广的菌根类型。

自然界的外生菌根菌大部分是担子菌，在根外环境下形成子实体，容易发现和分离培养。但是人工分离的外生菌根菌迄今在实验室培养条件下仍难以形成子实体，其原因显然与植物有密切的关系。

外生菌根菌的分类鉴定主要以成熟子实体为形态判断的标准，纯菌根菌阶段的判别标准尚未完全建立起来。内生菌根菌则可能以菌根真菌的形态结构特征为判别依据和指标，其无论科属与种类比外菌根菌要少得多。现代分子生物技术在菌根菌的分类鉴定中也得到了逐步的推广和应用。

三、材料与用具

1. 材料

菌根真菌（子实体和担孢子）。

针叶松科植物［马尾松（*Pinus massoniana*）、湿地松（*P.elliottii*）、油松（*P.tabulaeformis*）、华山松（*P.armandii*）、加勒比松（*P.caribaea*）、云南松（*P.yunnanensis*）、思茅松（*P.kesiya* var. *langbianensis*）、高山松（*P.densata*）、火炬松（*P.taeda*）、赤松（*P.densiflora*）、樟子松

（*P.sylvestris* var.*mongolica*）、落叶松（*Larix gmelinii*）、长白落叶松（*L.olgensis*）、华北落叶松（*L.principis-rupprechtii*）、红松（*P.koraiensis*）和黄山松（*P.taiwanensis*）等］的菌根、侧根和根部菌索。

2. 培养基

真菌培养基（PDA、马丁或查氏培养基）。

3. 试剂

70%乙醇、0.1%升汞、1%孟加拉红水溶液、1%链霉素水溶液、10% KOH、1%HCl、碱性 H_2O_2、0.01%酸性复红乳酸液、甘油、KH_2PO_4、K_2HPO_4、$MgSO_4 \cdot 7H_2O$、$NaNO_3$、KCl、$FeSO_4 \cdot 7H_2O$、葡萄糖、蔗糖、蛋白胨、琼脂等。

4. 器材

培养皿、三角瓶、烧杯、量筒、移液管、滴管、试管、玻棒、载玻片、盖玻片、酒精灯、乳钵、乳棒、天平、接种针、剪刀、镊子、刀片、棉花、纱布、电炉、滤纸、pH 试纸、土壤筛（尼龙筛）、培养箱、显微镜、水浴锅、离心机、高压灭菌器等。

四、内容与方法

1. 外生菌根菌的分离培养

外生菌根菌的分离可有几种不同的途径。一是从菌根真菌的子实体进行组织分离；二是收集菌根真菌的担孢子做培养分离；三是取植物菌根做组织分离；四是取植物根部的粗大菌索（菌丝体）做培养分离；五是取菌根土壤用蔗糖梯度离心配合单孢分离法进行。

分离获得的真菌培养物如果需要菌种确定，一般要求按照病理学的科赫（Koch）法则做回接试验，即将分离菌种接种于植物根部，确定可以形成菌根并进而形成相同的子实体；将此子实体进行再分离以确定再分离的菌丝体与前获得的菌丝体相同，由此即可以确定菌根菌并鉴定其种类，最后做菌种保存。

本实验学习真菌组织分离、孢子分离、菌根组织分离和菌根土壤糖浓度梯度分离。

实验的整个分离过程应尽量在超净工作台和酒精灯火焰旁，以无菌操作的要求进行，避免杂菌污染。

（1）真菌子实体的组织分离

用子实体组织分离的前提是确认所用的子实体与特定植物已经形成明确的菌根关系，否则不能保证由此分离到的菌株是菌根真菌。

1）取样。

材料取菌根真菌的子实体。一般选择新鲜无损、成熟度中等、无病虫害和污染的菌根真菌子实体。分离部位依不同的真菌品种有所区别，一般伞菌类可取菌盖、菌盖菌柄结合处和菌柄组织进行分离；非伞菌类则可取子实体基部和中间部位的产孢组织进行分离。不了解的品种可多取几个部位同时分离，从而保证分离的成功率。

2）样品处理和组织分离。

先将真菌材料去除表面杂物，用药棉蘸 70%乙醇进行表面涂抹消毒，晾干。用于操作的双手也应同样 70%乙醇涂抹消毒。

用刀片切开菌体，切取内部组织块约 0.5cm × 0.5cm 的面积大小，用镊子夹取组织块迅速放入试管置于斜面培养基上，盖好试管帽（塞），于 25℃条件下培养观察。培养后如果出现杂菌污染须做菌种的纯化筛选，可用稀释分离和平板划线分离的方法，获得单个菌落直至获得所需要的纯培养菌种。

（2）真菌的孢子分离

这一分离方法的前提也是必须明确所用的含孢子实体与某个特定植物可以形成菌根关系，由此保证分离到的菌株是菌根真菌。

1）取样和处理。

选取新鲜、成熟、无病虫害和污染的菌根真菌子实体，去除表面杂污物，切除菌柄，保留菌盖，用药棉蘸 0.1%升汞对菌盖进行表面涂抹消毒，晾干。

2）吊悬法收集真菌孢子。

取消毒的菌盖块，用一消毒钩钩住，使菌盖表面向上、菌褶向下，吊悬于装有灭菌培养基的三角瓶中（图 23-1），塞好瓶塞，整个瓶子放入培养箱中于 25℃条件下培养观察。一般几小时后菌盖开始弹射孢子，孢子散落在培养基上；24h 后可以取出悬吊的菌块，塞好瓶塞继续进行培养、筛选和纯化。

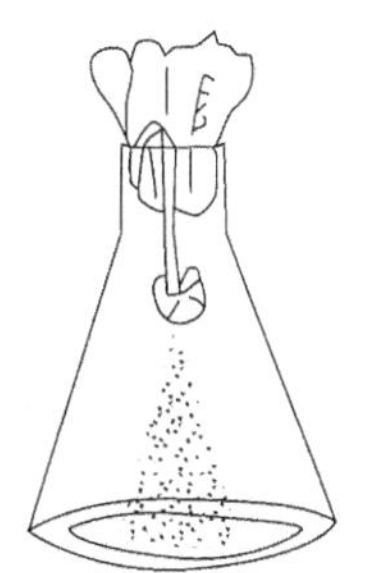

图 23-1　吊悬法收集真菌的担孢子

（3）植物菌根的组织分离

1）采样。

挖取松树的最细小具根尖的侧根，观察其外部形态，在根尖看不到根毛，根的前端变成“Y”形钝圆的短棒状或珊瑚状，许多菌丝包在根的外面形成菌套，没有根毛。

2）清洗及表面灭菌。

去除菌根外表泥土，用无菌水冲洗干净，再用 70%乙醇溶液浸泡 20～30s，0.1%升汞溶液冲洗，最后用无菌水冲洗去除表面升汞，以消毒滤纸吸去表面水分。

3）组织分离。

用消毒剪刀或刀片轻轻剖开菌根端部组织，取靠内组织小片，置入琼脂平板表面，每皿可均匀放置若干片，置入培养箱中于 25℃条件下培养观察。每日观察记录，及时清除淘汰污染杂菌和废弃的平板。待长出菌落后，在菌落边缘挑取少量菌体移置于试管斜面，继续培养后获得所分离的菌物。

培养物在清除明显的污染杂菌后，有时可能还有多个菌株，这时不宜轻易排除其中的某个种类，应该继续分离纯化，获得稳定的纯菌株，以留待后续的观察鉴定。

（4）菌根土壤的蔗糖浓度梯度分离

菌根土样一般取自自然环境下植物菌根周围的地下深部土壤，分离效果好且较少受外部环境杂菌的干扰。有时地表已经萌生出菌根菌的大型子实体，与植物的菌根关系明确，则也可取子实体附近的浅表土壤。

1）样品处理：取菌根土壤捣碎。

用孔径为 0.5～0.6mm 的清洁土壤筛筛滤，筛出物加适量无菌水洗 2～3 次，捣碎、研碎水中沉淀物，4 层纱布或玻璃棉过滤，过滤液即为菌根菌悬液。

2）制梯度蔗糖柱。

将离心管用95%乙醇浸泡灭菌，风干，用灭菌的60%（*m*/*V*）3ml、45%（*m*/*V*）3ml和30%（*m*/*V*）3ml的蔗糖溶液，依次沿管壁徐徐加入离心管中，制成梯度浓度的蔗糖柱。

3）离心。

取2ml菌悬液加于蔗糖柱的上部，注意勿使各层溶液相混。然后在4℃的超速离心机下以100 000*g*离心10min。*g*为相对离心力（relative centrifugal force，rcf）单位，*g*值取决于转速（r/min）和有效离心半径（cm）。

4）平板培养。

离心完毕，用穿刺虹吸法分别取不同浓度层面的若干个梯度溶液（含真菌孢子）各1ml，滴加在选择培养琼脂平板上，置于培养箱中25℃条件下培养观察。待菌落长成后继续分离单个菌落即可获得纯的菌根真菌培养物。

5）单孢分离法。

蔗糖的上清溶液如用滤纸进行真空冲洗过滤，可将孢子保留在滤纸上，晾干后于5℃条件下保存备用。接种时可在解剖显微镜下挑取单孢子，接种于培养基或直接接种于植物根部。

2. 外生菌根菌的染色观察和形态鉴定

（1）样品消化

菌根在外形上看不到根毛，根前端常呈钝圆短粗的棒状，较僵硬，外表面有各种小突起和外鞘，由菌套形成。

将植物根样去泥，放在尼龙筛网中用自来水清洗干净，置入细口小三角瓶中，加入10% KOH溶液，浸没根样；然后在通风橱内将三角瓶置于水浴锅中加热消化，90℃保温1h左右，或65℃保温5～6h，除去根组织内的细胞质和细胞核。

（2）水洗

倾去KOH液，将根样取出置于筛网中用自来水小心清洗，至水不呈棕色为止，移至烧杯。

（3）样品脱色

加入碱性H_2O_2浸10～20min脱色。对于老而粗大、着色较重的根，可以加大碱性H_2O_2的量并延长浸泡的时间，至根完全脱色为止。

（4）中和

用水洗去H_2O_2后将根样置于1%HCl溶液中，中和3～4min，倾去HCl液，用水小心清洗去除酸液。

（5）染色

根样移入三角瓶，加0.01%酸性复红乳酸液于通风橱内水浴慢煮，90℃下浴染20～60min，或者常温染色后，静置过夜。

（6）脱色

染色完成取出根样，放在培养皿中加乳酸液再脱色20～30min，此时真菌结构被染的颜色不减，而根组织颜色褪得更淡。

（7）制片观察、镜检

将染色的根样剪为约1cm长的根段，在载玻片上做成水浸片或30%甘油片，盖上盖玻片，显微镜下镜检。

镜检中可看到真菌的菌丝体侵入皮层细胞的细胞间隙，但不侵入细胞内部，可以看到网状结构的哈氏网。由上述观察到的短棒钝圆状的根前端、根菌套和哈氏网，即可鉴定为外生菌根和菌根菌。

五、思考题

1. 绘制外生菌根形态图。
2. 比较外生菌根菌的四种分离方法的特点和适用性。

附图：外生菌根的典型形态

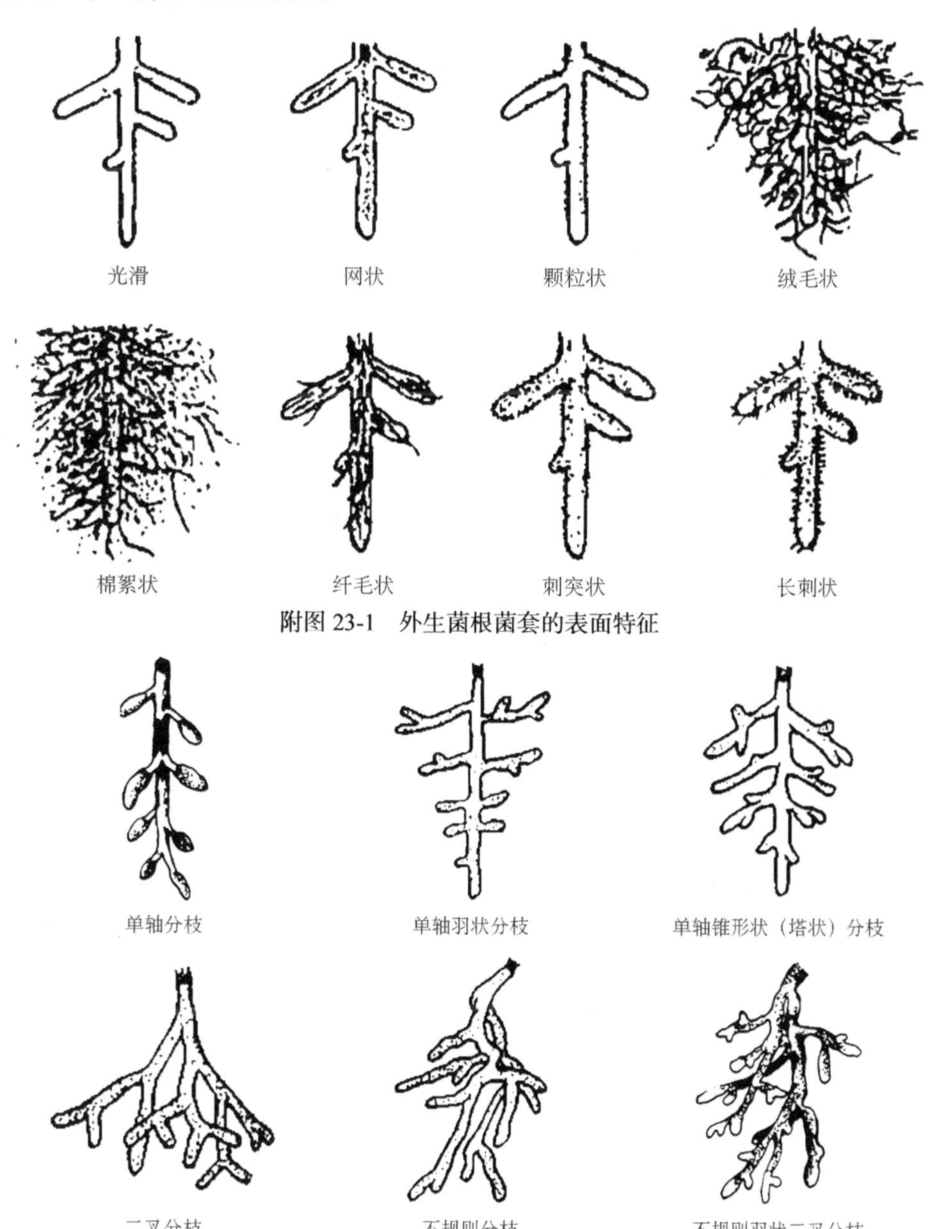

附图 23-1 外生菌根菌套的表面特征

珊瑚状（丛枝状）分枝

块状（瘤状）分枝

疣状分枝

附图 23-2　外生菌根的形态和分枝类型

附：数字化教程视频

台式微量高速离心机的操作

台式微量高速离心机的操作

（王伟）

实验二十四　植物内生真菌的分离和鉴定

一、目的要求

1. 了解植物内生真菌在作物的生长、代谢和病害产生及防疫等方面的积极和消极两方面的作用。

2. 学习对植物内生真菌的分离技术，掌握对分离菌的纯化、培养、染色观察和鉴定方法。

二、基本原理

植物内生真菌是植物的寄生或共生真菌，附生在植物树干和枝条的内皮形成层和韧皮部、木质部等部位，常常是植物体与真菌体形成相互促进和彼此依赖的一种生态有益关系，是次生代谢上的相互补充和互为因果，有时还是一种专一性的共生，这是真菌与植物两者长期共生存共进化的良性互惠结果；另一方面，内生真菌也可能是植物病原菌，可以导致各种植物病害，危害植物的健康生长，影响作物的高质优产。因此，分离和研究各种植物内生真菌，是生产和实践中的需要，对于研究植物的稳产抗逆、防治植物病害、寻找抗病害真菌、挖掘代谢有益产物菌株，都具有十分重要的意义。

植物的内树皮及皮下环境，较之外皮层相对比较封闭，尤其植物的韧皮部是内生菌的良好栖息场所，可为植物—真菌系统提供稳定的生理营养和氧气环境，进化过程中宿主和寄生物二者逐渐相互适应，稳定共生；木质部分离的菌株也多为稳定的内生菌，但木质部通氧不足，不适宜好气性真菌生长，一些兼性厌氧菌可栖身于此，此外，韧皮部栖身菌丝也可深入木质部，故分离植物内生菌以韧皮部或韧皮部与木质部的交界区域较为适宜。这个场所生长的内共生真菌一般品种稳定、数量较少、代谢规律趋同，菌丝也常常特化成形态各异的吸器，既能够穿透侵入植物细胞壁进入细胞的内部，也能在细胞的间隙之间游走，以有效地从植物细胞获取所需要的养分和特需物质。

在植物的树叶、叶芽和种胚等部位，也能分离到固定或不固定的真菌品种，它们也属于植物内生菌。

自然界中的大型木生真菌（木耳、香菇、平菇、金针菇、猴头菇、金耳、灵芝等），在菌丝体阶段也是以内生菌的形式在植物体内生长发育，在对它们的自然取种中，以分离植物内生菌的方法也是很常用的一种资源采集方式。但是这样的单菌丝采集对于自交不育的品种不能保证培育产菇，必须经过异宗配合以后才能获得可孕菌丝，形成子实体。

三、材料与用具

1. 材料

植物新鲜材料，截取主干的内层树皮和侧枝，经妥善的密封保鲜处理后，带回实验室尽快供试分离。树叶、叶芽、种子或者腐木体，也以类似的保鲜方法处理，尽量避免被环境和其他无关杂物污染。

2. 培养基

真菌 PDA、Czapek 培养基和水琼脂培养基。

培养基按常规配制，加热后分别倾入培养皿和试管，均于 0.065MPa 压力、115℃下灭菌处理 15～25min，制成固体平板和斜面试管。

3. 试剂

75%乙醇、0.1%升汞、1%孟加拉红水溶液、1%链霉素水溶液、10% KOH、1%HCl、碱性 H_2O_2、0.01%酸性复红乳酸液、甘油、KH_2PO_4、K_2HPO_4、$MgSO_4 \cdot 7H_2O$、$NaNO_3$、KCl、$FeSO_4 \cdot 7H_2O$、葡萄糖、蔗糖、蛋白胨、琼脂等。

4. 器材

培养皿、三角瓶、烧杯、量筒、移液管、滴管、试管、玻棒、载玻片、盖玻片、酒精灯、乳钵、乳棒、天平、接种针、剪刀、镊子、刀片、棉花、纱布、电炉、滤纸、pH 试纸、培养箱、显微镜、高压灭菌器等。

四、内容与方法

1. 取样、菌种分离培养与纯化

（1）植物取样

木本和藤本植物可截取主干和侧枝局部，大型乔木以侧枝和树皮下（形成层）局部取样，草本和茎叶类植物可直接茎部截段，病原植物则取罹患部组织。保鲜处理，尽快做组织分离。

（2）菌种分离与纯化

植物主干和侧枝的皮下组织，以无菌解剖刀片或剪刀，截取树皮内层、韧皮部和木质部，使成薄层小块状，大小（3～5）mm × 5mm。其他植物部位（叶芽、嫩枝和胚乳等）可直接挑取内部组织，截成 ϕ2～3mm 大小的组织块。

截样小块分别采取以 75%的乙醇表面拭擦后无菌水清洗或直接取内层无污样，分置于

PDA、查氏和水琼脂培养基平板，于 22～24℃下避光培养。

静置培养 5～20d，分别待平板上菌丝萌发，用划线分离、稀释分离以及直接用无菌小剪刀取尖端菌丝等方法，经过分离、筛选、转管和纯化的反复过程，直至得到单一纯化的典型真菌菌落。转入斜面试管，编号分类，低温保存以备进一步作筛选鉴定。

2. 分离菌种的鉴定

（1）菌种分离结果

本实验以丝状真菌为主要分离目标。

实际工作中也常会同时分离到少量的放线菌、酵母菌和细菌菌株，在单菌落筛选中可用肉眼观察和镜检的方式加以甄别，根据需要淘汰掉不要的菌落，保留下多细胞的丝状真菌菌株，以做进一步的筛选、纯化和鉴定。

（2）菌种鉴定

按照丝状真菌的分类方法，采用菌落观察和载片培养后的显微观察，研究其产孢结构和分生孢子梗着生情况，细致记录菌种的各种性状特征（见附表 24-1，附表 24-2），对比相关分类系统（Barnett and Hunter，1972；魏景超，1979），确定分离菌的种属地位。

五、思考题

1. 讨论植物内生真菌的生存状况及对植物生长发育的影响。
2. 结合实验的结果，总结从植物不同部位分离得到的丝状真菌的生存规律。

附：丝状真菌（半知菌）的形态特征鉴定表

一、属鉴定

附表 24-1　丝状真菌的属特征鉴定表

编号：　　　　　　　　年　　月　　日　　　图　　　　照片

来源			
分生孢子盘（座）	有　（颜色　　） 无	联丝体（束丝）	有　（颜色　　形状　　）无
菌丝分枝	有　　无 菌丝颜色	菌丝分隔	有　（规则　　不规则　　） 无
分生孢子梗	有　　无 颜色　　单梗 双梗　　束梗	分生孢子梗着生方式	单生　对生　轮生 互生　帚状　其他
分生孢子梗分枝	有　　无　　多分枝 少分枝	分生孢子小梗	有　　无　　颜色 数量
分生孢子小梗排列方式	侧生　顶生　单生　双生　群生 对生　轮生　互生　帚状　其他		
分生孢子	有　（颜色　　）无 单型孢子 双型孢子 多型孢子	分生孢子着生方式	单个　　双个 多个

续表

多个分生孢子排列方式	链状　（直链　弯曲链　支链　不规则链　单链　双链　多链　）聚集成团　（有孢子囊　无孢子囊　薄膜包裹　）（单个团　双团　多团　）无规则
分生孢子形状	单细胞　多细胞　圆形　卵圆形　椭圆形　肾形　纺锤形　镰刀形　梭形　长方形　三角形　条形　哑铃形　葫芦形 多胞节单孢　弯胞节单孢　多胞节双孢　弯胞节双孢 多胞节丛孢　弯胞节丛孢　其他形状 表面光滑　表面凹陷　表面粗糙　表面疣突
分生孢子分隔	有　（1 个　2 个　多个　分隔有规律　无规律　）无
拟属名	
备注	
记录人：	定属人：

二、种鉴定

附表 24-2　丝状真菌的种特征鉴定表

标本编号：　　　　　　年　　月　　日　　　图　　　　照片

来源			
培养基		菌落颜色	
菌落形状	扁平　中凸　中凹　放射状　外缘整齐　外缘不整齐 明显轮纹　不明显轮纹　其他		
菌丝质地	厚毡状　薄毡状　厚絮状　薄絮状　其他 肉质　革质　木质　硬革质　绵革质　其他		
菌丝颜色		菌丝分型	单型　双型　多型
菌丝直径量度	粗菌丝　细菌丝 其他菌丝	分生孢子梗量度	粗直径　细直径 长度
分生孢子小梗形状	粗细均匀　（两端平齐　两端钝圆　一端平齐 一端钝圆　其他　长度　直径　） 瓶梗状　（向尖端渐变细　向尖端突变细　基部膨大 基部不膨大　其他） 细部不弯曲　细部弯曲 粗部直径　细部直径　长度 一端变宽　两端变宽　宽处量度　长　宽 其他		
分生孢子	形状　颜色	分生孢子量度	长　宽　直径
分生孢子链	长度　孢子数	分生孢子团	直径　孢子数
双型孢子量度	大　小	多型孢子量度	大　中　小
拟种名			
备注			
记录人：	定名人：		

（王伟）

实验二十五　食用菌菌种分离与制种技术

一、目的要求

1. 了解食用菌菌种的采集方法和分离原理。
2. 掌握食用菌菌种的分离和制种的操作方法。

二、基本原理

食用菌的最大特征是形成形状、大小、颜色各异的大型肉质子实体。典型的食用菌，其子实体均由顶部的菌盖（包括表皮、菌肉和菌褶）、中部的菌柄（常有菌环和菌托）和基部的菌丝等三部分组成。

食用菌栽培菌种的来源有两种，一种是向有关菌种保藏或生产单位索取或购买，另一种是从自然界采集新鲜的食用菌进行分离。分离法有孢子分离、组织分离及菇木菌丝分离等几种。其中最简便有效的方法是组织分离，成功率高，菌种质量也好。在自行分离前，首先必须熟悉欲采集的食用菌的形态特征及生态环境，采集后应详细记录，然后带回实验室进行分离和鉴定。

三、材料与用具

1. 菌种

双孢蘑菇（*Agaricus bisporus*）、平菇等。

2. 培养基

马铃薯（PDA）培养基、食用菌制种的营养原材料等。

3. 试剂

0.1%升汞、75%乙醇、乳酚油染色液等。

4. 器材

普通光学显微镜、载玻片、盖玻片、镊子、无菌培养皿、无菌滤纸、单面刀片等。

四、内容与方法

1. 蘑菇菌丝体和子实体的观察

（1）蘑菇菌丝体的形态

观察蘑菇菌丝体的形态结构，可直接从生长在斜面培养基或平板的培养物中挑取菌丝制片观察，若要观察菌丝体的自然着生形态，可采用如下方法制备观察标本。

1）制 PDA 平板。

在无菌培养皿中倒入约 20ml PDA 培养基，待凝备用。

2）接蘑菇母种。

在无菌操作环境下将蘑菇母种接入上述制备的平板培养基上。

3）插片或搭片。

用无菌镊子将无菌盖玻片以约 40°插入接有蘑菇母种块的培养基内，距离接种块 1cm

左右。每皿可插 2～3 片。也可在接有蘑菇母种块边缘开槽后将无菌盖玻片平置搭在槽口上。

4）恒温培养。

将接种平板置 25℃恒温培养箱内培养。箱内放一盘水以保持足够的湿度，满足菌丝体的正常生长。

5）制备镜检片。

培养 2～3d 后，当菌丝已长到盖玻片上时，用镊子取出盖玻片。在一洁净的载玻片上滴一滴乳酚油染色液，把盖玻片长有菌丝的一面朝下，覆盖在染液中，用滤纸吸去多余的染液。

6）镜检观察。

将载玻片置载物台上用低倍镜观察。

7）镜检锁状联合。

移动载玻片，寻找到菌丝不成团，并有锁状联合处，用高倍镜、油镜进行仔细观察，并把观察到的图像绘制下来。

（2）蘑菇子实体结构

观察蘑菇子实体的层次结构，必须对其菌褶进行超薄切片（切片机法或徒手法）。切片的材料可用新鲜标本或某些干制标本，以新鲜蘑菇的徒手切片法作简介。

1）取菌褶块。

取新鲜子实体菌褶部位的一小块组织，放置在培养皿内的纸片上，置于冰箱冷冻室内冷冻约 10min。

2）徒手切片。

取出培养皿，开启皿盖，左手轻压按住标本，右手用单面刀片对标本进行快速仔细切削，使其形成许多菌褶层的薄片状。

3）漂洗切片。

将切片置于含生理盐水的培养皿内漂洗，选取薄而均匀透明的菌褶层切片制备成观察标本。

4）镜检观察。

可在低倍或中倍镜下观察菌褶层的菌丝形态及担子、担孢子结构形态等。

2. 蘑菇菌种的分离与培养法

（1）采集菌样

用小铲或小刀将子实体周围的土挖松，然后将子实体连带土层一起挖出（注意不能用手拔，以免损坏其完整性）。用无菌纸或纱布将整体包好，带回实验室。

（2）子实体消毒

在无菌条件下将带泥部分的菌柄切除，如菌褶尚未外露，可将整个子实体浸入 0.1%升汞液中消毒 2～3min，再用无菌水漂洗 3 次；如菌褶已外露，只能用 75%乙醇擦菌盖和菌柄表面 2～4 次，以除去尘埃并杀死附着的菌群。

（3）收集孢子

1）放置搁架。

将消毒后的菌盖与菌柄垂直放在消毒过的三脚架上，三脚架可用不锈钢丝或铅丝制作。

2）放入无菌罩内。

将菇架一起放到垫有无菌滤纸的培养皿内，然后盖上玻璃罩，玻璃罩下再垫一个直径稍大的培养皿。

3）培养与收集孢子。

将上述装置放在合适的温度下，让其释放孢子。不同菌种释放孢子的温度稍有差异，如双孢蘑菇为14～18℃，香菇释放孢子温度为12～18℃，侧耳为13～20℃。在合适的温度下子实体的菌盖逐渐展开，成熟孢子即可掉落至培养皿内的无菌滤纸上。

（4）获取菌种

1）制备孢子悬液。

用灭菌的接种环蘸少许无菌水，再用环蘸少量孢子移至含有5ml无菌水的试管中制成孢子悬液。

2）接种PDA斜面。

挑一环孢子悬液接种到马铃薯斜面培养基上，即在斜面上做“Z”形划线或拉一条线的接种法制备斜面菌种。

3）培养与观察。

经20～25℃培养4～5d，待斜面上布满白色菌丝体后即可作为菌种进行扩大培养与使用。

4）单孢子纯菌斜面。

若要获取单孢子纯菌落，可取上述孢子悬液1～2滴（约0.1ml）于马铃薯葡萄糖平板培养基上，然后用涂布棒均匀地涂布于整个平板表面上。培养后，选取单菌落移接至斜面培养基上就可获得由单孢子得来的纯菌斜面。

5）组织分离法。

即从消毒子实体的菌盖或菌褶部分切取一部分菌丝体，移至马铃薯葡萄糖斜面培养基上，经培养后在菌块周围就会长出白色菌丝体。待菌丝布满整个斜面后就可作为菌种（整个过程要注意无菌操作，防止杂菌污染）。

3. 平菇原种和栽培种制备法

（1）母种的分离与培养

食用菌栽培中，菌种优劣是获取经济效益的关键。它直接影响到原种、栽培种的质量及其产量与效益。食用菌菌种的制备大致相同。

（2）原种和栽培种的制备

由试管斜面母种初步扩大繁殖至固体种（原种）。由原种再扩大繁殖应用于生产的菌种，叫生产种或栽培种。

其逐步扩大的步骤如下。

1）原种、生产种的培养基配制。

a. 培养基配方。

棉籽壳50kg、石膏粉1kg、过磷酸钙（或尿素）0.25kg、糖0.5kg、水约60kg，pH 5.5～6.5。

b. 拌料。

含水量约60%（将棉籽壳、石膏粉、过磷酸钙按定量充分拌匀。将糖溶在60kg的水中，然后边拌边加入糖水，糖水加完后，再充分拌匀。静止4h后，再测定其含水量，一般掌握在 60%左右，pH 5.5～6.5)。

c. 装瓶。

将配制好的培养料装入培养瓶中，装料时尽量做到瓶的四周料层较结实，中间稍松。并在中心留一小洞，以利于接种。栽培种装料量常至瓶的齐瓶肩处。

d. 灭菌。

装瓶后应立即灭菌，温度 121℃维持 1.5～2h 以达到彻底杀灭固料内杂菌。取出瓶待冷却后及时接种。若用土法蒸笼等灭菌，加热至培养基上冒蒸汽后，继续维持 4～6h，然后闷蒸 3～4h 彻底杀灭固料中的微生物菌体细胞、孢子与芽孢。

2) 原种制备。

从菌种斜面挑取一定量的菌丝体移接到 500ml 三角瓶固体培养料中，拍匀培养料与菌丝体后置于适宜温度下培养。或将斜面母种划成 6 块，用无菌接种铲铲下一块放入原种培养基上（注意将长有菌丝的一面朝向原种的培养料)，使母种与原种培养料直接接触，以利于生长。塞上棉塞，25℃左右室温避光培养。

3) 栽培种的接种。

可在无菌室或超净工作台上进行接种。将已灭菌且冷却至 50℃左右的培养料以无菌操作法接上原种培养物，菌种接入栽培种培养料的中央洞孔内与培养料的表层，使表面铺满原种培养物，然后用接种铲将表面压实，以利于原种与培养料紧密结合，有利于菌种在培养料中快速伸展与繁殖。

（3）培养与观察

接种完毕应立即将瓶口用无菌纸包扎好，25℃左右培养，原种瓶装的料面上布满菌丝体需 7～10d，栽培种料面上布满菌丝体需 10～30d。

4. 结果记录

1) 绘制显微镜下观察到的蘑菇形态构造。

2) 将分离蘑菇的结果记录，包括食用菌名称及收集孢子的温度。

3) 将观察到的蘑菇子实体形态构造记录下来。

4) 记录平菇栽培种的制备与培养结果。

注意事项

1. 培养瓶装料时要上下松紧一致，使瓶周围稍紧而中央松散些，有利于灭菌与接种，接种要严格按无菌操作进行。

2. 在原种或栽培种的培养中，从第 3 天到菌丝覆盖培养基表面并深入料 2cm 左右起，要勤检查，发现杂菌污染要及时妥善处理。

3. 培养好的菌种要放在凉爽、干燥、清洁与避光处，及时使用以防菌种老化。

4. 菌种质量的优劣，直接影响菇的产量。

分离到的菌种应注意达到以下标准：

1) 没有受杂菌污染或混有其他菌种。

2) 菌丝体呈白色而有光泽，无褐色菌皮。

3) 菌丝粗壮，分枝浓密，生命力强，菌龄适当。

4) 培养基湿润，含水量适中，试管斜面上有少量水汽。

5. 用升汞消毒后的子实体所残留的溶液必须及时漂洗去，否则会抑制菌丝体的生长。

五、思考题

1. 高等食用真菌的生活史与霉菌的生活史有何不同特点？
2. 食用蘑菇的菌种制备与形态特征观察中各需注意哪些方面？
3. 平菇的菌种制备与原种或栽培种的制备及管理等方面有何异同？

（曹理想）

第四章 菌种保藏技术

实验二十六　微生物菌种的简易保藏法

在生产实践和科学研究中所获得的优良菌种是国家和社会的重要资源。为了能较长期地保持原种的特性，防止菌种的衰退和死亡，人们创造了许多保藏菌种的方法，建立了系统的管理制度。在国际上一些工业比较发达的国家都设有专门的菌种保藏机构，其任务是将收集的菌种，按其特性选用最佳的保藏方法，使菌种不死、不衰、不乱，以达到有利使用和交换的目的。

菌种的各种变异都是在微生物生长繁殖过程中发生的，因此为了防止菌种衰退，在保藏菌种时首先要选用它们的休眠体如分生孢子、芽孢等，并要创造一个低温、干燥、缺氧、避光和缺少营养的环境条件，以利于休眠体能较长期地维持其休眠状态。对于不产孢子的微生物来说，也要使其新陈代谢处于最低水平，又不会死亡，从而达到长期保藏的目的。

常用的菌种保藏方法有：斜面或半固体穿刺菌种的冰箱保藏法，石蜡油封藏法，砂土保藏法，冷冻干燥保藏法和液氮保藏法等。

无论采用哪种菌种保藏法，在进行菌种保藏之前都必须设法保证它是典型的纯培养物，在保藏的过程中则要进行严格的管理和检查，如发现问题应及时处理。

一、目的要求

掌握几种常用的简易菌种保藏法。

二、基本原理

常用的简易菌种保藏法包括斜面菌种保藏、半固体穿刺菌种保藏及用石蜡油封藏等方法，这些方法不需要特殊的技术和设备，是一般实验室和工厂普遍采用的菌种保藏法。

这类方法主要是利用低温来抑制微生物的生命活动。通常将在斜面或半固体培养基上生长良好的培养物直接放到 2～10℃冰箱中保藏，使微生物在低温下维持很低的新陈代谢，缓慢生长，当培养基中的营养物被逐渐耗尽后再重新移植于新鲜培养基上，如此间隔一段时间就移植一次，故又称定期移植保藏法或传代培养保藏法。定期移植间隔时间因微生物种类不同而异，一般不产芽孢的细菌间隔时间较短，约 2 周至 1 个月移植 1 次。放线菌、酵母菌和丝状真菌 4～6 个月移植 1 次。石蜡油封藏法是将灭菌的石蜡油加至斜面菌种或半固体穿刺培养的菌种上。以减少培养基内水分蒸发，并隔绝空气，减少氧的供应，从而降低微生物的代谢，因此可延长保藏期。例如，将它放在 4℃冰箱中一般可保藏一至数年。

这类保藏法操作简便，而且可随时观察所保存的菌种是否死亡或污染杂菌，其缺点是费时又费力，而且因经常移植传代，微生物易发生变异。

三、材料与用具

1. 菌种

待保藏的细菌、酵母菌、放线菌和霉菌。

2. 培养基

牛肉膏蛋白胨斜面和半固体直立柱（培养细菌）、麦芽汁琼脂斜面或半固体直立柱（培养酵母菌）、高氏1号琼脂斜面（培养放线菌）、马铃薯蔗糖斜面培养基（用蔗糖代替葡萄糖有利于孢子形成，用于培养丝状真菌）。

3. 试剂

医用石蜡油（相对密度 0.83～0.89）。

4. 器材

试管、接种环、接种针、无菌滴管等。

四、内容与方法

1. 斜面传代保藏法

（1）贴标签

将注有菌种和菌株名称以及接种日期的标签贴于试管斜面的正上方。

（2）接种

将待保藏的菌种用斜面接种法移接至注有相应菌名的斜面上。用于保藏的菌种应选用健壮的细胞或孢子。例如，细菌和酵母应采用对数生长期后期的细胞，不宜用稳定期后期的细胞（因该期细胞已趋向衰老）；放线菌和丝状真菌宜采用成熟的孢子等。

（3）培养

细菌置 37℃恒温箱中培养 18～24h，酵母菌置 28～30℃恒温箱中培养 36～60h，放线菌和丝状真菌置 28℃下培养 4～7d。

（4）收藏

为防止棉塞受潮长杂菌，管口棉塞应用牛皮纸包扎，或用熔化的固体石蜡封棉塞后置4℃冰箱保存。保存温度不宜太低，否则斜面培养基因结冰脱水而加速菌种的死亡。

2. 半固体穿刺保藏法（适用于细菌和酵母菌）

（1）贴标签

将注有菌种和菌株名称以及接种日期的标签贴在半固体直立柱试管上。

（2）穿刺接种

用穿刺接种法将菌种直刺入直立柱中央。

（3）培养

见斜面传代保藏法。

（4）收藏

待菌种生长好后，用浸有石蜡的无菌软木塞或橡皮代替棉塞并塞紧，置 4℃冰箱中保藏，一般可保藏半年至一年。

3. 石蜡油封藏法

（1）石蜡油灭菌

将医用液体石蜡油装入三角瓶中，装量不超过总体积的1/3，塞上棉塞，外包牛皮纸，高压蒸汽灭菌（121℃灭菌30min），连续灭菌2次。然后在40℃温箱中放置2周（或置105～110℃烘箱中烘2h），以除去石蜡油中的水分，如水分已除净石蜡油即呈均匀透明状液体，备用。

（2）培养

用斜面接种法或穿刺接种法把待保藏的菌种接种到合适的培养基中，经培养后，取生长良好的菌株作为保藏菌种。

（3）加石蜡油

用无菌滴管吸取石蜡油加至菌种管中，加入量以高出斜面顶端或直立柱培养基表面约1cm为宜。如加量太少，在保藏过程中因培养基露出油面而逐渐变干，不利菌种保藏。

（4）收藏

棉塞外包牛皮纸，或换上无菌橡皮塞，然后把菌种管直立放置于4℃冰箱中保藏。放线菌、霉菌及产芽孢的细菌一般可保藏2年。酵母菌及不产芽孢的细菌可保藏1年左右。

（5）恢复培养

当要使用时，用接种环从石蜡油下面挑取少量菌种，并在管壁上轻轻碰几下，尽量使油滴尽，再接种到新鲜培养基上。由于菌体外沾有石蜡油，生长较慢且有黏性，故一般须再移植1次才能得到良好的菌种。

注意事项

1. 用于保藏的菌种应选用健壮的细胞或成熟的孢子，因此掌握培养时间（菌龄）很重要。不宜用幼嫩或衰老的细胞作为保藏菌种。

2. 从石蜡油封藏的菌种管中挑菌后，接种环上沾有菌体和石蜡油，因此接种环在火焰上灭菌时要先烤干再灼烧，以防菌液飞溅，污染环境。

五、思考题

1. 为防止菌种管棉塞受潮和长杂菌，可采取哪些措施？
2. 为了防止水分进入石蜡油中，可否用干热灭菌法代替高压蒸汽灭菌法？为什么？
3. 斜面传代保藏法有何优缺点？

（曹理想）

实验二十七　微生物菌种的甘油保藏法

一、目的要求

1. 了解甘油法保存微生物菌种的原理。

2. 掌握简易甘油保存菌种的方法。

二、基本原理

在长期微生物菌种的保藏实践中发现，虽然在相当宽的低温保藏范围内，温度越低越能保持菌种的活性，但由于菌种在冷冻和冻融操作中会对细胞造成损伤，而利用40%左右的甘油或适当浓度的二甲基亚砜等作为保护剂对细胞加以保护，可减少冻、融过程中对细胞原生质及细胞膜的损伤。因为在适当浓度的甘油中，将会有少量甘油分子渗入细胞，使菌种细胞在冷冻过程中缓解了其由于强烈脱水及胞内形成冰晶体而引起的破坏作用。再将甘油保存菌种放在−20℃左右的冰箱或超低温冰箱中保藏。

此保藏法具有操作简便，保藏期长等优点。同时，保存期间的取样测试十分方便，故它在基因工程研究中常用于保存一些含有质粒的菌株，一般可保存3～5年。

三、材料与用具

1. 菌种

大肠埃希氏菌（*Escherichia coli*）若干菌株、酿酒酵母（*Saccharomyces cerevisiae*）等。

2. 培养基

牛肉膏蛋白胨培养基（斜面、培养液）、含100μg/ml氨苄青霉素的LB培养基、PDA培养基等。

3. 试剂

无菌生理盐水、80%无菌甘油。

4. 器材

螺口盖试管、Eppendorf管、接种环、无菌滴管、无菌移液管、低温冰箱（−20℃与−70℃）等。

四、内容与方法

1. 无菌甘油制备

将80%甘油置于三角瓶内，塞上棉塞，外加牛皮纸包扎，高压蒸汽灭菌（121℃，20min）后，备用。

2. 保藏培养物的制备

（1）菌种活化

将待保藏菌种在斜面上传代活化1～2代。

（2）菌种纯化

将活化后的斜面菌种在相应的平板培养基上作划线分离，培养并挑选最典型的单菌落移接斜面后进行适温培养，再作菌种性能检测。

（3）性能检测

对已纯化的菌种作各种典型特征的检测或质粒等鉴定。

（4）菌种培养物的制备

接种上述待保存菌种（作斜面、平板划线或液体接种），适温下培养。

如用接种环取一环大肠埃希菌（携带质粒载体），接种到5ml LB液体培养的试管（含氨苄青霉素100μg/ml）培养液中，37℃振荡培养过夜，此期的菌龄为对数期的末期，细胞形态整齐且含菌量最高，适用于菌种保藏。

3. 保藏菌悬液的制备

（1）液体法

1）菌液制备。

将菌种培养液离心（4000r/min），倾去上清液，并用相应的新鲜培养液制备成一定浓度的菌悬液（10^8～10^9个/ml）。然后用无菌移液管吸取1.5ml，置于一支带有螺口密封圈盖的无菌试管（或无菌的Eppendorf管加0.5ml）中。

2）滴加甘油。

再加入1.5ml灭菌80%甘油，使甘油浓度为40%左右为宜，旋紧管盖。

3）振荡均匀。

振荡密封的菌种小试管，使培养液与甘油充分混匀。

（2）菌苔法

1）菌悬液制备。

培养适龄斜面或平板菌苔作甘油菌种保存用。用生理盐水洗下菌苔细胞制成一定浓度（10^8～10^9个/ml）菌悬液。

2）滴加甘油。

加等量甘油混匀，制备成含40%左右甘油的菌悬液。

3）低温保存。

上述两种甘油菌悬液即可在−20℃左右的低温下保藏（此温度下40%的甘油菌悬液即不会冻结）。

4. 快速冷冻

也可将上述甘油菌悬液管置于乙醇-干冰或液氮中速冻，然后作超低温保藏。此法可延长保存期限。

5. 超低温保藏

速冻甘油菌种管置于−70℃以下保藏，保存期的检测中切莫反复冻融，一般细菌或酵母菌种的保存期为3～5年。

6. 菌种保藏期限的检测试验

（1）取菌样

在保藏期间可用无菌接种环蘸取甘油菌悬液（或刮取超低温保藏的甘油菌的冻结物），迅速盖好菌种管返回冰箱，切忌将菌种管放置在室温下融化，从而加速其微生物细胞的死亡。

（2）接种斜面

将蘸取的甘油菌悬液（冻结物）接种到对应的斜面培养基上，适温培养后判断各菌种的保藏情况。

（3）再保藏制备

用接种环挑取斜面上已长好的细菌培养物，置于装有2ml相应培养液的试管中，再加入等量灭菌 80%甘油，振荡混匀后再分装菌种管。

（4）分装菌种管

将上述甘油菌悬液分装于灭菌的具螺口密封圈盖的试管或无菌 Eppendorf 管中，按上法直接低温保存或速冻后作超低温长期保藏。

注意事项

1. 甘油法保藏菌种时应特别注意菌体与甘油的充分混匀。

2. 菌体与甘油混匀后的冷冻必须迅速，每次取样时严防出现反复冻融现象，以防止菌种死亡。

五、思考题

1. 甘油保藏法最适合于保存哪些微生物？
2. 甘油法保藏菌种的操作及保藏期间的检测中应特别注意哪些环节？为什么？
3. 菌种的甘油法保藏有哪些优缺点？

附：数字化教程视频

超低温冰箱的操作

超低温冰箱的操作

（曹理想）

实验二十八　微生物菌种的干燥保藏法

一、目的要求

掌握几种菌种干燥保藏法的原理和方法。

二、基本原理

干燥保藏法的原理是将微生物赖以生存的水分蒸发掉，使细胞处于休眠和代谢停滞状态，从而达到较长期保藏菌种的目的。为了扩大水分的蒸发面，通常将微生物的细胞或孢子吸附于砂土、明胶、硅胶、滤纸、麸皮或陶瓷等不同的载体上，进行干燥，然后加以保藏。在低温条件下，其保藏期可达数年至十几年之久。

三、材料与用具

1. 菌种

待保藏的菌种。

2. 试剂

10% HCl、P_2O_5、石蜡、白色硅胶等。

3. 器材

干燥器、试管、移液管、无菌培养皿（内放一张圆形的滤纸片）、筛子等。

四、内容与方法

1. 砂土管保藏法（适用于保藏产生芽孢的细菌及形成孢子的霉菌和放线菌）

（1）处理砂土

取河砂经 60 目筛子过筛，除去大的颗粒，再用 10% HCl 浸泡（用量以浸没砂面为度）2～4h（或煮沸 30min），以除去砂中的有机物，然后倾去盐酸，用流水冲洗至中性，烘干（或晒干）备用。另取非耕作层瘦黄土（不含有机质）风干，粉碎，用 100～120 目的筛子过筛，备用。

（2）装砂土管

将砂与土按 2∶1 或 4∶1（*m/m*）比例混合均匀，装入试管（10mm × 100mm）中，装量约 1cm 高。加棉塞，进行高压蒸汽灭菌（121℃灭菌 30min）。灭菌后必须作无菌试验，即用无菌接种环挑少许砂土于牛肉膏蛋白胨或麦芽汁培养液中，在合适温度下培养一段时间，确保无杂菌生长后方可使用。

（3）制备菌液

吸 3ml 无菌水至斜面菌种管内，用接种环轻轻搅动，洗下孢子，制成孢子悬液。

（4）加孢子液

吸取上述孢子液 0.1～0.5ml 于每一砂土管中，加入量以湿润砂土管达 2/3 高度为宜。也可用接种环挑 3～4 环干孢子拌入砂土管中。

（5）干燥

把含菌的砂土管放入干燥器中，干燥器内放一培养皿，内盛 P_2O_5 作为干燥剂。然后用真空泵抽气 3～4h，以加速干燥。

（6）收藏

砂土管可用以下方法进行保藏：①保存于干燥器内。②砂土管用火焰熔封后保藏。③将砂土管装入有氯化钙等干燥剂的大试管内，大试管塞上橡皮塞并用蜡封管口。最后置 4℃冰箱中保藏。

（7）恢复培养

使用时挑少量含菌砂土接种于斜面培养基上，置于合适温度下培养，其余砂土管仍按原法继续保藏。

2. 明胶片保藏法（适用于保藏细菌）

该法是用含明胶的培养基作为悬浮剂，把待保藏的菌种制成浓悬浮液，滴于载体上使其扩散成一薄片，干燥后保藏。

（1）制备菌悬液

A 液：蛋白胨 1%、NaCl 0.5%、明胶 20%，调 pH 至 7.6，分装 2ml 于试管中，高压蒸汽灭菌（121℃灭菌 15min），备用。

B 液：0.5%维生素 C 水溶液（用时配制，过滤灭菌）。使用前水浴融化含 A 液的试管，待冷却至 50℃左右，加入 0.2ml B 液，混匀，置 40℃水浴中保温。

（2）制备菌液

选用在斜面培养基上生长良好的菌种，用牛肉膏蛋白胨培养液制成浓的菌液，再把菌液加到上述装有 A、B 混合液的试管中，使菌液浓度达到 5×10^9 个/ml 以上。

（3）制备蜡纸

将硬石蜡放搪瓷盘内融化，用镊子取直径 8cm 滤纸（事先灭菌）浸入石蜡液中 2min，取出置无菌培养皿中冷却，备用。

（4）加菌液

用无菌毛细滴管吸入上述菌液滴在石蜡滤纸上，让每小滴菌液自行扩散，形成小薄片。每张滤纸上大约可滴 30 个菌液点。

（5）干燥

将培养皿放入装有 P_2O_5 的干燥器内，用真空泵抽气，以加速干燥。

（6）收藏

干燥后将含有菌液的明胶片从石蜡纸上剥下，装入带有软木塞，并注明菌名称和保藏日期的无菌试管中，再用石蜡密封管口，置 4℃冰箱中保藏。

（7）恢复培养

用无菌镊子取一片保藏有菌种的明胶投入液体培养基中，置于合适温度下培养即可。

3. 硅胶保藏法（适用于保藏丝状真菌）

（1）制备硅胶

将白色硅胶经 6～22 目筛子过筛，取均匀的中等大小颗粒装入 10mm × 100mm 带螺旋帽的小试管中，装量为 2cm 高为宜，然后放在 160℃烘箱中干热灭菌 2h。

（2）制备菌液

用 5%的无菌脱脂乳把斜面上的孢子洗下，制成浓的孢子悬液。

（3）加菌液

在加菌液时硅胶因吸水而发热，影响孢子的成活，因此在加菌液前，盛硅胶的试管应放在冰浴中冷却 30min，同时将试管倾斜，使硅胶在试管内铺开，然后从试管底部开始逐渐往上缓慢地滴加菌液，加入菌液量至 3/4 硅胶量。随后置于冰浴中冷却 15min。

（4）干燥

旋松试管螺帽，放入干燥器内，在室温下干燥，待试管内硅胶颗粒易于分散开时，表明硅胶已达干燥的要求。

（5）收藏

取出试管，拧紧螺帽，管口四周用石蜡密封，置 4℃冰箱中保藏。

（6）恢复培养

使用时，从硅胶管中取出数粒硅胶放入液体培养基中，在合适温度下培养即可。

4. 麸皮保藏法（适用于产孢子的丝状真菌）

（1）制备麸皮培养基

称取一定量的麸皮加水拌匀（麸皮：水=1：1），分装试管，装入量约 1.5cm 高（不要压紧），加棉塞，管口用牛皮纸包扎，高压蒸汽灭菌（121℃灭菌 30min）。

（2）培养菌种

待保藏菌种接入麸皮试管中，在合适温度下培养，待培养基上长满孢子后，取出干燥。

（3）干燥

将麸皮菌种管放入装有氯化钙的干燥器中，在室温下干燥，在干燥过程中应更换几次氯化钙，以加速干燥。

（4）收藏

将装有麸皮菌种管的干燥器放低温保藏，或将麸皮菌种管取出，换上无菌橡皮塞，用蜡封管口，置4℃冰箱中保藏。

（5）恢复培养

使用时，用接种环挑少量带孢子的麸皮于合适的培养基上，然后置合适温度下培养即可。

注意事项

1. 用硅胶法保藏菌种时，为防止硅胶管内温度升得太高，加菌液的整个过程应尽量在冰浴中进行。

2. 灭过菌的砂土管应按10%的比例抽样检查，如果灭菌不彻底应重新灭菌。

五、思考题

1. 干燥法保藏菌种的原理是什么？有哪些优点？
2. 若菌种管干燥时间拖得太长，会有何影响？

（曹理想）

实验二十九　微生物菌种的冷冻真空干燥保藏法

一、目的要求

1. 了解冷冻真空干燥保藏法的原理。
2. 学会冷冻真空干燥保藏菌种的方法。

二、基本原理

冷冻真空干燥法集中了菌种保藏中低温、缺氧、干燥和添加保护剂等多种有利条件，使微生物的代谢处于相对静止状态。该法可用于细菌、放线菌、丝状真菌（除少数不产孢子或只产菌丝体真菌外）和酵母菌的保藏。具有保存菌种范围广，保藏时间长（一般可达10～20年），存活率高等特点，是目前最有效的菌种保藏方法之一。

该法主要步骤如下。

1）将待保藏菌种的细胞或孢子悬液悬浮于保护剂（如脱脂牛奶）中。

2）在低温（−45℃）下将微生物细胞快速冷冻。

3）在真空条件下使冰升华，除去大部分的水。

冷冻真空干燥装置有多种机型，但一般由放置安瓿管、收集水分和真空设备3个部件组成。放置安瓿管装置有钟罩式和歧管式两种类型。为避免冻干过程中水蒸气进入真空泵，在真空泵与放置安瓿管的容器中间装一冷凝器，使水蒸气凝结在冷凝器上。本法中使用的真空泵要求性能良好，一般开机后，5～10min 内能使真空度达 66.7Pa 以下，才能保证样品顺利冻干。

三、材料与用具

1. 菌种

待保藏的细菌、放线菌、酵母菌或霉菌。

2. 培养基

适于待保藏菌种的各种斜面培养基。

3. 器材

安瓿管、长颈滴管、移液管等。

4. 试剂

脱脂牛奶、2% HCl、P_2O_5 等。

5. 设备

冷冻真空干燥机。

四、内容与方法

1. 准备安瓿管

采用中性硬质玻璃，95#材料为宜，管中内径约 6mm，长度 10cm。安瓿管先用 2% HCl 浸泡过夜，再用自来水冲洗至中性，最后用蒸馏水冲洗 3 次，烘干。将印有菌名和日期的标签置于安瓿管内，有字的一面朝向管壁，管口塞上棉花并用牛皮纸包扎，于 121℃灭菌 30min。

2. 制备脱脂牛奶

将新鲜牛奶煮沸，而后将装有该牛奶的容器置于冷水中，待脂肪漂浮于液面成层时，除去上层油脂。然后将此牛奶离心 15min（3000r/min，4℃），再除去上层油脂。如选用脱脂奶粉，可直接配成 20%乳液，然后分装，灭菌（112℃灭菌 30min），并作无菌试验。

3. 制备菌液

（1）斜面菌种培养。

采用各菌种的最适培养基及最适温度培养斜面菌种，以获得生长良好的培养物。一般是在稳定期的细胞，如形成芽孢细菌，可采用其芽孢保藏，放线菌和霉菌则采用其孢子进行保藏。不同微生物其斜面菌种培养时间也有所不同，如细菌可培养 24～28h，酵母菌培养 3d 左右，放线菌与霉菌则培养 7～10d。

（2）吸取 2～3ml 无菌脱脂牛奶加入一斜面菌种管中，然后用接种环轻轻刮下培养物，再用手搓动试管，制成均匀的细胞或孢子悬液。一般要求制成的菌液浓度达 10^8～10^{10} 个/ml 为宜。

4. 分装菌液

用无菌长颈滴管将上述菌液分装于安瓿管底部，每管 0.2ml（采用离心式冷冻真空干燥机，每管 0.1ml），塞上棉花。分装菌液时注意不要将菌液粘在管壁上。同时，如日后要统计保藏细胞的存活数，则必须严格地定量。

5. 菌液预冻

将装有菌液的安瓿管置于低温冰箱中（−45～−35℃）或冷冻真空干燥机的冷凝器室中（如爱德华高真空有限公司生产的 EF4 型离心式冷冻真空干燥机冷凝器室，温度可达−45℃），冻结 1h。

6. 冷冻真空干燥

（1）初步干燥

启动冷冻真空干燥机制冷系统，当温度下降到−45℃时，将装有已冻结菌液的安瓿管迅速置于冷冻真空干燥机钟罩内，开动真空泵进行真空干燥。若采用简易冷冻真空干燥装置时，应在开动真空泵后 15min 内使真空度达到 66.7Pa（0.5Torr，1Torr≈133.3Pa）以下，在此条件下，被冻结的菌液开始升华。

继续抽真空，当真空度达到 13.3～26.7Pa（0.1～0.2Torr）后，维持 6～8h。此时样品呈白色酥丸状，并从安瓿管内壁脱落，可认为已初步干燥了。

若采用离心式冷冻真空干燥机，则主要步骤为：

1）将装有菌液且塞有适量棉花的安瓿管置于离心机的安瓿管负载盘上，盖上钟罩。

2）启动冷冻真空干燥机制冷系统，使冷冻真空干燥机冷凝器室温度降至−45℃。

3）开动离心机并打开真空泵抽真空。

4）离心机转动 5～10min 后[或当皮拉尼（Pirani）真空计显示约 670Pa（5Torr）时，安瓿管中菌液即已被冻结]，关闭离心机。

5）继续抽真空，当皮拉尼（Pirani）真空计显示约 13.3Pa（0.1Torr）时，初步干燥即完成。

（2）取出安瓿管

先关闭真空泵，再关制冷机，然后打开进气阀，使钟罩内真空度逐渐下降，直至与室内气压相等后打开钟罩，取出安瓿管。

（3）第二次干燥

将上述安瓿管近顶部塞有棉花的下端处用火焰烧熔并拉成细颈，再将安瓿管装在该机的多歧管上，启动真空泵，室温抽真空（冷凝器室中置放一含适量 P_2O_5 的塑料盒），或在−45℃下抽真空（冷凝器室中不需放置干燥剂）。

干燥时间应根据安瓿管的数量、保护剂的性质和菌液的装量而定，一般为 2～4h。

7. 封管

样品干燥后，继续抽真空达 1.33Pa（0.01Torr）时，在安瓿管细颈处用火焰灼烧、熔封。

8. 真空度检测

熔封后的安瓿管是否保持真空，可采用高频率电火花发生器测试，即将发生器产生火花触及安瓶管的上端（切勿直射菌种），使管内真空放电。若安瓶管内发出淡蓝色或淡紫色电光，说明管内真空度符合要求。

9. 保藏

将上述真空度符合要求的安瓿管置于 4℃冰箱保藏。

10. 恢复培养

先用 75%乙醇消毒安瓿管外壁，然后将安瓿管上部在火焰上烧热，在烧热处滴几滴无菌水，使管壁产生裂缝，放置片刻，让空气从裂缝中慢慢进入管内，然后将裂口端敲断，这样可防止空气因突然开口而冲入管内使菌粉飞扬。再将少量合适培养液加入安瓿管中，使干菌粉充分溶解，后用无菌的长颈滴管吸取菌液至合适培养基中，也可用无菌接种环挑取少许干菌粉至合适培养基中，置最适温度下培养。

注意事项

1. 在进行真空干燥过程中，安瓿管内的样品应保持冻结状态，这样在抽真空时样品不会因产生泡沫而外溢（离心式冷冻干燥机在抽真空前期，由于转动故短期内离心机样品可不呈冻结状态）。

2. 熔封安瓿管时，封口处火焰灼烧要均匀，否则易造成漏气。

五、思考题

1. 冷冻干燥装置包括哪几个部件？各部件起何作用？
2. 预冻后，样品真空干燥要求在什么条件下进行？
3. 将保藏菌种的安瓿管打开以恢复培养时，应注意什么问题？

附：

冷冻真空干燥中常用保护剂种类

1）脱脂牛奶（或用10%～20%脱脂奶粉）。

2）脱脂牛奶10ml、谷氨酸钠1g，加蒸馏水至100ml。

3）脱脂牛奶3ml、蔗糖12g、谷氨酸钠1g，加蒸馏水至100ml。

4）新鲜培养液50ml、24%蔗糖50ml。

5）马血清（不稀释），过滤除菌。

6）葡萄糖30g溶于400ml马血清中，过滤除菌。

7）马血清100ml加内消旋环己醇5g。

8）谷氨酸钠3g、阿东糖醇（adonitol）1.5g，加0.1mol/L磷酸盐缓冲液（pH7）至100ml。

9）谷氨酸钠3g、阿东糖醇1.5g、胱氨酸0.1g，加0.1mol/L磷酸盐缓冲液（pH7）至100ml。

10）谷氨酸钠3g、乳糖5g，PVP（即polyvinylpyrrolidone，聚乙烯吡咯烷酮）6g，加0.1mol/L磷酸盐缓冲液（pH7）至100ml。

上述保护剂可根据保藏菌种情况任选。脱脂牛奶对于细菌、酵母菌和丝状真菌都适用，且具有来源广泛、制作方便等特点，故最为常用。

（曹理想）

实验三十　微生物菌种的液氮超低温保藏法

一、目的要求

了解液氮超低温保藏菌种的原理和方法。

二、基本原理

将菌种保藏在超低温（−196～−150℃）的液氮中，在该温度下，微生物的代谢处于停顿状态，因此可降低变异率和长期保持原种的性状。对于用冷冻干燥保藏法或其他干燥保藏有困难的微生物如支原体、衣原体及难以形成孢子的霉菌、小型藻类或原生动物等都可用本法长期保藏，这是当前保藏菌种最理想的方法。

为了减少超低温冻结菌种时所造成的损伤，必须将菌液悬浮于低温保护剂中（常用的低温保护剂见本次实验附录），然后再分装至安瓿管内进行冻结。冻结方法有两种，一是慢速冻结，一是快速冻结。慢速冻结指在冻结器控制下，以每分钟下降1～5℃（每分钟下降度数因菌种不同而异）的速度使样品由室温下降到−40℃后，立即将样品放入液氮贮藏器（又称液氮冰箱）中作超低温冻结保藏。快速冻结指装有菌液的安瓿管直接放入液氮冰箱作超低温冻结保藏。无论选用哪种冻结方法，如处理不当都会引起细胞的损伤或死亡。

由于细胞类型不同，其渗透性也有差异，要使细胞冻结至−196～−150℃，每种生物所能适应的冷却速度也不同，因此须根据具体的菌种，通过试验来决定冷却的速度。

三、材料与用具

1. 菌种

待保藏且生长良好的菌种。

2. 培养基

适合于待保藏菌生长的斜面培养基。

3. 试剂

10%甘油、10%二甲基亚砜（简称DMSO）。

4. 设备与器材

液氮生物贮存罐（液氮冰箱）、控制冷却速度装置、安瓿管、铝夹、低温冰箱。

四、内容与方法

1. 制备安瓿管

用于超低温保藏菌种的安瓿管必须用能经受121℃高温和−196℃冻结处理的硬质玻璃制成的。如放在液氮气相中保藏，可使用聚丙烯塑料做成的带螺帽的安瓿管（也要能经受高温灭菌和超低温冻结的处理）。安瓿管大小以容量2ml为宜。

安瓿管先用自来水洗净，再用蒸馏水洗两遍，烘干。将注有菌名及接种日期的标签放入安瓿管上部，塞上棉塞，进行高压蒸汽灭菌（121℃灭菌30min）后，备用。

2. 制备保护剂

配制20%甘油，然后进行高压蒸汽灭菌（121℃灭菌30min）。

3. 制备菌悬液

把单细胞的微生物接种到合适的培养基上，并在合适的温度下培养到稳定期，对于产生孢子的微生物应培养到形成成熟孢子的时期，再吸适量无菌生理盐水于斜面菌种管内，用接种环将菌苔从斜面上轻轻地刮下，制成均匀的菌悬液。

4. 加保护剂

吸取上述菌液 2ml 于无菌试管中，再加入 2ml 20%甘油或 10% DMSO，充分混匀。保护剂的最终体积分数分别为 10%或 5%。

5. 分装菌液

将含有保护剂的菌液分装到安瓿管中，每管装 0.5ml。对不产孢子的丝状真菌，可作平板培养，待菌长好后，用直径 0.5mm 的无菌打孔器（或玻管）在平板上打下若干个圆菌块，然后用无菌镊子挑 2～3 块放到含有 1ml 10%甘油或 5% DMSO 的安瓿管中。如果要将安瓿管放于液氮液相中保藏，则管口必须用火焰密封，以防液氮进入管内。熔封后将安瓿管浸入亚甲蓝溶液中于 4～8℃静置 30min，观察溶液有否进入管内，只有经密封检验合格者，才可进行冻结。

6. 冻结

适于慢速冻结的菌种在控速冻结器的控制下使样品每分钟下降 1℃ 或 2℃，当下降至 −40℃后，立即将安瓿管放入液氮冰箱中进行超低温冻结。如果没有控速冻结器，可在低温冰箱中进行，将低温冰箱调至−45℃（因安瓿管内外温度有差异，故须调低 5℃）后，将安瓿管放低温冰箱中 1h，再放入液氮冰箱中保藏。适于快速冻结的菌种，可直接将安瓿管放入液氮冰箱中进行超低温冻结保藏。

7. 保藏

液氮超低温保藏菌种，可放在气相或液相中保藏。气相保藏，即将安瓿管放在液氮冰箱内液氮液面上方的气相（−150℃）中保藏。液相保藏，即将安瓿管放入提桶内，再放入液氮（−196℃）中保藏。

8. 解冻恢复培养

将安瓿管从液氮冰箱中取出，立即放入 38℃水浴中解冻，由于安瓶管内样品少，约 3min 即可融化。如果要测定保藏后的存活率即作定量稀释后进行平板计数，再与冻结前计数比较，即可求出存活率。

注意事项

1. 放在液相中保藏的安瓿管，管口务必熔封严密。否则当安瓿管从液氮中取出时，因进入管中的液氮受外界较高温度的影响而急剧气化、膨胀，会致使安瓿管爆炸。

2. 从液氮冰箱取安瓿管时面部必须戴好防护罩，并戴好手套，防止冻伤。

五、思考题

1. 液氮超低温保藏法的原理是什么？如何减少冻结对细胞的损伤？
2. 在液氮液相中保藏菌种时要注意什么问题？

附：

低温保护剂

1）甘油：配成 20%体积分数。

2）DMSO：配成 10%体积分数。

3）甲醇：配制成5%体积分数，过滤除菌后，备用。

4）羟乙基淀粉（HES）：使用质量分数为5%。

5）葡聚糖：使用质量分数为5%。

（曹理想）

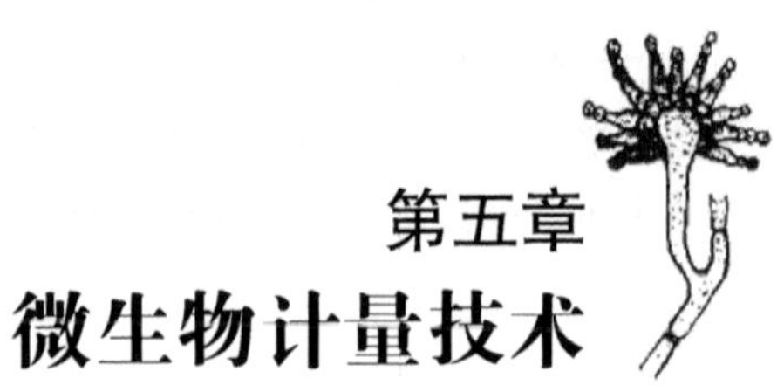

第五章 微生物计量技术

实验三十一　显微测微技术

一、目的要求

熟悉并掌握测量微生物大小的基本方法。

二、基本原理

测量微生物的大小数值——长和宽，通常用测微计（亦称测微尺）来完成。测微计分目镜测微尺（目尺）和镜台测微尺（台尺）两部分。

目镜测微尺为实际测量尺，圆形状，其中央有细长的等分刻度，一般等分成 50 或 100 小格，使用时以刻度面向下放入接目镜的镜筒内，用其刻度尺来测量镜头下的样品（图 31-1）；同时，目镜测微尺是非标准值的刻度尺，其每格刻度的实际数值随显微镜镜头的放大率不同或者镜头组合的不同而改变。

镜台测微尺是标准刻度尺，专门用于对目镜测微尺的测前标校，长条状，貌似载玻片，中央贴一圆形玻片，带有标准值刻度，通常将总长度 1mm 等分成 100 小格，每格为 0.01mm（10μm）的标准长度（图 31-2）。校准目镜测微尺时将镜台测微尺置于显微镜的载物台上，其刻度面向上。

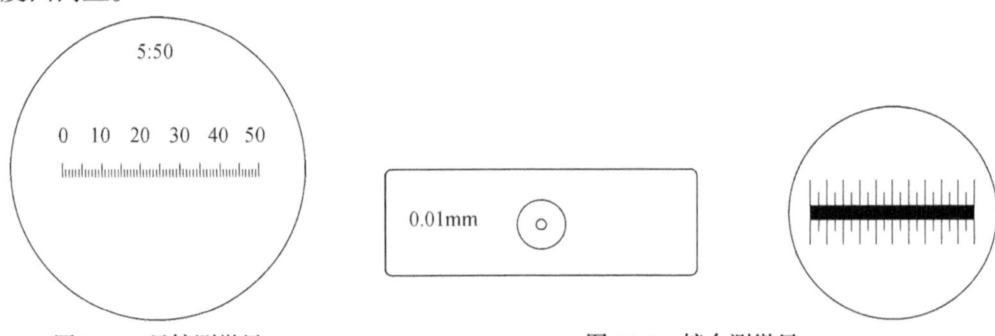

图 31-1　目镜测微尺　　　　图 31-2　镜台测微尺

实测菌体是用目镜测微尺来完成的，但由于目镜测微尺为非固定标准值刻度，所以测前必须对它进行刻度值的标校，以台尺的标准值刻度对目尺非标准值刻度进行校正，求出在某一镜头放大倍率下目尺每小格代表的实际长度，才能随后用来测量微生物菌体的实际大小，这个过程称为测微尺的校准。

三、材料与用具

1. 菌种

酵母菌液、赤霉菌平板等。

2. 标准菌片

放线菌及枯草芽孢杆菌的染色玻片。

3. 器材与试剂

显微镜、测微计（尺）、擦镜纸、二甲苯（或擦镜液）、香柏油等。

四、内容与方法

1. 目镜测微尺的标校（校准）

从显微镜的镜筒中取下圆筒状的目镜（双目镜的情况下取其中一只），拧开其上端或其下缘的镜筒盖，将目镜测微尺装入接目镜的镜筒隔板上，使刻度朝下，再拧紧筒盖；把镜台测微尺放在镜台上，使刻度朝上。用低倍镜调好聚焦距离，移动镜台测微尺，使两尺的第一刻度线零位重合，向右寻找两尺另外重合的刻度线（图 31-3、图 31-4）或者一个重合段，记录两个重叠点刻度间目镜测微尺和镜台测微尺的尺长格数（整数或小数均可。若刻度线重合以整数表示，刻度线不重合则以估值小数表示），得到相对应的一对数值。由下列公式算出目镜测微尺每格长度。

$$\text{目镜测微尺每格长度}(\mu m)=\frac{\text{两个重叠点刻度间镜台测微尺长度格数}\times 10}{\text{两个重叠点刻度间目镜测微尺长度格数}}=\frac{5\times 10}{30}\approx 1.67\mu m$$

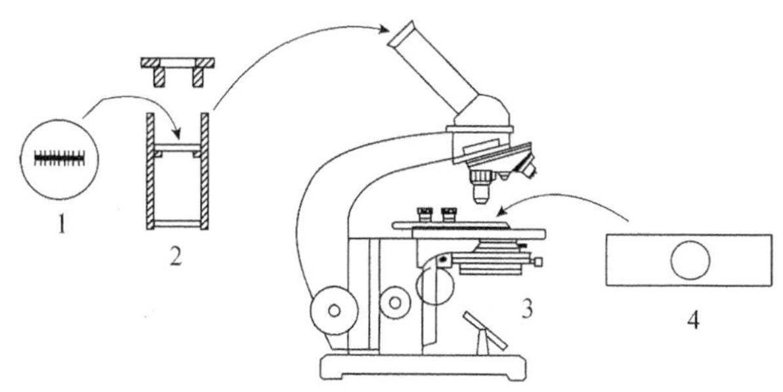

图 31-3 测微尺的装置使用

1. 目镜测微尺；2. 目镜；3. 显微镜；4. 镜台测微尺

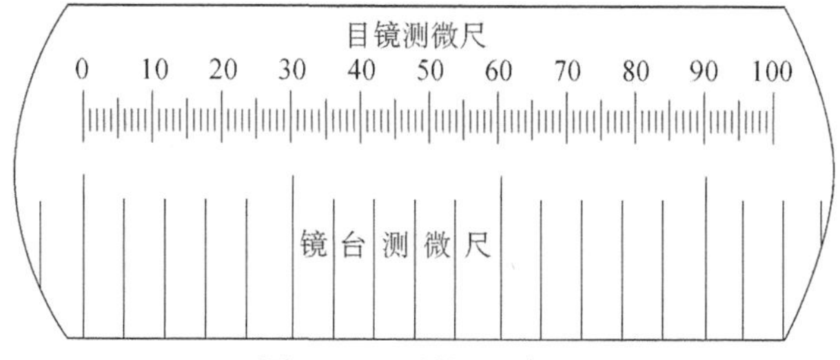

图 31-4 测微尺的校准

为了减少肉眼读数的视觉误差，同一放大倍率下的镜头组合一般须选取三个不同距离的校准数值，经过平均后得出该放大倍率下的目尺每小格代表的实际长度值。其方法是，将两尺的零刻度线重合后，在两尺上分别向右取不同重合段的三对对应数值（一般各取镜头视野中左、中、右位置的三个重合点，重合点数值可以选整数，如没有适当的整数值也可以估取小数），经过上述公式计算，分别得出三个校准数值，最后取三数值的平均值（可保留至小数点后一至二位）。

再以高倍镜、油镜重复以上操作，记录并计算每种倍率下目镜测微尺每一格所代表的长度。最后得出低倍镜、高倍镜和油镜下目镜测微尺每一小格代表的实际长度值。

2. 实菌的测定

取下镜台测微尺，放上待测的带菌玻片标本，测出菌体长与宽各为目镜测微尺的几个格，即可算出菌体大小。

例：菌体长为目镜测微尺的两个格，而每格若是1.67μm，则该菌体长为2×1.67 = 3.34μm。

（1）细菌和放线菌

测枯草芽孢杆菌的长度与宽度，放线菌菌丝的直径。在油镜下观察。

（2）霉菌

测量赤霉菌（或白地霉）的菌丝直径。水浸片制片，在高倍镜下观察（一般赤霉菌的菌丝稍粗，生长健壮，比较适合初学者测量）。

（3）酵母菌

球形酵母菌测直径，椭圆形酵母测长和宽。取菌液一滴于玻片，盖上盖玻片，在高倍镜下观察。

注意事项

1. 随机选5个菌体，最后取平均值。
2. 清洗台尺上的香柏油时，清洗剂勿用太多，以免造成中心刻度玻片的脱胶和脱落。
3. 测微尺为精密玻璃量具，价格昂贵，须小心使用，避免其损坏、碎裂。

五、思考题

1. 用测微尺测量微生物大小时应注意哪些事项？
2. 为什么目镜测微尺必须用镜台测微尺校准？不同的镜头系列和镜头组合中目镜测微尺每一格所代表的数值是否相同？

附：微生物学实验报告

显微测微技术

将微生物大小的测量结果填入空格

1. 在低倍镜（×10）下：

目镜测微尺①________格，②________格，③________格，分别等于镜台测微尺①________格，②__________格，③__________格，由此目镜测微尺每格为①____________微米（μm），②__________μm，③__________μm。

平均=___________μm。

2. 在高倍镜（×40）下：

目镜测微尺①________格，②________格，③________格，分别等于镜台测微尺①________

格，②________格，③________格，由此目镜测微尺每格为①________μm，②________μm，③__________μm。

平均=__________μm。

3. 在油镜（×100）下：

目镜测微尺①________格，②________格，③________格，分别等于镜台测微尺①________格，②________格，③________格，由此目镜测微尺每格为①________μm，②________μm，③__________μm。

平均=__________μm。

4. 枯草芽孢杆菌在油镜下：

长=目镜测微尺__________，__________，__________，__________，__________格=__________，__________，__________，__________，__________μm，平均=__________μm。

宽=目镜测微尺__________，__________，__________，__________，__________格=__________，__________，__________，__________，__________μm，平均=__________μm。

5. 放线菌在油镜下：

菌丝直径=目镜测微尺__________，__________，__________，__________，__________格=__________，__________，__________，__________，__________μm，平均=__________μm。

6. 酵母菌在高倍镜下：

长=目镜测微尺__________，__________，__________，__________，__________格=__________，__________，__________，__________，__________μm，平均=__________μm。

宽=目镜测微尺__________，__________，__________，__________，__________格=__________，__________，__________，__________，__________μm，平均=__________μm。

7. 赤霉菌在高倍镜下：

菌丝直径=目镜测微尺__________，__________，__________，__________，__________格=__________，__________，__________，__________，__________μm，平均=__________μm。

（王伟）

实验三十二　微生物的显微计数和平板计数方法

一、目的要求

1. 了解微生物计数的意义和常用方法。
2. 通过实验掌握使用显微计数板进行微生物计数的方法、原理和适用范围。
3. 掌握微生物平板菌落计数的方法、原理和计数特点。

二、基本原理

微生物计数是关于单位数量或体积的物质中所含有微生物数量多少的统计计量技术。通过对微生物的量化统计，可以了解微生物在所处的微环境中的数量状况和量的变化，进而监控整个菌群的发育和生长状况，在环境微生物、食品卫生监测、微生物制剂、微生物的发酵控制和医疗等领域具有极大的应用价值。

三、材料与用具

1. 菌种

酵母菌液、放线菌的平板菌落。

2. 用具

显微计数板、显微镜、计数器、滴管。

四、内容与方法

1. 微生物显微镜直接计数法

(1) 显微计数法原理及计数板的结构

利用显微计数板（也叫血球计数板、血球计数器）在显微镜下直接计数，这是一种常用的微生物计数方法。这种方法是将菌的悬液（或孢子悬液）放在显微计数板载玻片与盖玻片之间的计数室中，在显微镜下进行计数。由于在载玻片的计数区域上面盖上盖片后，载片和盖片之间构成一个微小的空间，称为计数室，其容积是一定的，这样可以根据在显微镜观察到的计数室中的微生物数目，来计算单位体积的微生物总数目。

显微计数板通常是一块特制的精密载玻片，刻有网络线和分槽，由四条槽而构成三个平台。中间的平台又被一短横槽而隔成两半，每半个平台上面各刻有一个方格网，每个方格网共分九大格。其中的一个中央大格（又称为中央计数室），用作微生物的计数。显微计数板的构造（图 32-1）。

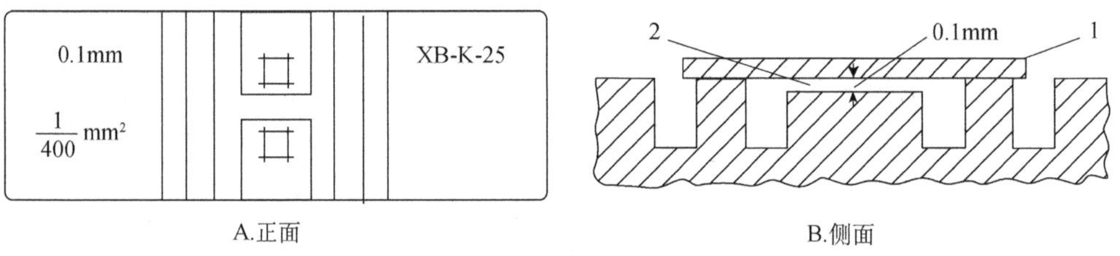

图 32-1　显微计数板的构造

1. 盖片；2. 计数室

显微计数板的计数室由三种标准方格组成，即大方格、中方格（16 或 25 个）及小方格（400 个）组成。

计数室的刻度一般有两种，一种是一大方格分成 16 个中方格，而每个中方格分成 25 个小方格。另一种是一大方格分成 25 个中方格，而每个中方格分成 16 个小方格，但不管计数室是哪一种构造，它们都有一个共同的特点，即每一大方格都由 $16\times25=25\times16=400$ 个小方格组成（图 32-2）。

每一大方格边长为 1mm，每一大方格面积为 $1mm\times1mm=1mm^2$，盖上盖玻片后，计数室的高度为 0.1mm，所以计数室每个大方格的容积为 $1mm^2\times0.1mm=0.1mm^3$。

在计数的时候，通常数 5 个中方格的总菌数，求得平均值再乘以 16 或 25 就得一大方格中的总菌数，然后再换算到 1ml 菌液中的总菌数。下面以一大方格分为 16 中方格的显微计数板进行计算：

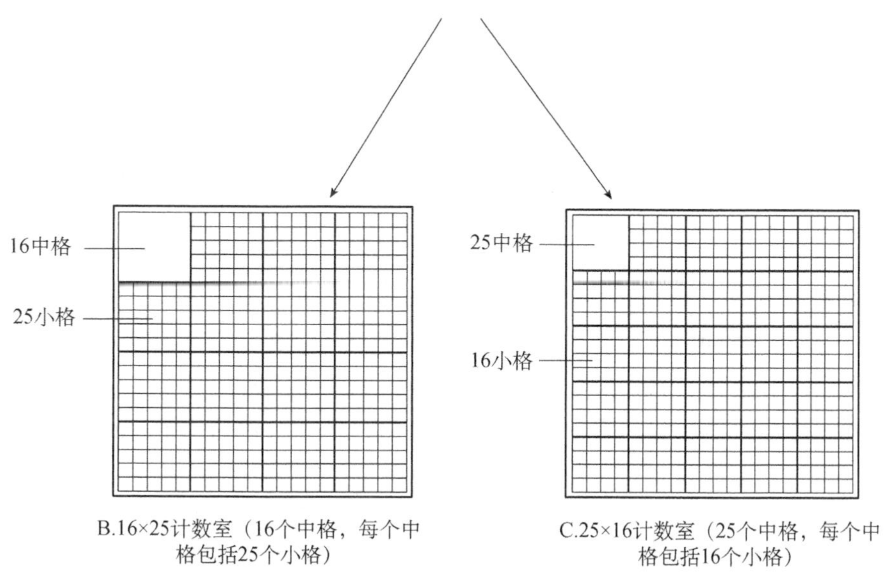

图 32-2　两种不同刻度的计数室

则 1ml 菌液中总数$=A/5\times16\times10\times1000\times B$

$=32000A\cdot B$（个）

同理如果是 25 个中方格，1ml 菌液中总数为

$$A/5\times25\times10\times1000\times B=50000\,A\cdot B\text{（个）}$$

上述计算式中 A 为 5 个中方格的菌体总数，B 为菌液稀释倍数。

（2）方法步骤（酵母细胞的数量测定，同样适用于对真菌类孢子的数量测定）

1）取清洁干燥的显微计数板，在计数室上面加盖玻片。

2）取酵母菌液一管摇匀，用滴管紧贴盖玻片空隙边缘向计数室内滴加菌液一小滴（不宜过多），则菌液自行渗入，勿使计数室产生气泡，放置片刻，然后置低倍镜下观察计数。

3）计数时，通常数五个中方格的总菌数，求得平均值，代入上面公式，即可求出每毫升菌液的总菌数。

4）重复一次，若数据相差太大，表明两次计数的误差较大，则需再次重复计数，取较为接近的两组数据。

5）计好数后，应立即将计数板用自来水冲洗干净，然后用蒸馏水过一次，切勿用粗糙物擦拭计数室，洗完后用吸水纸轻轻吸去水分，自然晾干，妥善保存。

（3）显微计数注意事项

1）压在中格边框线上的细胞，一般统一只计压下、右线的，不计压上、左线的；数任意5个中方格总菌数（一般取四角及中央），求得每格平均值。

2）凡酵母的出芽细胞芽体达到细胞大小的一半时，即可作为一个细胞计。

3）样品浓度要求每小格内有5～10个菌体为宜，如太浓可适当稀释。

4）菌液放进计数室后，必须静止片刻才开始计数。

5）计数的中格应选四角及中央位置的五个，这样选出的中格计数和平均值才能较好地代表整个大格的实际数值。

2. 平板菌落计数法（活菌计数）

（1）平板计数原理

微生物的平板菌落计数法是另一种常用的微生物计数方法，根据在固体培养基上形成的一个菌落，是由一个单细胞繁殖而成的、肉眼可见的子细胞群体，也就是说，一个菌落即代表一个单细胞这一特性。将待测样品通过稀释分离的方法，使其菌均匀分布于培养皿的培养基内。培养后，由单个细胞生长繁殖形成菌落，统计菌落数目，可计算出样品中的含菌数。

培养平皿上的菌落数目传统上以“个”为计量单位，现在以CFU（CFU为colony forming unit的缩写，即菌落形成单位，意指微生物群落总数，每CFU相当于一个活菌落）表示，相应地，单位样品中的含菌数以CFU/g或CFU/ml表示。

此法所计算的菌数是培养基上长出来的菌落数，因此不包括死菌。故又称活菌计数，一般用于成品检定（如杀虫菌剂、根瘤菌剂等）。

（2）方法步骤

以测定土壤中微生物数量为例。

1）土壤的稀释分离[与“实验十九　微生物的接种分离技术与菌种的冰箱保藏”中的稀释分离步骤（1）、（2）相同]

2）计数

经过培养，平板长出菌落后，选择刚好能把菌落分开，而稀释倍数最低的平板，先求该稀释度的平均菌落数(一般细菌要求在30～300个，放线菌在20～200个，酵母菌在10～100个，霉菌在6～60个)，然后代入公式，即可求出每克土壤微生物数量。

$$\text{每克（毫升）样品（土壤）中微生物的总菌数（CFU/g或CFU/ml）}=\frac{\text{每皿平均菌落数}}{\text{每皿中样品（土壤）量（g或ml）}}\times\text{稀释倍数}$$

（3）平板计数注意事项

1）不仅统计培养基表面菌落，也要统计培养基内部和底部的菌落。

2）如果菌落太过密集，可以在平板背面均匀划线分成若干区域，分别统计各区域后的数据相加，得到整个皿的总菌数。

3）菌落重叠时，可酌情根据菌落面积计为2个或3个。

五、思考题

1. 用显微计数板进行微生物计数时，计数室为什么不能有气泡？
2. 用显微计数板计数时，必须注意哪些问题才能减少误差？
3. 同一种菌液用显微计数法和平板计数法同时计数，所得的结果是否一样？为什么？
4. 比较两种微生物计数方法的优缺点。

附 1：微生物学实验报告

微生物的显微计数和平板计数方法

1. 计算每毫升（ml）酵母液中的细胞数。

计数次数	各中格的菌数					五个中格的总菌数	1ml 菌液中的总菌数	二次平均值
	1	2	3	4	5			
第一次								
第二次								

2. 计算你所分离的土壤样品每克（g）中的放线菌活菌数是多少？

稀释倍数	菌落数		每 1g 土壤活菌数		每 1g 土壤活菌平均数	每 1g 土壤中的活菌数总平均值
	倾注法	涂布法	倾注法	涂布法		

附 2：数字化教程视频

微生物的显微计数方法

微生物的显微计数方法

（王伟）

实验三十三　微生物的光电比浊计数方法

一、目的要求

1. 学习微生物的光电比浊计数法的原理和操作方法。
2. 了解光电比浊计数的适用与局限性。

二、基本原理

光电比浊计数是用可见光的分光光度计读取菌液的光密度以进行光电比浊，来统计菌液中的菌体数量，是一种对微生物数量的间接模糊计数方法，而不是对微生物数的直接准确计量。

它利用了在一定范围内随着微生物纯培养的数量增多、浓度增加，相应的培养液增稠对可见光的吸收也增加，微生物量与光吸收呈现有规律的线性对应关系这个原理。通常，微生物的细胞浓度和数量，与透光度成反比，与光密度（比浊度、混浊度）成正比。每一个光密度 OD 值对应一个固定的微生物数量值，而 OD 值可用分光光度计准确测定读取，从而间接掌握培养微生物的数量信息。光电比浊计数在分光光度计上通常选用光波波长 400～700nm 的可见光做吸收测定光源。

利用光电比浊计数测量之前，一般需要先制作 OD 值-菌数量值的标准曲线，利用直接计数法（显微计数、平板计数等）实测得到的一系列不同菌数的纯培养菌悬液，在分光光度计上测得相对应的光密度 OD 值，即可制得 OD 值（X 轴）-菌数量值（Y 轴）标准曲线。样品测量时换以同样培养或制法的菌体悬浮液，测定 OD 值，再从标准曲线上查得对应的菌体数量，完成光电比浊计数。

光电比浊计数的方法原理可靠、操作简便快速，省时省力，可以连续测定和自动控制，在高通量纯培养的工业自动化发酵生产的监控，以及一些大环境采样中得到广泛的运用。但此种测定方法除了对菌液的纯培养度要求较高之外，其他的影响因素也较多，比如培养物的种类、形态、细胞大小、培养液成分、杂质、培养周期时段及光波波长等均有影响或干扰，常用在培养物单纯、颜色较浅且过程简单稳定可控、干扰物质较少的工业培养菌的场合。由于非丝状的单细胞（细菌、酵母菌和藻类）在液体培养中菌体分散较好，最适合于此种计数。实际运用时还需做大量的稳定性试验考察，选取所试菌液在不同浓度下的最好吸收光波段做分光光度计的测定光源。

三、材料与用具

1. 菌种

大肠杆菌或酿酒酵母培养液。

2. 培养基

牛肉膏蛋白胨液体培养基（培养细菌用）、查氏或马铃薯的液体培养基（培养酵母菌用）。

3. 试剂

无菌生理盐水。

4. 器材

显微计数板（血球计数板）、显微镜、控温摇床、500ml 三角瓶、1ml 移液管、滴管、试管、吸水纸、721 分光光度计等。

四、内容与方法

1. 制作 OD-菌数标准曲线

标准曲线的制作，须先准确地测定一系列不同浓度的菌悬液的菌体数值。

酵母菌一般采用显微计数板的方法。选取 25℃条件下振荡培养（300r/min）24～48h 的三角瓶装酵母菌培养液，用无菌生理盐水分别按 5 倍量递增（或递减）做一系列的梯度浓度稀释，置于编号的无菌试管中，用显微计数板和分光光度计同时测定每一支稀释管中菌悬液，得出每一个稀释浓度下对应的单位体积的酵母数量值和光吸收 OD 值。酿酒酵母可考虑用 560nm 波长光源，菌悬液置于 1cm 比色皿中测定，以无菌生理盐水做空白对照并进行零点调整。

细菌则采用平板培养后计数的方法。37℃条件下振荡培养（250r/min）的大肠杆菌试管培养液，从培养第2h开始，每隔120min取样测定，至24～36h培养终了。以定量稀释的涂布法或倾注法，准确测定菌液中的菌体数量，同时以分光光度计测定每一支培养试管的光吸收OD值，得出一组在不同的振荡培养时间下，悬浮菌液中单位体积的大肠杆菌数量值和对应的光吸收OD值（表33-1）。大肠杆菌可考虑选用600nm波长光源，直接转移大肠杆菌菌悬液入合适大小的干净小试管（5ml）中，插入分光光度计的比色槽开机测定，以无接种的液体空培养基做空白对照，进行零点调整。取样后来不及测定的菌悬液样品必须及时置于冰箱保存，并且不要留置太久。

制作OD-菌数标准曲线，是光电比浊计数方法的关键。绘制一条成功而准确的标准曲线是后续测定的数据依据和标准参照，必要时可以重复制定，务必保证数据的准确可靠。

表33-1　大肠杆菌培养液总菌数与OD值测定结果

培养时间（h）	对照	0	2	4	6	8	10	12	14	16
总菌数（CFU/ml）										
光密度（OD_{600}）										

总菌数（CFU/ml）与OD值测定以后，即可在坐标图上以OD值为横坐标（*X*轴），总菌数为纵坐标（*Y*轴）制得光电比浊的标准曲线（图33-1）。

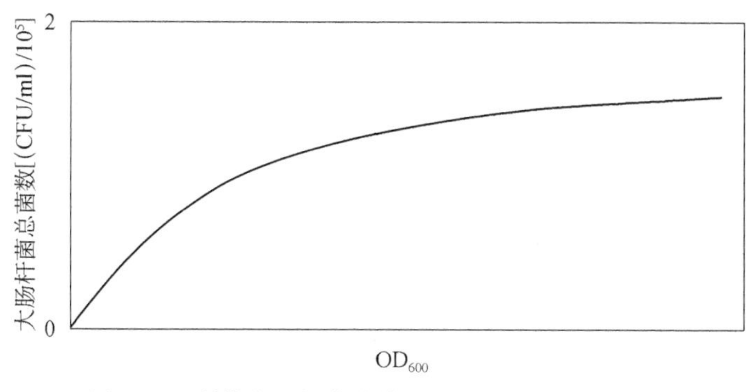

图33-1　制作大肠杆菌培养液光电比浊的标准曲线

2. 待测菌的光电比浊测定

将待测菌的培养液（或菌悬液）取样，置于测定比色皿或小试管内，在分光光度计上测定光密度OD值，将测得的OD数据与标准曲线对照，查得实际培养中的菌体数量的总值。

待测菌的测定流程与制作标准曲线一样，尤其是菌悬液（液体培养基、生理盐水和稀释液等）的成分必须保持相同，测定用的透光容器也要一致，以避免测定误差。原则上只要我们需要，随时可以从发酵生产线或培养摇床上取样测定液体样品的OD值，再从标准曲线查得当时的菌体数量值，以监控培养的进程，决定培养的何时终止，快捷简便，省时高效。

注意事项

1. 使用分光光度计一般要开机预热10～15min，同时用待测样品选不同的波长测定一轮，选取吸收值最大的一个波长做正式测定时的光源。每次测定时还要预先用对照原液调整（校正）零点。

2. 用于盛液测定 OD 值的比色皿和小试管必须清洁干净，保持透光良好且不同管间应透光程度相近趋同。也可用同一支管来测定，避免因不同管间色差或透光性差而导致测定数值的偏差。用完以后的比色皿和小试管须及时用水清洗并以 70%的乙醇消毒冲洗，冲洗水和遗弃菌液须灭菌无害化处理。

3. 测定 OD 值的菌悬液必须充分摇匀，使管内菌体细胞分布均匀。

五、思考题

1. 总结光电比浊计数的测定过程，哪些环节对实验结果有重要影响？为什么？
2. 用分光光度计测定 OD 值时，如何选定光源的波长？
3. 为什么说光电比浊计数的方法，既有十分明显的优点，又有一定的局限性？
4. 丝状真菌的液体培养是否可用光电比浊计数，为什么？设计一个可行的计数（计量）方案。

附：数字化教程视频

紫外–可见分光光度计的操作

紫外–可见分光光度计的操作

（王伟）

实验三十四　丝状真菌无性分生孢子产量的动态统计

一、目的要求

1. 学习对丝状真菌无性孢子的培养观察和计量统计方法。
2. 掌握菌丝发育过程中动态产孢变量的跟踪测定技术。
3. 设计动态产孢曲线，探索在不同的培养条件和生理状态下真菌的产孢规律。

二、基本原理

丝状真菌是发育比较高级的多细胞微生物，其在丝状营养体（菌丝体）的基础上进入繁殖体阶段，往往形成多形态多种类的各种繁殖孢子体，依据来源和产生方式大致分为无性孢子和有性孢子两大类。真菌孢子体不仅是分类鉴定的重要依据，而且它们的产生速度（产孢率）和产孢潜能也往往与菌株本身的活力度和一些特殊功能有关，甚至可能作为某些特别功能的指标性因素。

一般说，真菌的动态产孢规律反映了菌丝营养、生长活力和繁殖之间的相互关联，在一些特殊真菌也常常与其所具有的特异活性（抗异性、抗逆性及抗虫性等特性）息息相关。在抗虫抗病真菌中，产孢力与菌株活力和侵染力呈正向相关，也间接与真菌的抗异性强弱密不可分。因此，定量化动态测定菌株的孢子产量，了解掌握其产孢规律，深入揭示真菌的产孢规律与生理功能之间的关系，是评估真菌的应用潜力，发掘、利用真菌以用于生物防治的一个基础性技术手段，也是指导生产实践的需要。

本实验的动态产孢率是针对真菌无性分生孢子来设计的，真菌有性孢子的情况则比较复杂多样，因此对于有性孢子的产孢率测定，应当根据真菌品种来做专门的设计。

三、材料与用具

1. 材料

青霉属（*Penicillium* spp.），或头孢霉属（*Cephalosporium* spp.）、拟青霉属（*Paecilomyces* spp.）真菌的斜面菌种。

2. 培养基

真菌 PDA、查氏（Czapek）和萨氏（Sabouraud）培养基，按常规方法配制，121℃灭菌处理。真菌琼脂固体培养基分别制作成试管斜面和培养皿平板。

3. 试剂

20%甘油，经高压蒸汽灭菌后用于丝状真菌的小载片保湿培养。

4. 器材

培养皿、三角瓶、烧杯、量筒、移液管、滴管、试管、玻棒、U 形玻棒、载玻片、盖玻片、酒精灯、天平、接种铲、剪刀、镊子、刀片、棉花、纱布、电炉（或电磁炉）、滤纸、pH 试纸、培养箱、显微镜、高压灭菌器等。

四、内容与方法

1. 显微形态和产孢结构观察（载片培养法）

将真菌菌株进行载片培养（见“实验三十八　丝状真菌的载片培养与鉴定方法”），镜检时将培养载片直接置于显微镜下，观察其菌丝、孢子梗、小梗和分生孢子的形态、着生方式及大小，拍照、绘图和文字记录。

2. 单菌落培养及生长速度测定

取培养皿的二次活化菌丝，用接种环挑取少量，在空白 PDA 平板上作划线分离，于最适温度（通常 25℃）下培养 2d 至形成单菌落。用接种刮铲刮取单菌落分别转移至 PDA、查氏和萨氏琼脂培养基的平板中央，置于 25℃下避光培养，每隔 24h 跟踪观察记录菌落形态，测量真菌在不同培养基生长时的菌落直径，做好直径变化的记录比较（3 个一组，取平均值）。

3. 分生孢子的动态数量测定（孢子计数法）

挑取同步萌发 1d 的真菌单菌落，分别转移至 PDA、查氏、萨氏和水琼脂（WA）培养基的试管斜面各 20 支，置于 25℃相同条件下培养。每隔 24h（1d）不同培养基各取 2 支培养试管，用定量的无菌蒸馏水冲洗斜面，充分洗脱混匀成孢子悬浮液，通过显微计数板连续观测统计各管洗脱孢子液中单位容积的孢子量和总孢子含量，以培养时间（t/d 或 t/h）和单菌落孢子产量（N）的平均数作图，得出连续时间内单菌落的动态孢子量增长曲线。

寡营养的条件一般都是真菌产孢的一个限制因素，但对于不同的品种情况可能有很大的差别（图 34-1）。

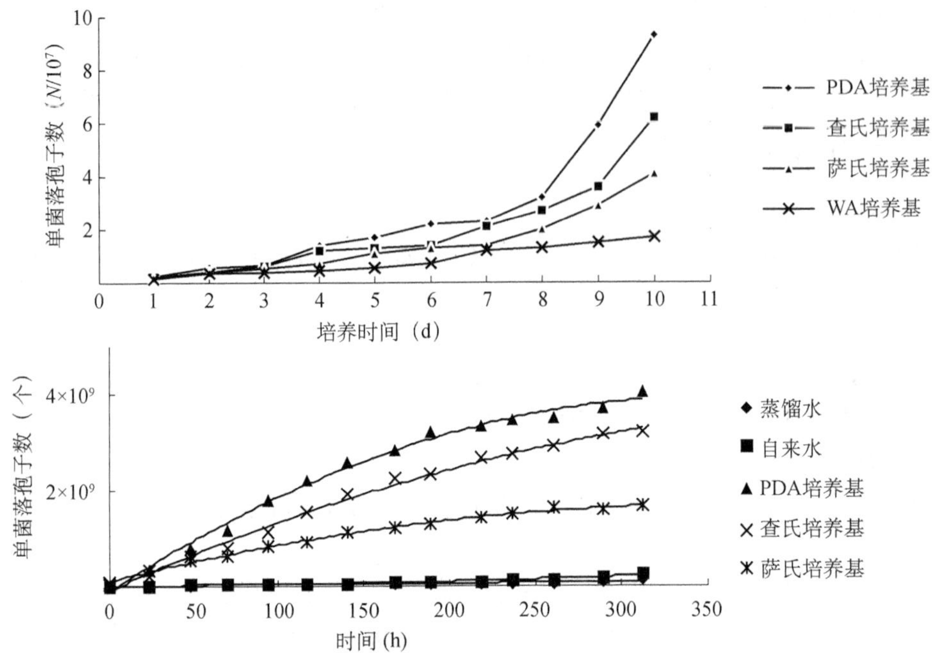

图 34-1　不同培养基条件下两株真菌的动态产孢曲线（引自王伟等，2003）

五、思考题

1. 绘制实验菌株的产孢结构形态模式图及孢子动态生长曲线，总结产孢规律。
2. 结合实验的结果，讨论真菌的繁殖产孢结构与产孢能力及菌丝生活力的相互关系。

（王伟）

第六章
微生物培养与鉴定技术

实验三十五　昆虫病毒的培养方法

一、目的要求

1. 学习用感染昆虫宿主的方式培养昆虫病毒。
2. 了解昆虫感染病毒后的特征。
3. 观察核多角体病毒的多角体形态。

二、基本原理

昆虫病毒是引起昆虫致病和死亡的重要病原体。昆虫病毒由于专一性强，对人、畜、植物和环境无害，不伤害天敌，宿主昆虫一般不产生抗性，特别是在一定的自然条件下能起到长期调节害虫种群的作用，因而被开发为微生物杀虫剂，应用于生物防治。研究昆虫病毒，一方面可利用这些病毒防治农林害虫，另一方面可为有效防治家蚕等经济昆虫的病毒病提供理论与技术支持。

培养昆虫病毒一般可采用感染原宿主整体昆虫或感染离体培养的细胞方式进行，其中通过感染宿主昆虫可以经济、有效地获得较高产量的病毒。本实验以杆状病毒中的斜纹夜蛾核型多角体病毒感染其宿主斜纹夜蛾为例，介绍昆虫病毒的培养方法。

斜纹夜蛾核型多角体病毒的复制周期中能产生两种不同形态的病毒粒子，即芽生型病毒粒子和包埋型病毒粒子。包埋型病毒粒子被包埋进多角体蛋白质组成的蛋白晶体中形成多角体。多角体为多面体，直径为 0.6～2μm，有较强的折光性，在相差显微镜或普通显微镜下均明亮可辨。多角体在自然环境中非常稳定，对包埋在其中的病毒粒子起到保护作用，使病毒能抵御外界的不良环境而较长时间保持侵染力。

昆虫摄食了含有核多角体病毒的食物后，多角体在中肠的碱性环境和蛋白酶的作用下溶解，从而释放出病毒粒子。病毒粒子通过中肠围食膜后侵入上皮细胞，然后在中肠柱状上皮细胞内复制和增殖从而引发病毒的初始感染。复制产生的芽生型病毒粒子从中肠上皮细胞释放进入昆虫血腔，随着血液循环对昆虫进行周身感染和大量复制。

昆虫发病后期，食欲减退或停止取食，行动迟缓，体色变白，周身肿胀。在自然界幼虫死亡前常常爬到树枝顶端，用腹足附着植物枝叶，倒悬而死。幼虫死亡后，虫体皮肤脆弱，触碰即破，流出脓状体液。通常，昆虫感染病毒 4 天后开始死亡，可收集死亡幼虫获得多角体。

三、材料与用具

1. 材料

斜纹夜蛾核型多角体病毒多角体悬浊液、健康的 3 龄斜纹夜蛾幼虫。

2. 培养基

斜纹夜蛾人工饲料。

3. 试剂

0.05%十二烷基硫酸钠（SDS）、无菌双蒸水。

4. 器材

带有铁丝网的塑料四方饲养盒（18cm×18cm×3.5cm）、人工气候箱、显微计数板、小刀、镊子、微量移液器、涡旋器、离心机、5ml 离心管、2ml 离心管、显微镜、载玻片、盖玻片等。

四、内容与方法

实验步骤

1. 昆虫病毒对宿主的感染

（1）饥饿幼虫

取 40 头健康的 3 龄斜纹夜蛾幼虫置于无菌的带有铁丝网的塑料四方饲养盒中，饥饿幼虫 6h。

（2）接种病毒

利用显微计数板计算多角体的数量，并将悬液稀释成 1×10^8 PIB/ml（PIB：polyhedral inclusion body）的浓度。用刀将人工饲料切成约 1cm^2 的薄片，取 5 片饲料放到塑料饲养盒的铁丝网上。用微量移液器吸取约 30μl 多角体悬浊液均匀滴加到人工饲料表面，喂养幼虫。连续感染 2 次，每次感染以幼虫食完饲料为准。

（3）幼虫的饲养

将幼虫置于人工气候箱中，饲养温度为 27℃，光照时间为白天 12h，黑夜 12h。每天定时 5h 投食一次，并且清理粪便以及非病毒感染死亡的虫体。

2. 多角体的收获与保存

（1）识别被病毒感染的幼虫

昆虫感染病毒后，一般四天开始死亡。幼虫死亡前，食欲减退，虫体发白，肿胀。死亡后皮肤变得脆弱，触碰即破，流出脓状体液。死亡的幼虫多用腹足附着铁丝网，倒悬而死。

（2）收集虫体

挑选病毒感染致死的幼虫，用镊子小心夹起幼虫，转移至 5ml 离心管，室温下静置 2～3d 让其自然发酵，等待病毒进一步成熟和虫体进一步液化。

（3）涡旋虫体

按照每两头虫加入 1ml 无菌双蒸水的标准，加入适量无菌双蒸水重悬虫尸。用涡旋器剧烈振荡，直至虫体充分打散为止。将悬液分装至 2ml 离心管进行以下操作。

（4）纯化和保存

1）室温条件下，500r/min 离心 5min，收集上清，转移至新的离心管；8000r/min 离心 10min，弃上清，收集沉淀。

2）加入适量 0.05% SDS 重悬沉淀，室温条件下，500r/min 离心 5min，收集上清；8000r/min 离心 10min，收集沉淀；重复本步骤 5 次。

3）加入适量无菌双蒸水重悬沉淀，室温下，500r/min 离心 10min，转移上清至新离心管，并留取少量多角体用于镜检；8000r/min 离心 10min，收集沉淀。−20℃储存备用。

3. 镜检

1）取少量多角体涂片，加上盖玻片。

2）于 40×或更高倍数显微镜下观察多角体形态。

注意事项

1. 昆虫饲养盒在使用前要洗干净，并用紫外照射灭菌，以免幼虫被细菌感染而死亡。

2. 虫体发黑死亡可能为细菌感染，及时清除非病毒感染死亡的幼虫，以免感染其他幼虫。

3. 病毒感染死亡的幼虫很快液化，要及时将死虫收集到离心管中。

五、思考题

1. 试述斜纹夜蛾幼虫感染斜纹夜蛾核型多角体病毒后的病理特征。

2. 描绘显微镜下观察到的多角体的形态。

3. 思考昆虫病毒为什么可以用于害虫的生物防治。

4. 为了扩增得到尽可能多的核多角体病毒，用于感染昆虫的病毒的浓度是否越高越好？为什么？

附：斜纹夜蛾人工饲料的配制

将一定量的黄豆粉、麦麸粉、酵母粉用 550ml 水调匀，另用 400ml 水加热溶解琼脂（剩余的 50ml 水灭菌后用于溶解抗坏血酸等成分），将溶化的琼脂倒入上述调好的糊状物中，混匀，在 0.1MPa 压力下消毒 30min，取出后立即加入防腐剂，并不断搅拌，待温度降为 60℃左右时，加入胆固醇以及用无菌水溶解的抗坏血酸溶液，充分搅拌后，迅速倒入盛饲料的容器内，冷却至室温，然后贮藏于 4℃的冰箱中备用。具体的配方见表 35-1。

表 35-1　斜纹夜蛾人工饲料的配方

饲料成分	用量（g）
大豆粉	100
酵母粉	40
麦麸粉	60
L-抗坏血酸	4
尼泊金	2
山梨酸	2
胆固醇	0.8

续表

饲料成分	用量（g）
琼脂	16
水	1000（ml）

注：大豆粉、酵母粉、麦麸粉均过100目筛。

（袁美妗）

实验三十六　动物病毒的鸡胚培养方法

一、目的要求

1. 了解动物病毒的专性寄生特性。
2. 掌握病毒鸡胚培养的基本方法。

二、基本原理

病毒属于专性寄生物，无法用人工培养基进行培养，目前对病毒的培养主要采用实验性感染，其中动物病毒常用鸡胚培养和组织细胞培养来代替动物的实验性感染。鸡胚是正在发育的活体，组织分化低而细胞代谢旺盛，适用于许多人类和动物病毒的生长繁殖。同时，鸡胚培养比起动物接种，无须饲养和隔离条件的特殊要求，价格低廉，操作简单，成功率高。同时，鸡胚一般没有病毒隐性感染，易感病毒谱也较广，对接种的病毒不产生抗体，可广泛应用于病毒的分离、增殖、毒力测定以及疫苗制备等。

在接种时，不同病毒的鸡胚接种途径有所区别，如羊膜腔、尿囊腔、绒毛尿囊膜和卵黄囊等。本实验采用的痘苗病毒适宜接种在绒毛尿囊膜上，培养后可以看到白色痘疱状病变。

三、材料与用具

1. 材料

无菌牛痘病毒液、白壳受精鸡卵（10℃保存不超过10d）。

2. 试剂

2.5%碘酒、70%乙醇、10%甲醛溶液等。

3. 器材

孵化箱或恒温培养箱、照蛋器、蛋架、打孔器、眼科镊、酒精灯、剪刀、1ml注射器、固体石蜡、无菌培养皿、无菌盖玻片等。

四、内容与方法

1. 鸡胚准备

将受精的鸡卵洗净擦干，放入孵化箱孵育，调节温度37℃，湿度控制在45%～60%，箱内保持新鲜空气流通。孵育3d后每日翻动1～2次。第四天，用照蛋器观察鸡胚的发育情况。如果是活胚，可以看见鸡胚的暗影和清晰的血管，随后每天观察，一直未见鸡胚或者血管模糊且没有胚动的需要随时淘汰。

2. 接种

病毒接种过程为保证无菌，尽量在无菌工作台进行操作，操作过程中使用的器械应提前做无菌处理。将孵育 10～12d 的鸡卵于照蛋器下照视，找到胚胎接近气室端的绒毛尿囊膜发育较好的部位（图 36-1），用铅笔做好标记。在记号处用 2.5%碘酒消毒，用消过毒的打孔器打开一个 5～6mm 的三角形小窗，用小镊子揭开蛋壳，小心不要弄破壳膜。自小窗滴加少许生理盐水帮助壳膜和绒毛尿囊膜分离。用无菌的针头轻轻划开小孔处的壳膜，以洗耳球吸出气室内的空气，使绒毛尿囊膜下陷形成人工气室。

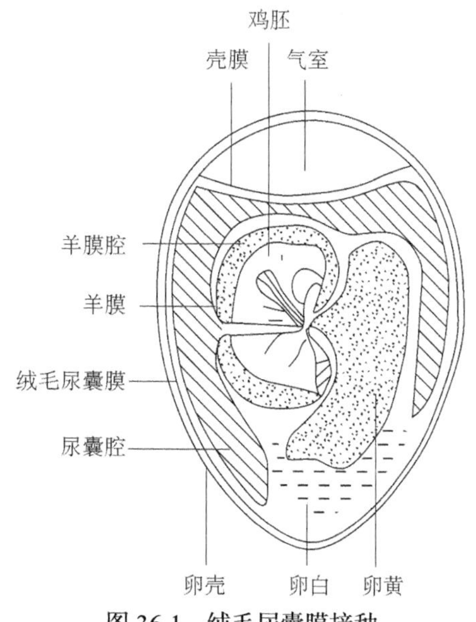

图 36-1　绒毛尿囊膜接种

用注射器在小窗处滴入 0.05ml 牛痘病毒液在绒毛尿囊膜上。用揭下的蛋壳或者无菌盖玻片盖住小窗，接缝处用半凝固的石蜡密封。保持鸡胚的人工气室向上置于 36℃保温箱中培养。每天观察接种后的鸡胚，24h 内死亡的鸡胚可以丢弃。24h 后每天照蛋 2 次，如发现鸡胚死亡即放入冰箱保存 1～2h 可收获材料并检查病变情况。

3. 病毒收获

用 2.5%碘酒在小窗周围消毒，揭开蛋壳或者盖玻片。用灭过菌的剪刀沿人工气室边界剪去壳膜，露出绒毛尿囊膜，然后用无菌镊子夹起膜中间部分，用剪刀沿人工气室剪下绒毛尿囊膜，放入装有无菌生理盐水的培养皿中，观察病灶的形态并做记录。如后续用于传代，可用 50%甘油于−20℃冰箱中保存。

五、思考题

1. 观察并描述痘苗病毒在鸡胚绒毛尿囊膜上培养后所出现的病变状态。

2. 痘类病毒除了在鸡胚中培养外，还可适用哪些培养方法？试比较几种培养方法的优缺点。

（宁曦）

实验三十七　厌氧微生物的培养技术

一、目的要求

1. 了解厌氧微生物的生长特性，理解厌氧微生物的培养原理。

2. 学习和掌握常见的厌氧培养技术。

二、基本原理

厌氧微生物分为专性厌氧菌和耐气性厌氧菌两种类型。专性厌氧菌只能在无氧条件下生长，氧气对其生长有显著负作用。而耐气性厌氧菌，如大多数乳酸菌，虽然生长不需要氧气，但它们在无氧和有氧的条件下均能正常生长，即具有一定的耐受性。

厌氧培养的原理包含两方面：一是除去与培养基接触的氧气，二是增强培养基的还原能力，达到吸收培养容器中氧气的目的，使微生物处于无氧的环境中。

厌氧微生物培养的方法有很多种，这里介绍几种在实际工作中，应用起来简单易行又快速有效的方法。

1. 厌氧罐法

厌氧罐是采用物理或化学方法除去氧，例如，将镁与氧化锌制成产氢气袋，放入罐中加水反应产生氢，钯或铂是催化剂，在常温下催化氢与氧化合成水，则可除去密封的厌氧罐中的氧。抑或用惰性气体或还原性气体完全代替空气达到无氧的目的。目前厌氧罐培养技术已高度商业化，有多种类型以及品牌的产品可以选择。另有厌氧盒、厌氧袋（bio-bag）、厌氧手套箱（anaerobic glove box）等。厌氧袋同厌氧盒原理一样，即在塑料袋内造成厌氧环境来培养厌氧菌。塑料袋透明而不透气，内装气体发生管（有硼氢化钠的碳酸氢钠固体以及 5%柠檬酸安瓿）、美蓝指示剂管、钯催化剂管、干燥剂。放入已接种好的平板后，尽量挤出袋内空气，然后密封袋口。先折断气体发生管，后折断美蓝指示剂管，观察指示剂不变蓝，表示袋内已形成厌氧环境。厌氧手套箱是迄今为止国际上公认的培养厌氧菌最佳仪器之一。它是一个密闭的大型金属箱，前面有一个有机玻璃做的透明面板，板上装有两个手套，可通过手套在箱内进行操作。其原理是采用钯催化剂，将密闭箱体内的氧气与厌氧混合气体（H_2、CO_2、N_2）中的氢气催化生成水，从而实现箱内厌氧状态。该箱可调节温度，本身可做培养箱用，还可放入解剖显微镜便于观察厌氧菌菌落，这种厌氧箱适于作厌氧细菌的大量培养研究。

2. 焦性没食子酸法

焦性没食子酸（pyrogallic acid）与碱性溶液作用后，形成易被氧化的碱性没食子酸盐（alkaline pyrogallate），在此反应过程中能吸收氧气而造成厌氧环境。此方法无须昂贵的设备，但其过程中会产生少量的 CO，对某些厌氧菌的生长具有抑制作用。同时 NaOH 的存在会吸收容器中的 CO_2，因此不适用于某些需要 CO_2 的微生物培养。

本实验采用此法培养巴氏芽孢梭菌。

3. 庖肉培养基法

厌氧罐法和焦性没食子酸法主要用于厌氧菌的斜面及平板等固体培养，而庖肉培养基则在厌氧菌的液体培养时采用，无须特殊设备。其基本原理是，将精瘦牛肉或者猪肉处理后制成庖肉培养基，其中既含有易被氧化的不饱和脂肪酸吸收氧，又含有谷胱甘肽（glutathione）等还原性物质可形成负氧化还原电势差，再加上将培养基煮沸驱氧并用石蜡凡士林封闭液面，造成无氧环境。这种方法是保存厌氧的芽孢菌的一种简单可行的方法，本实验内容中也将重点介绍。

4. 深层穿刺接种法

穿刺接种法非常简单，只需要在试管中装入含有少量琼脂的半固体培养基，灭菌并冷却后，用接种针将菌种刺入培养基较深处，接种后立即用灭过菌的石蜡和凡士林封住管口，然后进行培养。但是这种方法只能保证试管中只有部分无氧的区域，虽然在灭菌的过程中已经通过加热去除了培养基中的溶解氧，但是接种时是在有氧的环境中操作的，因此会有部分氧气混入试管中。只有在培养基深处保持无氧的环境，因此专性厌氧菌只能在培养基深处生长，甚至会无法生长。但在实际培养中，对于培养较耐养的厌氧菌也是比较可靠的方法。

三、材料与用具

1. 菌种

巴氏芽孢梭菌（*Clostridium pasteurianum*，巴氏固氮梭状芽孢杆菌）、荧光假单胞菌（*Pseudomonas fluorescens*）。

2. 培养基

庖肉培养基、牛肉膏蛋白胨琼脂平板培养基。

3. 试剂

灭菌的石蜡凡士林（1∶1）、焦性没食子酸、10% NaOH、牛肉、蛋白胨、葡萄糖、NaCl。

4. 器材

灭菌的纱布或棉花、灭菌的玻璃培养皿、无菌试管、灭菌的滴管、烧瓶、烧杯、小刀等。

四、内容与方法

1. 焦性没食子酸法

1）在灭菌的培养皿盖上铺一层灭菌纱布或棉花，上面放 1g 焦性没食子酸。准备好牛肉膏蛋白胨琼脂平板培养基，在平板上划线，一半划线接种巴氏芽孢梭菌，一半划线接种荧光假单胞菌，并在皿底做好标记。

2）滴加约 2ml 的 10% NaOH 于焦性没食子酸上，切勿溢出纱布或者棉花，立即将接种好的平板扣在培养皿盖上，培养基表面不得与焦性没食子酸反应物相接触。

3）用 1∶1 的石蜡凡士林密封培养皿，并置于 30℃下培养，定期观察并记录平板上菌种的生长情况。

2. 庖肉培养基法

1）取已除去筋膜、脂肪的牛肉 500g，切成小方块，置 1000ml 蒸馏水中，小火煮 1h，用纱布过滤，挤出肉汁保留备用。再将肉渣用绞肉机绞碎，或用刀切碎，最好使其成细粒。

2）保留的肉汁加蒸馏水，使总体积为 2000ml，加入 20g 蛋白胨、2g 葡萄糖、5g NaCl 和绞碎的肉渣。于烧瓶中摇均匀，加热使蛋白胨溶化。

3）取上层溶液调整 pH 为 8.0，在烧瓶壁上用记号笔标明瓶内液体高度，0.1MPa，121℃灭菌 15min 后用无菌水补足蒸发的水量，重新调整 pH 为 8.0，再煮沸 10～20min，补足水量，再调整 pH 为 7.4。

4）做好的庖肉培养基若已经放置了一段时间，则需先煮沸 10min，以除去溶入的氧。而刚灭完菌的新鲜庖肉培养基可采用液体接种法接入巴氏芽孢梭菌和荧光假单胞菌，再用灭过菌的石蜡凡士林封闭液面，然后将接种的试管垂直，使石蜡凡士林凝固而密封培养基。再置于 30℃培养箱中培养，并注意观察培养基肉渣的颜色变化以及石蜡凡士林层的状态。

五、思考题

1. 记录两种厌氧培养法的实验结果，结合对照进行分析说明。
2. 比较以上厌氧培养方法的优缺点，分析实验成功的关键。

（宁曦）

实验三十八　丝状真菌的载片培养与鉴定方法

一、目的要求

1. 学会用载片培养法培养真菌。
2. 观察青霉、曲霉和假丝酵母的发育过程和形态特征。

二、基本原理

载片培养是培养和观察研究真菌或放线菌生长全过程的一种有效方法。通常只要把菌种接种在载玻片中央的小琼脂块培养基上，然后覆以盖玻片，再放在湿室中作适温培养，就可随时用光学显微镜观察其生长发育的全过程，且可不断摄影而不破坏样品的自然生长状态。

真菌载片培养的方法很多，这里介绍一种采用营养较贫乏、载片与盖片间间距十分狭窄的载片培养方法，由此可以看到菌丝疏密适当、特征构造明显、菌丝和产孢子构造分布在较狭窄平面上的良好标本。它不但易于显微镜观察和摄影，还可通过固定、染色和封固，制成固定标本加以保存。

三、材料与用具

1. 菌种

产黄青霉（*Penicillium chrysogenum*）、黑曲霉（*Aspergillus niger*）、热带假丝酵母（*Candida tropicalis*）。

2. 培养基

马铃薯葡萄糖琼脂培养基（原配方以无菌水作 3∶1 稀释，以调整其硬度和降低营养物的浓度）。

3. 试剂

20%无菌甘油。

4. 器材

培养皿、载玻片、玻璃搁棒、盖玻片、圆形滤纸片、细口滴管、镊子、显微镜等。

四、内容与方法

1. 霉菌的载片培养

（1）准备湿室

在培养皿底铺一层等大的滤纸，其上放一玻璃搁棒、一块载玻片和两块盖玻片，盖上皿盖，其外用纸包扎后，121℃下湿热灭菌 20min，然后置 60℃烘箱中烘干，备用。

（2）熔化培养基

将试管中的稀马铃薯葡萄糖琼脂培养基加热熔化，然后放在 60℃左右的水浴（烧杯）中保温，待用。

（3）整理湿室

以无菌操作法用镊子将载玻片和盖玻片放在搁棒上合适位置处。

（4）点接孢子

用接种针（环）挑取少量孢子至载玻片的两个合适位置上。

（5）覆培养基

用无菌细口滴管吸取少量熔化培养基，滴加到载玻片的孢子上。培养基应滴得圆整扁薄，直径约为 0.5cm。

（6）加盖玻片

用无菌镊子取一片盖玻片仔细盖在琼脂培养基上，防止气泡产生，然后均匀轻压，务必使盖片与载片间留下约 1/4mm 高度（严防压扁）。

（7）保湿培养

每皿约倒入 3ml 20%的无菌甘油，以保持培养湿度，然后置 28℃恒温培养。10h 后即可不断观察其孢子萌发、菌丝伸展、分化和子实体等的形成过程。

（8）镜检

从湿室中取出载玻片标本，置低倍或高倍镜下认真观察霉菌标本中营养菌丝、气生菌丝和产孢子结构的形态及特征性构造，如曲霉的顶囊、足细胞，青霉孢子梗的对称性等。

2. 假丝酵母的载片培养

准备湿室、熔化培养基和整理湿室的步骤同上。

（1）滴培养基

用灭菌后的细口滴管吸取少量熔化的马铃薯葡萄糖琼脂培养基至载玻片的两个适当位置上，随即涂成圆而薄的形状。

（2）取菌接种

用接种环从斜面菌种上挑取极少量菌苔，轻轻接至培养基中央（不使培养基破损），盖上盖玻片后轻压，留出狭窄的空间。

（3）保湿培养

如前，倒入 20%的无菌甘油至湿室，置 28℃恒温箱中培养 48h 后观察假菌丝等特征性构造。

3. 结果记录

1）观察并描述所选霉菌与假丝酵母斜面菌种的形态特征。

2）把显微镜下观察到的曲霉、青霉和假丝酵母的菌丝体与特征性构造（足细胞、分生孢子头、分生孢子梗、分生孢子及假菌丝）记录在表 38-1。

表 38-1　丝状真菌观察记录表

菌种	低倍镜观察	高倍镜观察
产黄青霉		
黑曲霉		
热带假丝酵母		

注意事项

1. 作载片培养时，接种的菌种量宜少，培养基要铺得圆且薄些，盖上盖玻片时，不使产生气泡，也不能把培养基压碎或压平而无缝隙。

2. 观察时，应先用低倍镜沿着琼脂块的边缘寻找合适的生长区，然后再换高倍镜仔细观察有关构造并绘图。

五、思考题

1. 什么是载片培养，它适用于哪几类微生物的形态观察，为什么？

2. 用 20%无菌甘油作保湿剂有何优点？

3. 若作载片培养时，盖玻片和载玻片之间的空隙压得过小或全无，将会出现怎样的结果，为什么？

附：数字化教程视频

霉菌的载片培养方法

霉菌的载片培养方法

（曹理想）

实验三十九　细菌的鉴定

一、目的要求

通过鉴定两种细菌，借以了解微生物鉴定的基本方法和依据，并了解生理生化反应在细菌鉴定方面的意义，以及这些反应的原理。

二、基本原理

细菌的个体微小，形态简单，没有分化的组织器官，但其生理上的代谢过程是通过一系列酶参与下进行的。不同细菌的分解和合成的酶系均有所不同，因此对某些物质的利用和分解能力就有所不同。在鉴定细菌时，除根据形态特征外，还要依据其生理生化的反应特性进行鉴定，除此之外，对于某些细菌的鉴定，还常用血清学反应等方法。鉴定细菌一般是先根据几项简单性质判断所鉴定的菌属于哪一大群（类），然后全面考察这一大群内各属间的异同，选择合适的鉴别特征，制订一个鉴定方案，鉴定为哪一个属。鉴定到属后，再根据各种间的差异特性，进一步确证鉴定菌的性质，推断鉴定到种。

通常的顺序原则是遵循先简单后复杂，先个体后菌落，先形态后生理，先确认大的性质再甄别细小的差异。

对于一个未知细菌的鉴别通常要进行如下几方面的观察。

（1）细菌的形态特征

革兰氏染色是阳性菌还是阴性菌，个体形态（形状、排列、鞭毛有无及鞭毛的着生类型、芽孢有无及芽孢的形状与位置、菌体大小、附生结构等）。

（2）细菌培养特征

斜面培养特征、菌落特征、液体培养形态等。

（3）生理生化反应及血清学反应等特征

最后通过查阅细菌分类检索表，从而确定其种属。

三、材料与用具

1. 菌种

待检 1 号菌、2 号菌。

2. 培养基

1）牛肉膏琼脂培养基。

2）葡萄糖牛肉膏蛋白胨琼脂培养基。

3）糖发酵培养基（葡萄糖、乳糖、甘油）。

4）硝酸盐培养基。

5）葡萄糖蛋白胨水培养基。

6）柠檬酸盐斜面培养基。

7）蛋白胨水培养基。

8）柠檬酸铁铵培养基。

9）无氮培养基。

10）明胶培养基。

11）果胶酶试验培养基。

12）2%无菌琼脂。

各培养基的配制方法见附录。

3. 试剂

1）革兰氏染色试剂一套。

2）乙酰甲基甲醇（VP）试剂。

3）甲基红（MR）试剂。

4）亚硝酸盐试剂（Griess 试剂）。

5）吲哚（靛基质）试剂。

6）1.6%溴甲酚紫试剂。

试剂的配制方法见附录。

4. 玻璃器皿

滴管、无菌培养皿、载玻片、盖玻片、凹玻片等。

5. 其他

接种环、接种针、酒精灯、火柴（或打火机）、标签贴纸、香柏油、二甲苯（或擦镜液）、擦镜纸、台测微尺、目测微尺、显微镜、细菌培养箱等。

四、内容与方法

1. 细菌形态特征

（1）革兰氏染色

以革兰氏染色法进行染色（方法见“实验四　细菌的革兰氏染色和芽孢染色技术”），鉴定其属于革兰氏阳性或阴性。

（2）个体形态观察

将待测菌涂片制片镜检，观察项目包括菌体的形状（球状、杆状、弧状等），杆菌两端形状（平截、钝圆等），排列（单个、成对、链状、四联、八叠、葡萄状），鞭毛（无、单毛、两端单毛、单端丛毛、两端丛毛、周毛），芽孢（无、球形、卵圆形、椭圆形、中间、近极、端极、单个或多个），大小（球菌的直径、杆菌的长度、宽度及其变动范围等）。

2. 细菌培养特征

（1）斜面培养特征

取牛肉膏斜面培养基 4 管，1 号菌及 2 号菌各接种两管，接种时用接种环挑少量菌种在斜面上，由下向上划一条线或弯折线，37℃培养 24h，观察其生长情况（形状及光泽等）。

（2）菌落特征

用接种环以无菌操作分别挑取少量 1 号菌及 2 号菌，在牛肉膏培养基平板上划线接种（方法见微生物的接种分离技术与菌种的冰箱保藏），每号菌接种两皿。37℃培养 24h，观察菌落特征（形状和大小、表面、边缘、隆起形状、透明度、菌落及培养基的颜色、黏湿度和气味等）。

3. 细菌生理生化特征

（1）细菌与氧气的关系试验

取葡萄糖牛肉膏蛋白胨琼脂培养基 4 管，放在水浴锅中加热熔化，速冷至 50℃左右。用接种针分别穿刺接种 1、2 号菌各 2 管，速冷后，于 37℃培养 2～3d 后取出检查，观察各菌在深层培养基内生长情况，确定其呼吸类型（与氧气的关系）。

当鉴定某些菌种在深层培养中的产气情况时，可以于试管的穿刺接种后在半固体培养基表面倾覆一层石蜡油或者无菌琼脂，完全阻断培养基内部环境与外部大气的气体交流。如果菌体在培养后产气，这些气体将会导致在培养基深层内部形成各种不规则的空气洞，这些空洞不断膨胀扩大，甚至会将培养基和覆盖层顶起来。反之，如果内部没有气洞生成，则表明菌种不产气。

（2）糖（或醇）类发酵试验

细菌分解各种糖产酸产气的性能，在细菌的分类鉴定中是一项重要的依据，尤其是对鉴别肠系寄生菌更为重要。常规鉴定中采用的糖类主要是葡萄糖、蔗糖、乳糖、甘露醇和甘油等，发酵后，产生各种有机酸（乳酸、乙酸、丙酸等）及各种气体（甲烷、氢气、二氧化碳等）。

酸的产生可用指示剂来指示。在配制发酵培养基时，可预先加入溴甲酚紫（当 pH 6 以上时呈紫色，pH 5.2 以下时呈黄色）。当细菌发酵产酸后，使培养基 pH 降低，培养基由原来的紫色变为黄色。气体的产生可由糖发酵中倒立的小发酵管（杜氏发酵管——Durham 管）是否充满气体或部分充满气体加以确定。杜氏发酵管经高压灭菌后即沉入试管底，当菌种培养后产生气体时，气体进入杜氏发酵管，使发酵管在液体中逐渐漂浮起来，由此方法也可以鉴定细菌在液体培养基中的产气情况。如图 39-1 所示。

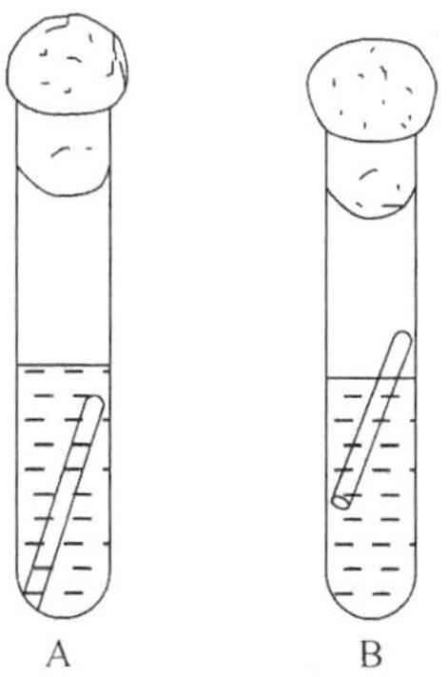

A　B

图 39-1　糖类发酵产气试验

A. 培养前的情况；B. 培养后小管中充满气体（或有气泡）

取葡萄糖、乳糖、甘油培养基各 5 支，分别接种 1、2 号菌各 2 管，各剩下一管不接种作对照，置 37℃培养 24～48h，取出观察并记录结果。

结果表示方法如下。

有反应：阳性（+），无反应：阴性（−）；

产酸及只产酸不产气用“+”表示，产气用“○”表示，产酸产气用“⊕”表示，不产酸不产气用“−”表示。

（3）硝酸盐还原试验

某些细菌还原培养基中硝酸盐，生成亚硝酸盐、氨和氮。

如果细菌能把培养基中的硝酸盐还原为亚硝酸盐，当培养液中加入亚硝酸盐试剂（格里斯氏试剂——Griess 试剂）时，则溶液呈现粉红色、玫瑰红色、橙色、棕色等。

硝酸盐还原作用的反应式如下：

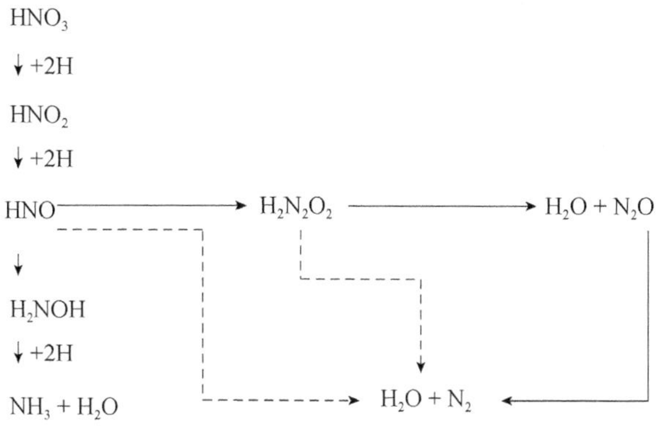

$$HNO_3 \xrightarrow{+2H} HNO_2 \xrightarrow{+2H} HNO$$

$$HNO \longrightarrow H_2N_2O_2 \longrightarrow H_2O + N_2O \longrightarrow H_2O + N_2$$

$$HNO \dashrightarrow H_2O + N_2 \qquad H_2N_2O_2 \dashrightarrow H_2O + N_2$$

$$HNO \longrightarrow H_2NOH \xrightarrow{+2H} NH_3 + H_2O$$

亚硝酸盐和格里斯氏试剂的化学反应如下：

$$\underset{\text{对氨基苯磺酸}}{NH_2\text{—}C_6H_4\text{—}SO_3H} + HNO_2 \xrightarrow{\text{重氮化作用}} \underset{\text{对重氮苯磺酸}}{N_2\text{—}C_6H_4\text{—}SO_3} + 2H_2O$$

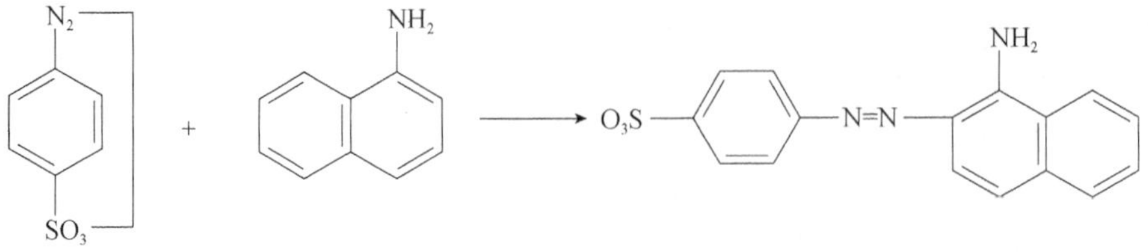

$$\text{对氨基苯磺酸重氮盐} + \alpha\text{-萘胺} \longrightarrow {}^{-}O_3S\text{-}C_6H_4\text{-}N{=}N\text{-}C_{10}H_6\text{-}NH_2$$

α-萘胺　　N-α-萘胺偶氮苯磺酸（红色）

阴性反应的原因，有两种可能性存在。

1）细菌不能还原硝酸盐，则培养后的培养液中仍有硝酸盐存在。

2）亚硝酸盐继续分解生成氨和氮，则培养液中不应该有硝酸盐存在，也没有亚硝酸盐存在，因而不出现颜色变化。

硝酸盐的存在与否可用下列试验加以证明。如有硝酸盐存在，当向溶液加入锌粉（把硝酸盐还原为亚硝酸盐），再加亚硝酸盐试剂，则溶液呈粉红色，玫瑰红色、橙色、棕色等。相反地，硝酸盐如果不存在时，则不呈红色、橙色、棕色等。

取1、2号菌分别接种于硝酸盐培养基中各2支，另取一支不接种作对照，置37℃培养1、3、5天检查，检查时，把已接种的培养液分成两管。在其中一管中加入亚硝酸盐试剂，如出现粉红色，玫瑰红色、橙色、棕色等，为正反应。如得到负反应，则在另一管接种的培养液中加入少量锌粉，再加入亚硝酸盐试剂，加热，如出现上述颜色，证明硝酸盐仍存为负反应。如不出现红色，说明硝酸盐已被还原为正反应。对照管也分成两管。一管加入亚硝酸盐试剂。观察有无上述颜色出现。另一管加锌粉，加热，再加入亚硝酸盐试剂，观察其颜色变化。

亚硝酸盐试剂市场有配套供应，加入剂量均为按5ml培养液先后加试剂A 0.1ml（约2滴）和试剂B数滴。

正反应以"+"表示，负反应以"−"表示。硝酸盐还原试验，用于判断能否将培养基中的硝酸盐还原成亚硝酸盐。

（4）乙酰甲基甲醇（VP）试验（即Voges-Proskauer test）和甲基红（MR）试验（methyl red test）

某些细菌在糖代谢过程中，分解葡萄糖产生乙酰甲基甲醇（$CH_3COCHOHCH_3$），它在碱性条件下遇氧被氧化为二乙酰（$CH_3COCOCH_3$），此时所生成的二乙酰与蛋白胨中精氨酸所含的胍基起作用，生成红色化合物即为阳性反应，以"+"表示（如培养液中胍基太少时，可加少量肌酸或肌酸酐等含胍基的化合物，使反应更为明显）。其化学反应如下：

$$\underset{\text{葡萄糖}}{C_6H_{12}O_6} \rightarrow \underset{\text{丙酮酸}}{CH_3COCOOH} \xrightarrow{-CO_2} \underset{\text{乙醛}}{CH_3CHO} \xrightarrow{+CH_3COCOOH} \underset{\text{乙酰甲基甲醇}}{CH_3COCHOHCH_3}$$

$$\xrightarrow[-2H]{+KOH} \underset{\text{二乙酰}}{CH_3COCOCH_3}$$

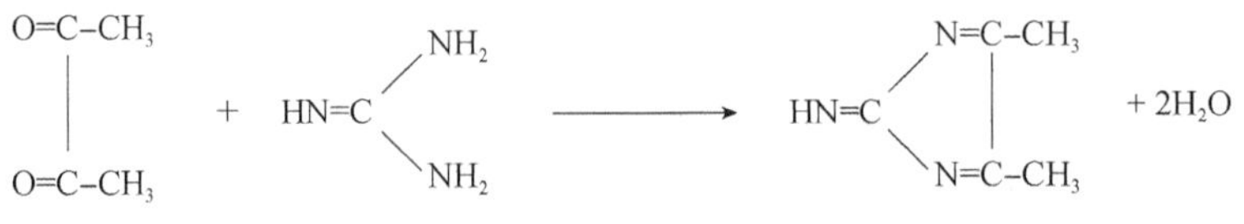

$$\underset{\text{二乙酰}}{(O{=}C{-}CH_3)_2} + \underset{\text{胍}}{HN{=}C(NH_2)_2} \longrightarrow \underset{\text{二乙胍（红色化合物）}}{HN{=}C\langle N{=}C(CH_3){-}C(CH_3){=}N\rangle} + 2H_2O$$

当在试管中加入α-萘酚时，可以促进反应的出现。

某些细菌在糖代谢过程中，分解葡萄糖产酸，使 pH 下降到 4.2 或更低，酸的产生可由加入甲基红指示剂的变色而指示（有效 pH 范围为 4.2～6.3），产酸则加入甲基红后培养液由原来的橘黄色变为红色，为阳性反应（MR^+）。呈黄色者为阴性（MR^-）。甲基红指示剂不可加得太多，否则出现假阳性反应。

取 1、2 号菌分别接种葡萄糖蛋白胨水培养基各 2 管，并取一管不接种作为对照，于 37℃培养 24～48h 检查。

将对照管和培养管的培养液均一分为二，一份加 VP 试剂（先后加α-萘酚酒精液 1ml，40% KOH 0.4ml），混合之，若于 2～5min 内变为红色者为阳性，若为原色或带黄铜色者为阴性。VP 试验用于判断能否分解葡萄糖产生乙酰甲基甲醇。另一份培养液各加入甲基红指示剂 3 滴，观察反应结果，红色为 MR^+，不变色为 MR^-。甲基红试验，用于判断能否分解葡萄糖产酸。

（5）柠檬酸盐试验

细菌生长繁殖时，必须从基质中吸取碳源和氮源。有些细菌只能利用培养基中的磷酸铵作为氮源，而不能以柠檬酸盐作为碳源。因此，不能在这种培养基上生长[琼脂和溴麝香草酚蓝（bromothymol blue，溴百里香酚蓝）中虽有碳，但不被细菌所利用]；有的细菌能利用柠檬酸盐作为碳源，磷酸铵作为氮源，从而能够生长，并产生碱性化合物使培养基由中性变为碱性，培养基由原来绿色变为深蓝色（溴麝香草酚蓝指示剂的敏感范围为 pH 6.0～7.6，在酸性时黄色，中性时呈绿色，碱性时呈蓝色）。呈蓝色者为阳性反应，以“+”表示，培养基仍为原有的绿色者为阴性反应，以“−”表示。柠檬酸盐试验用于判断能否以柠檬酸盐为碳源。

（6）吲哚试验

某些细菌能分解蛋白胨中的色氨酸，产生吲哚，加入吲哚试剂。试剂中对二甲基氨基苯甲醛与吲哚作用，形成玫瑰吲哚而呈红色，其化学反应如下：

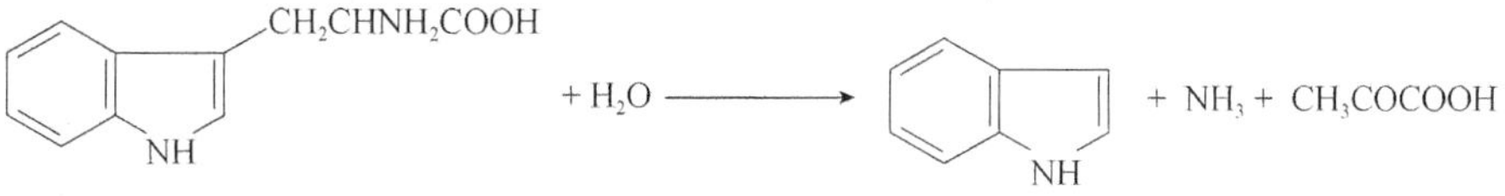

色氨酸（CH_2CHNH_2COOH，NH） $+ H_2O \longrightarrow$ 吲哚（NH） $+ NH_3 + CH_3COCOOH$

2 吲哚（NH） + 对二甲基氨基苯甲醛（$N(CH_3)_2$，CHO） $\longrightarrow$ 玫瑰吲哚（玫瑰红色）（$N(CH_3)_2$，CH，NH，NH） $+ H_2O$

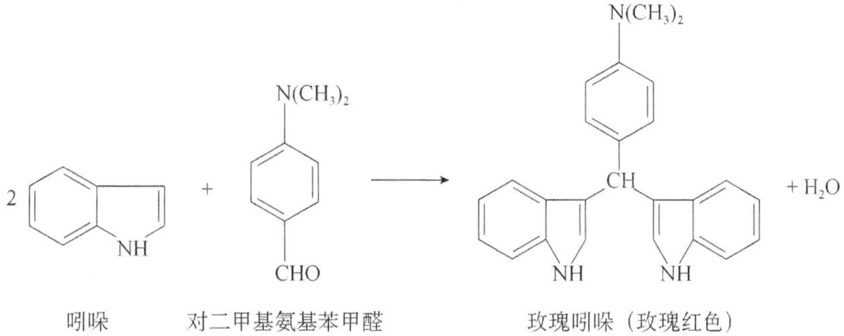

取蛋白胨水培养基 5 管，一管不接菌作为对照，余下 4 管各接 2 管 1、2 号菌。5 管一起放入 37℃培养 48h，培养后，沿管壁加入吲哚试剂 5 滴。有吲哚产生，则见试剂与液面

交界处产生一层玫瑰红色，即为阳性，以“+”表示，黄色者为阴性，以“−”表示。吲哚反应，用于判断能否分解蛋白胨中的色氨酸而产生吲哚。

（7）硫化氢产生试验

某些细胞能分解培养基中含硫氨基酸（如甲硫氨酸及胱氨酸）产生硫化氢，硫化氢遇铁盐或铅盐形成黑色的硫化铁或硫化铅，不产生硫化氢的细菌则不形成黑色。为使 H_2S 被氧化，故加入 $Na_2S_2O_3$ 以保持还原环境。

取 1、2 号菌分别穿刺接种柠檬酸铁铵培养基各两管，于 37℃培养 24h 后，观察穿刺线周围是否呈现黑色，如穿刺线之周围呈现黑色，表示该菌能产生 H_2S，以“+”表示。硫化氢产生试验，用于判断能否分解培养基中含硫氨基酸而产生硫化氢。

（8）无氮培养试验

培养基中无氮源，一般细菌不能在此培养基中生长，只有自生固氮细菌通过固定游离的氮以获得氮素营养，才能在此培养基中生长，从而鉴别细菌能否固定游离氮。

取无氮培养基 4 管，分别接 1、2 号细菌各 2 管，于 37℃培养 48h，观察细菌有无生长。

（9）明胶液化试验

明胶是一种动物蛋白质，低于 20℃凝成固体，高于 24℃则自行液化成液态。某些细菌具有明胶液化酶，明胶经其分解后，虽然于 20℃，亦不再凝固，利用此点，可以鉴定某些细菌。

取 1、2 号菌分别穿刺明胶深层培养基各两管，于 37℃培养 48h，再移置 4℃冰箱半小时，观察有无液化。若明胶液化，说明细菌产生明胶液化酶，以“+”表示，反之以“−”表示。明胶液化试验用于判断是否产生明胶液化酶。

（10）果胶酶试验

果胶是一类天然多糖，很多植物材料中含有果胶，多存在于植物细胞壁和细胞内层，在许多水果果皮中也含有大量果胶，果胶酶能将果胶分解。加入果胶类物质可以使液体培养基固胨化，但如果果胶被分解，固胨状的培养基又能回到液化状态，在培养基表面会出现下凹塌陷。细菌是否能产生果胶酶，可以通过添加了果胶盐的果胶酶试验培养基，做表面点种，正常培养，菌落周围的培养基如出现液化下凹则为果胶酶阳性，没有变化则为阴性。

用果胶酶试验培养基的平板，取 1、2 号菌分别在培养基表面做点状接种（点种量和点种数不宜过多），于 28℃下倒置培养 2～4d，观察接种点附近有无液化下凹。若培养基下凹，说明细菌产生果胶酶，以“+”表示，反之以“−”表示。果胶酶试验用于判断细菌是否产生果胶酶。

上述试验可参照表 39-1。

表 39-1　生理生化试验内容

	试验项目	培养基名称和形式	接种方法	接种管数	对照管数
1	斜面培养特征	牛肉膏蛋白胨琼脂斜面	斜面直线或曲线接种	1 管/人	—
2	菌落特征	牛肉膏蛋白胨琼脂平板	平板划线	1 皿/人	—
3	葡萄糖厌氧发酵	葡萄糖发酵深层培养基	穿刺接种，接种后盖上 1ml 石蜡油或 0.5cm 厚无菌琼脂	1 管/人	1 管/4 人
4	乳糖厌氧发酵	乳糖发酵深层培养基	穿刺接种，接种后盖上 1ml 石蜡油或 0.5cm 厚无菌琼脂	1 管/人	1 管/4 人
5	甘油发酵	甘油发酵液体培养基	液体接种	1 管/人	1 管/4 人

续表

	试验项目	培养基名称和形式	接种方法	接种管数	对照管数
6	还原硝酸盐	硝酸盐还原试验液体培养基	液体接种	1管/人	1管/人
7	VP 试验	葡萄糖蛋白胨液体培养基	液体接种	1管/人	1管/人
8	MR 试验	葡萄糖蛋白胨液体培养基	液体接种	1管/人	1管/人
9	柠檬酸盐试验	柠檬酸盐琼脂斜面	斜面曲线接种	1管/人	1管/4人
10	H_2S 产生试验	柠檬酸铁铵琼脂深层	穿刺接种	1管/人	1管/人
11	吲哚试验	蛋白胨水液体培养基	液体接种	1管/人	1管/4人
12	无氮试验	无氮培养基斜面	斜面曲线接种	1管/人	1管/4人
13	明胶液化	明胶深层培养基	穿刺接种	1管/人	1管/4人
14	果胶酶试验	果胶酶试验培养基平板	平板点种	1皿/人	1皿/人

五、实验结果

1. 把以上各项实验结果记入表 39-2。

2. 菌种检索。

根据表 39-2 记录的结果，查阅细菌分类检索表（详见附录部分），最后确定所鉴定的菌种的种属。

表 39-2　细菌鉴定试验结果记录表

菌种编号：

试验项目		1号菌	2号菌	对照
形态特征	革兰氏染色			
	个体形态			
	大小特殊构造			
	斜面培养			
	平板培养（菌落）			
生理生化特性	与氧的关系			
	葡萄糖发酵			
	乳糖发酵			
	甘油发酵			
	还原硝酸盐			
	VP 试验			
	MR 试验			
	柠檬酸盐试验			
	H_2S 产生试验			
	吲哚试验			
	无氮培养			
	明胶液化试验			
	果胶酶试验			
鉴定结果	中文学名			
	拉丁文学名			

六、思考题

1. 用下述的培养基进行吲哚产生试验是否可行？为什么？这种培养基的配制方法如下：

L-色氨酸	3g
KH_2PO_4	3g
K_2HPO_4	1g
NaCl	5g
95%乙醇	10ml
蒸馏水	1000ml
pH 为 6.8～6.9	0.1MPa 灭菌 20min

2. 如果硝酸盐还原试验所得的结果 NO_2^-和 NO_3^-反应都是阴性，这种细菌有没有硝酸盐还原能力？

附：数字化教程视频

制冰机的操作

制冰机的操作

（王伟）

实验四十　大型真菌多样性调查与标本记录和鉴定

一、目的要求

1. 熟悉了解大型真菌的结构和各部分的形态特征。
2. 掌握大型真菌的采样程序和对标本的记录描述。
3. 初步学习对大型真菌的分类鉴定。

二、基本原理

大型真菌一般是指我们肉眼可见和可触摸的各种肉质、胶质、革质、炭质、海绵质、纤维质、软骨质、木质和木栓质化的一大类真菌的统称，它们是微生物的最高级形态和体型最大的菌类个体。现在也常把大型真菌称之为菌物，以区别于动物和植物，同时又与传统微生物有所区别。

从驯化的角度，常把大型真菌分为野生菌和栽培菌；而从经济和人类利用的角度，又可以分为食用菌、非食用菌、药用菌和毒菌等。

由于大型真菌普遍都含有较丰富的植物蛋白、纤维素、维生素、微量元素和各种多糖，所以可食用的大型真菌一般都是比较好的人类优质保健食品和滋味美食，具有较高的经济价值，这些食用菌又俗称菇或者蕈。另一方面，许多大型真菌与植物天然共生形成菌根关系，有利于树木生长和造林植树，所以大型真菌是一类重要的生物资源。

对大型真菌的鉴定识别一般从形态着手，故对采样标本的形态观察和准确完整记录是

十分重要的鉴定环节。

在分类学上，大型真菌大部分隶属于担子菌，少部分属于子囊菌。

用切片和显微观察，具开放的担子和担孢子结构的是担子菌，相应的可见着生结构为担子果，也称子实体；而具有封闭的子囊和子囊孢子结构，或者未见担孢子结构的，一般都是子囊菌，相应的着生结构就是子囊果或者子座、子囊壳、子囊盘等（图 40-1）。

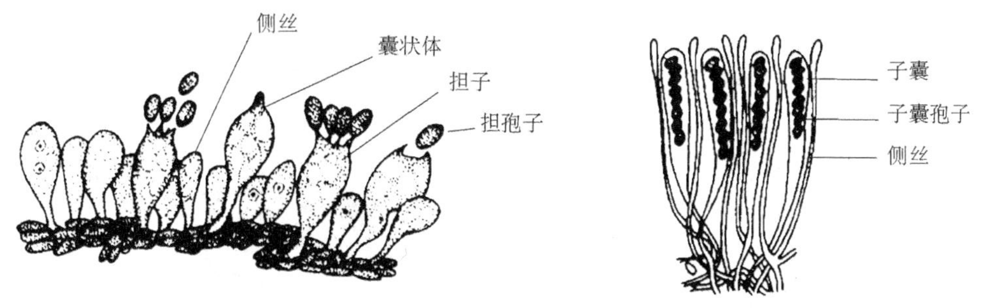

图 40-1　大型真菌的繁殖器官（仿自 Alexopoulos et al.，1983）

凡各种子实体成熟以后能打开或者不能打开的伞菌类，一般都是担子菌，它们占了大型真菌的绝大部分。

大型真菌中的子囊菌，种类虽是少数，但分类鉴别比较复杂。以 Ainsworth 等（1973）的分类系统，大的分组可以按以下考虑。

1）子囊果为子囊盘或变态的子囊壳——盘菌纲（Discomycetes）。

2）子囊果为子囊壳，子囊在壳内形成基部或排列规则的环绕一层，寄生于节肢动物——虫囊菌纲（Laboulbeniomycetes）。

3）子囊果为具有孔口的子囊壳，子囊在壳内排列规则，不寄生节肢动物——核菌纲（Pyrenomycetes）。

4）子囊果为闭囊壳，子囊散生在壳内——不整囊菌纲（Plectomycetes）。

子囊菌中除以上之外的半子囊菌纲（Hemiascomycetes）和腔菌纲（Loculoascomycetes），营养体为菌丝状或酵母状，一般不是大型真菌。

担子菌是大型真菌的主要组成部分，其担子果的发育分为 3 种类型。

1）裸果型，子实层自始至终暴露于外（空气中），对应的是非褶菌目（Aphyllophorales）的多孔菌类——层菌纲（Hymenomycetes）。

2）半被果型，子实层最初是封闭的，在担子成熟后子实体开裂或撑开而暴露于外，对应伞菌目（Agaricales）的伞菌类，其开伞以后菌盖内侧常常有线条状的菌褶——层菌纲。

3）被果型，子实层始终包裹在子实体内，孢子只有在担子果分解或遭受外力而破裂才释放出来，对应如马勃目（Lycoperdales）的腹菌类——腹菌纲（Gasteromycetes）。

许多高等担子菌形成多样化的子实层载体，以增加其产孢面积，如褶状、管状、齿状等。

伞菌目和多孔菌目（Polyporales，亦即非褶菌目）都具有类似伞状的形态，统以伞菌类称呼，其种类多，形态有规律，是大型真菌的主要代表（图 40-2、图 40-3）。

图 40-2　伞菌的子实体及发育过程（引自应建浙等，1982）

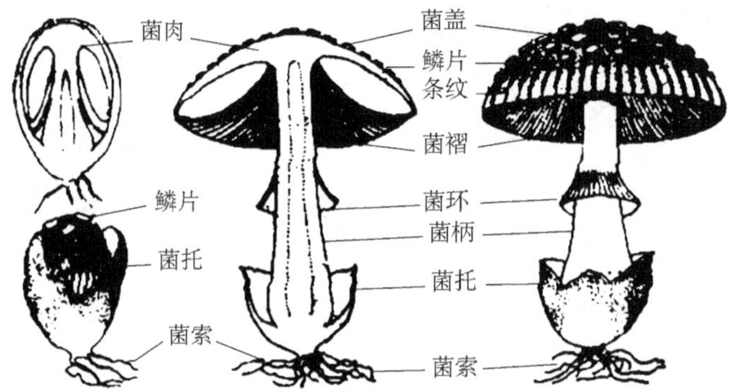

图 40-3　伞菌的各部分结构（引自应建浙等，1982）

伞菌类真菌的宏观鉴别特征主要有以下几个。

（1）孢子印

新鲜伞菌开伞以后，将菌盖覆扣在纸上，孢子散落在纸上的印子就是孢子印，又称孢子堆。孢子印有各种颜色上的区别，有时颜色在新鲜时和干时还有不同。孢子印的颜色、形状和大小，是分类上的重要依据（图 40-4）。

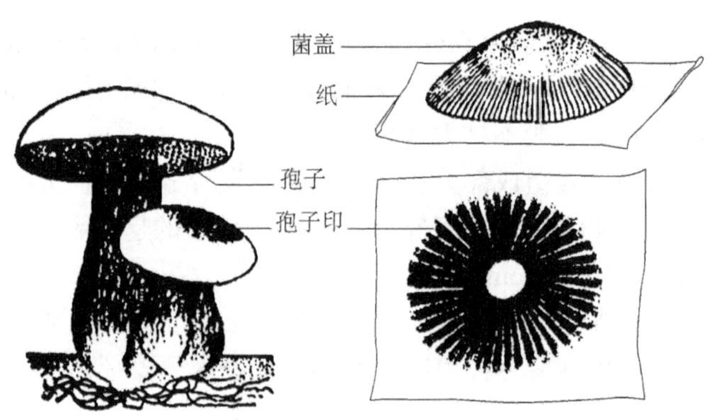

图 40-4　伞菌的孢子印（仿应建浙等，1982）

（2）菌盖

菌盖是伞菌的重要特征之一，形态大小差异很大。一般菌盖直径 6cm 以下为小型，6～10cm 为中型，超过 10cm 的为大型。菌盖由表皮、菌肉及菌褶组成，在表皮层的菌丝里含有不同的色素，使得菌盖呈现出不同的色泽和花纹。

菌盖的外观形状有圆形、半圆形、锥形、卵圆（鸡蛋）形、半球形、钟形、斗笠形、匙形、扇形、漏斗形、喇叭形、浅漏斗形、圆筒形、马鞍形、珊瑚状（丛枝状）、脑花状和菊花形等。

菌盖的表面有光滑、湿润、黏滑、水浸、胶黏、皱纹、条纹、纤毛、绒毛、粉被、龟裂、鳞片（块状、丛毛状、三角状、角堆状）、颗粒结晶和疣刺等。

菌盖表面的中部特征有平顶、凸起、突尖、脐状和凹陷。

菌盖表面的边缘特征有平滑、瓣状、条纹、撕裂、粗条棱、内卷、反卷、上翘和波状等。

菌盖与菌褶的关系有表皮延伸、离生、弯生、直生和延生等。

菌褶和菌管是生长在菌盖下方的部分，上面连接着菌肉，共称为子实层体。菌褶或菌管与菌柄着生关系是分属的重要依据。具有菌褶一般是半被果型伞菌目的特征，菌褶在成熟开伞以后可以很容易看到，分为等长、不等长（有长短菌褶）、褶间横脉、网状、分叉、网棱、尖刺状（齿菌）和平滑无菌褶等多种结构形态。具有菌管是裸果型多孔菌（非褶菌）的特征，为管孔形状，有圆形、椭圆形、多角形和复孔形（大管孔中有一至多个小管孔）等；管孔的排列有规则、不规则和放射状等。

（3）菌柄

菌柄在菌盖下面，起支撑作用的长短把柄，其与菌盖的着生位置，以及长短、形状、质地和内部结构等的差异，都是伞菌类的重要鉴别特征。

菌柄分为无菌柄和有菌柄。有菌柄又分为中生、偏生和侧生菌柄。有圆柱形、棒状、纺锤形、粗壮、分枝、基部联合、基部膨大、基部球形、基部呈臼状、菌柄扭转、菌柄长根状等。

菌柄表面也常呈各种网纹、疣点或无纹特征，网纹和疣点的形状规律或者不规律。

菌柄的内部（横切和纵切）特征有空心、实心、松软（海绵）、内空（中空）和网状等。

（4）菌环

菌环是子实体幼小时在菌褶表面的一层膜质组织（内菌幕）的遗留痕迹。当子实体长大后内菌幕与菌盖脱离，遗留在菌柄上形成菌环（环状膜）。有单、双层之分，可生在菌柄的上、中或下部，有时可与菌柄脱离而移动。菌环作为遗留物也可以在菌盖的边缘出现，形成齿轮状或者锯齿状的伞缘。

裸果型的子实体一般没有菌环，假被果型和半被果型的子实体常常有菌环遗留。部分半被果型的子实体在幼时还有一层外包膜，形成内外两层菌膜，这样当它们成年以后就可能形成上下双层菌环，或者同时有菌环和菌托存在。

菌环的特征大致有，单层环、双层环、沿菌柄上下的移动环、膜质絮状环、丝膜状（蛛网状）环、放射状条纹环、附在菌盖边缘、齿轮状（锯齿状）、生菌柄上部、生菌柄中部和生菌柄下部等。

（5）菌托

菌托是由外菌膜在伞形菌盖打开以后，遗留在菌柄基部而形成的托根、托柄结构。有开苞状、鞘状、杯状、鳞茎状、杵状、裂瓣状、环纹带状、环圈颗粒状和退化无托（光滑）等。

三、材料与用具

1. 菌种

大型真菌可以在野外或校园内采集，也可由市场购大型食用菌。

2. 试剂

火棉胶、阿拉伯树胶、70%乙醇、0.1%升汞、甘油。

3. 器材

称量天平、接种铲、小刀、剪刀、解剖刀、镊子、刀片、棉花、纱布、电炉、石棉网、滤纸、白纸、pH 试纸、显微镜、登山杖、雨鞋、冲锋衣、数码相机等。

四、内容与方法

1. 收集和准备分类典籍

这是鉴定工作的基础，准备充分、完备的分类工具书籍是鉴定工作所必需的。从这些大部头的典籍中可以了解现有真菌资源的发掘情况和登记记录情况，以便为新发掘的品种命名或者判断其是否为新种或地区新记录种。

关于真菌典籍，有地区性的专志和世界性的权威典籍，还有权威性的老牌定期分类刊物（期刊），必须全球性和地区性兼顾、新旧典籍兼顾。常用鉴定文献应该备份齐全。

2. 伞菌标本的采集（菌种的分离）

要有完整的标本和详细的采集记录。

一般要事先准备详细的采集记录卡（表 40-1），及时记录采集点周围的生态情况、海拔高度、地貌、基物等重要特征。设计尽量丰富和有完整的备选特征项（形状、颜色、孢子印、寄主、林地类型、坡向、海拔度、土壤类型，等等），便于采样时做详细的标本特征和生态环境的记录。

表 40-1　伞菌野外采集记录卡

编号：　　　　　　　　年　　月　　日　　图　　　照片

<table>
<tr><td rowspan="2">菌名</td><td colspan="3">中文名：</td><td colspan="2">地方名：</td></tr>
<tr><td colspan="5">学名：</td></tr>
<tr><td>产地</td><td colspan="3"></td><td colspan="2">海拔：　　m</td></tr>
<tr><td>生境</td><td colspan="3">针叶林　阔叶林　混交林　灌丛　草地
草原　阳坡　阴坡</td><td colspan="2">基物：地上　腐木　立木
粪上　朽叶</td></tr>
<tr><td>习性</td><td colspan="5">单生　散生　群生　丛生　簇生　叠生</td></tr>
<tr><td rowspan="3">菌盖</td><td>直径：　cm</td><td colspan="3">颜色：　边缘：　中间：</td><td>黏　不黏</td></tr>
<tr><td colspan="4">形状：钟形　斗笠形　半球形　漏斗形　平展</td><td>边缘有条纹　无条纹</td></tr>
<tr><td colspan="5">块鳞　角鳞　丛毛鳞片　纤毛　疣　粉末　丝光　蜡质　龟裂</td></tr>
<tr><td>菌肉</td><td colspan="5">颜色：　气味：　伤变色：　汁液变色：</td></tr>
<tr><td rowspan="2">菌褶</td><td>宽度：　mm</td><td>颜色：</td><td colspan="2">密度：稀　中　密</td><td rowspan="4">离生
弯生
直生
延生</td></tr>
<tr><td colspan="4">等长　不等长　分叉　网状　横脉</td></tr>
<tr><td rowspan="2">菌管</td><td colspan="2">管口大小：　mm</td><td colspan="2">管口　圆形　角形</td></tr>
<tr><td colspan="4">管面颜色：　管里颜色：　易分离　不易分离　放射　非放射</td></tr>
<tr><td>菌环</td><td>膜状　丝膜状</td><td colspan="4">颜色：　条纹：　脱落　不脱落　活动　上　中　下</td></tr>
<tr><td rowspan="3">菌柄</td><td colspan="3">长：　cm　粗：　cm</td><td colspan="2">颜色：</td></tr>
<tr><td colspan="2">圆柱形　棒状　纺锤形</td><td colspan="3">基部：根状　膨大　圆头状　杵状</td></tr>
<tr><td colspan="5">鳞片　腺点　丝光　肉质　纤维质　脆骨质　实心　空心</td></tr>
</table>

菌托	颜色： 苞状 杯状 浅杯状 大型 小型
	数圈颗粒组成 环带组成 消失 不易消失
孢子印	白色 粉红色 锈色 褐色 青褐色 紫褐色 黑色
备注	
采集人：	定名人：

3. 标本外观鉴定

观察标本的所有外观特征、生长形态，填入准备好的标本鉴定特征记录卡，以备进一步的种属鉴定。

4. 观察内部结构

包括各种内部结构，繁殖体的形态，借助显微镜观察孢子的形态及大小，各种菌丝和产孢结构。

有时做内部结构时须做切片观察，有永久性的石蜡切片和临时性的徒手切片，用火棉胶、阿拉伯树胶等封片。

菌丝的产孢结构观察常常须用载片培养方法培养（见“实验三十八 丝状真菌的载片培养与鉴定方法”），在显微镜下做细部观察并记录。

寄生性的真菌，则寄主的症状、形态等也是病原菌分类的重要参考指标。比如寄生在禾本科的，要把寄主的花、果实等一起采集备查。

5. 比照文献资料给出菌株名称

鉴定时尽量利用以往文献资料，及时查对。

在鉴定发生困难，必须请人帮助时，须保留完整标本和必要的记载。标本最好有两份，自留一份，送人鉴定一份，编号码相同，这样使鉴定者鉴定后即可将标本留下。

鉴定结果如是新种，则在正式发表的种名后可加“nov.”，后面是鉴定命名者的姓名（中文人名可用汉语拼音姓氏），以拉丁学名采用双名法（属+种）命名。书写拉丁文属种双名时应该在下面加横线，印刷时应该用斜体字。

五、思考题

1. 绘制野外考察获得的大型真菌的标本和各细节的特征结构图。
2. 根据野外采集记录卡的详细记录，尝试做标本的种属鉴定。

（王伟）

实验四十一 虫草属真菌的结构特征与形态鉴定

一、目的要求

1. 了解熟悉虫草属真菌的形态结构。
2. 掌握对虫草属真菌形态鉴定的方法和技术路线。

二、基本原理

虫草属真菌是指肉座菌目（Hypocreales）（也有学者归入麦角菌目 Clavicipitales，或球壳菌目 Sphaeriales）麦角菌科（Clavicipitaceae）及虫草属（*Cordyceps*）的一个庞大子囊菌类群，是虫生真菌的主要代表（个别种也寄生在真菌上），也是一类重要的昆虫病原真菌。

虫草属真菌的特征，是真菌侵染昆虫形成虫菌结合体，在罹病昆虫体内发育形成菌核，进而由菌核表面直立萌生出外端膨大带柄的棍棒形子座（图 41-1）。子座小至 1.5～2.5mm，大到 20～30cm；在子座顶端的头部膨大为可孕部分，边缘内排列着外向开口或不开口的子囊壳，埋生或半埋生；子囊壳似圆形或卵圆形的孢子器，长形的子囊表生于子囊壳底周围的内壁上，垂直平行排列；子囊壁很薄，通常在顶端增厚呈帽状或龟头状，中央或有一小孔；每个子囊内含有 2～8 个线状多细胞的子囊孢子，成熟时线型多分隔的子囊孢子又常常断裂成短节状的次生子囊孢子，进而孢子萌发生成营养菌丝，分别走上无性繁殖（产分生孢子，不完全型）和有性繁殖（产子囊孢子，完全型）的循环途径。子座和子实体部分往往颜色鲜艳并非常明显。

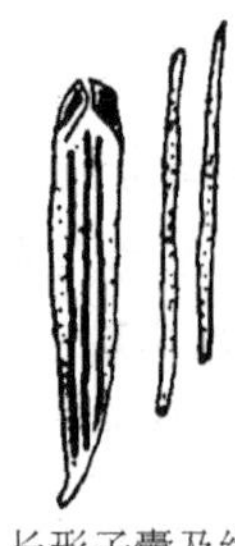
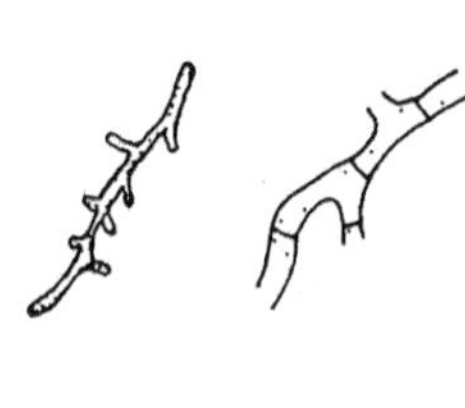

菌核及菌核表生的头柄状子座　子座头部及埋生向外的子囊壳　子囊壳及内生的子囊　长形子囊及线条状子囊孢子　子囊孢子萌发　菌丝

图 41-1　麦角菌（*Claviceps purpurea*）的可孕产孢结构及相互着生关系（仿自 Alexopoulos et al.，1983）

由此可见，虫草属是一类结构特征和繁殖过程都比较复杂的真菌类群，对它的形态鉴定涉及寄主和真菌各个层级（菌核、子座、子囊壳、子囊、子囊孢子及次生子囊孢子）的逐一鉴别。当我们拿到标本后，一般按照从宏观到微观的顺序开展。对子座以下的微观结构常需解剖、切片和显微镜观察，以准确把握逐项的特点与差异。如果条件允许，还要进行连续的动态跟踪观察，尽量避免忽视了大型复杂真菌在其漫长生活史过程中的各种阶段性的异型变化，减少鉴定者人为造成的同物异名或者同名异物现象，这也是在真菌的鉴定中应该注意到的。

虫草属真菌的模式种是已经广为人知的蛹虫草（*Cordyceps militaris*）（图 41-2A），侵染鳞翅目和鞘翅目昆虫，寄主范围很广，全球性分布。另一个为中国人所熟知的就是中国虫草（*Cordyceps sinensis*，冬虫夏草）（图 41-2B），其寄主为仅存于青藏高原一带的蝠蛾（*Hepialus* spp.）幼虫，为中国特有种真菌，也是传统医学中的滋补名贵药材，一度受到人为掠夺性的开采，自然资源日益匮乏。

应用方面，虫草真菌是自然界的昆虫天敌，不少品种侵染特定的昆虫，使昆虫过早僵化和毙亡，具有对寄主专一性及消杀安全性的特点，可以作为生物防治农林害虫的筛选对象；还有一些品种具有药用和食用的价值，可以进行规模化的人工驯养，以发掘资源的经

济和社会效益。

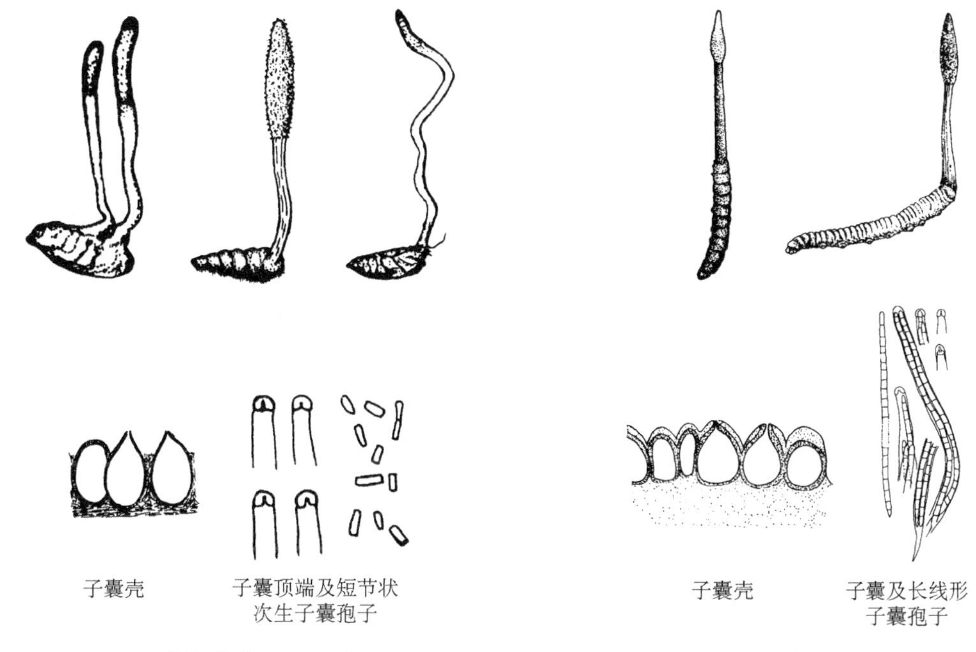

图 41-2 虫草属真菌的两种代表性品种（仿 Kobayasi，1941；邓叔群，1963）

三、材料与用具

1. 菌株

自然生境中采集的虫草菌。

虫体和子座连带一起完整采样，做好采样地的生境记录后，标本经妥善保存带回实验室备检。

2. 器材

小刀、刀片、剪刀、解剖刀、镊子、棉花、纱布、载玻片、盖玻片、黑纸、放大镜、显微镜、数码相机等。

四、内容与方法

参考表 41-1 的内容设置，按照由外到内、由宏观到微观的顺序，逐项对照标本进行各个性状的仔细完整考证，做好登记记录。鉴定中应注意以下几点。

1）形态鉴别既要考虑寄主和子座的外观情形，又要重点注意子座的膨大可孕头部，那是虫草菌的有性繁殖器官，也是不同品种间最具特征性的区别所在，是形态鉴定的主要依据。

2）子囊孢子的收集可以采用纸袋套取的方法，即将纸袋套在自然生长着的子座头上，子囊孢子发育成熟后会弹射在纸袋壁上，待一定时间后收集纸袋，刮取留在纸袋上的孢子粉粒。也可将干化的子实体样本用湿毛巾或湿纱布覆盖一晚使其吸湿回软，然后放在深色的纸上，令其子囊孢子自然弹射，收集纸上的孢子。在显微镜下观察记录孢子的外观形状，测量孢子的大小。

3）对子座外部及表面的观察可以借助放大镜；对子座头部的纵向切片后观察用显微镜，可以在近浅表处辨识到开口子囊壳及内部子囊的形状与着生情况。

4）世界范围内虫草属真菌的品种已大约 400 种。鉴定工作还必须充分掌握现有资源种的汇集资料，掌握最新最全的虫草真菌的种的检索表，以便随时比对查验鉴定中的标本。对超出现有记录库的品种，更宜取慎重细致的态度，检索更多的专著和论文，再做仔细核对和考证，审慎地认定地区新记录种和定名新种。

5）对于鉴定结果的正式发表，除了对标本的妥善保存和记录之外，还应附有几个关键特征的形态模式图，以帮助读者做更深入的比对研究。在计算机种源数据库和分子生物学技术的导引下，在传统的形态鉴定基础上也可以引入数值化的比对辅助，对解决一些根本性的鉴定难题，比如涉及真菌的多寄主和多无性型等复杂问题，也是很有裨益的。

表 41-1　虫草属真菌形态特征鉴定表

标本编号：　　　　　　　　　年　　月　　日　　　　图　　　　　照片

1. 采集情形	产地　　　　海拔　　　　地点　　　　时间 采集人　　　　采集号
2. 寄主	目名　　　　科名　　　　属名　　　　成虫　　　　蛹　　　　幼虫　　　　颜色 出子座部位 生境：土中　　　　地表腐殖层　　　　腐木 子座与虫体有菌索（菌束）相连　　　　无菌索相连
3. 子座	单子座　　　　双子座　　　　多子座　　　　子座数 子座颜色：头部　　　　柄部　　　　内菌核菌丝 子座弯曲情况：不弯曲　　　　全部弯曲　　　　部分弯曲 头柄有区别　　　　头柄无区别 头柄棒状　　　　柱状　　　　直条状　　　　其他 头柄长度　　　　宽度 头部高（长）　　　　宽　　　　柄部长　　　　宽 子座不分枝　　　　子座分叉或双分枝　　　　子座多分枝 子座无不孕尖端　　　　子座有不孕尖端　　　　子座中空　　　　子座不中空 头部（可孕部）长方形至长形　　　　球形至近球形　　　　其他 头部表面光滑　　　　绒毛状　　　　疣突状　　　　粗糙（细微颗粒）　　　　其他形状 柄部棍棒状　　　　圆柱状　　　　其他 柄部表面光滑　　　　绒毛状　　　　疣突状　　　　粗糙　　　　纵皱纹　　　　斜皱纹　　　　其他 柄部质地：革质　　　　木质　　　　近革质　　　　近木质　　　　纤维质　　　　肉质 柔软易弯曲　　　　不易弯曲
4. 子囊壳	颜色 子囊壳埋生于子座内（孔口不外突）或孔口稍突　　　　子囊壳半埋生 子囊壳表生、近表生或游离 子囊壳由平行菌丝组成的类栅状层中形成 子囊壳由分化的皮壳或无皮壳的交织菌丝（网状菌丝）中形成 子囊壳密生　　　　群生或散生　　　　间生 子囊壳垂直埋生　　　　垂直表生　　　　倾斜埋生　　　　倾斜表生　　　　其他排列方式 子囊壳锥形或圆柱形　　　　瓶形　　　　梨形　　　　椭圆或卵形　　　　（长　　　　宽　　　　） 其他形状 子囊壳表面光滑　　　　不光滑

5. 子囊	颜色　　子囊顶端具帽状增厚的壁　　顶端没有帽状环 子囊帽球形或近球形　　半球形 子囊帽高度　　宽度 子囊直条形　　柱状或棒状　　纺锤形　　上部宽下部削细　　下部宽上部削细 子囊顶部膨大　　不膨大　　基部稍缢缩　　不缢缩 子囊长　　宽　　厚薄 子囊有柄　　柄长　　宽　　无柄 子囊孢子数目：8 个　　4 个　　6 个　　其他
6. 子囊孢子	颜色 圆柱形　　线形（丝状）　　梭形　　球形　　蛇形　　椭圆形 其他形　　两端尖　　两端平　　两端钝圆 子囊孢子隔膜有　　无 子囊孢子横隔有　（单隔　　双隔　　多隔　　隔数　　）无 子囊孢子长　　宽 子囊孢子不易断裂　　易断裂 断裂小段量度　　数量　　隔细胞量度　　数量 次生子囊孢子圆柱形　　线形（丝状）　　梭形　　球形　　蛇形 椭圆形　　其他形　　长　　宽　　数量
7. 鉴定结果	定名　　定名人 标本号　　鉴定时间　　记录人
备注	

五、思考题

1. 查阅课外读物，讨论虫草真菌的无性型和有性型状态，及相互关系。
2. 为什么说用虫草真菌进行生物治虫有较高的安全性?
3. 设计一个从虫草真菌中筛选治虫菌株的可行实验方案。

（王伟）

第七章 免疫学技术

实验四十二　免疫血清的制备与凝集试验

一、目的要求

1. 了解凝集原与凝集素的制备方法。
2. 观察凝集反应在玻片上和试管内能凝集的现象以及测定免疫血清的效价。

二、基本原理

将细菌或红细胞等细胞性抗原材料注射到动物机体后，动物体内便会产生相应的抗体，待动物血清中产生大量抗体时，采集该动物血液，分离出血清，即可得到所需要的特异性抗血清。细胞性抗原与特异性抗血清混合，在电解质的参与下，会形成大小不等、肉眼可见的凝集块，这种现象就叫作凝集反应。凝集反应中的抗原称为凝集原，抗体则称为凝集素。电解质的作用主要是消除抗原抗体结合物表面上的电荷，使其失去同电相斥的作用而转变为互相凝聚，呈现凝集反应；若无电解质参与，即使抗原抗体发生结合也不能聚合成明显的凝集块。

常用电解质的浓度为 0.85%NaCl。若将 NaCl 增加至一定浓度，即使无特异抗体存在，细胞也能凝集。

温度升高能促进分子运动，有利于抗原抗体分子的接触和结合，因而在一定范围内，凝集反应的出现，随温度的增高而加速，但温度超过 60℃，抗体即遭破坏。

本实验用玻片法进行凝集反应，以证明抗原与抗体间的特异性结合。用试管法测定血清效价，以能显现明确的凝集反应的最高稀释度为该血清之效价。

三、材料与用具

1. 动物

家兔。

2. 菌种

大肠杆菌、枯草芽孢杆菌。

3. 培养基

肉汤斜面培养基。

4. 其他

0.5%苯酚生理盐水、无菌吸管、无菌毛细吸管、无菌大试管、无菌小试管、无菌注射器及针头、酒精、碘酒、棉球、苯酚或硫酸汞、离心机、McFarland 比浊管、玻片、小试管、试管架、生理盐水、水浴箱等。

四、内容与方法

（一）抗血清的制备

1. 细菌性抗原的灭活与制备

1）将大肠杆菌标准纯种接种斜面培养基，37℃培养 24h。

2）吸取灭菌的 0.5%苯酚生理盐水 5ml，注入大肠杆菌培养物内，并将菌洗下。

3）用无菌毛细吸管吸取洗下的菌液，注入无菌小试管中。

4）将此含菌液的小试管放在 60℃水浴中保温 1h，从而获得死菌液。

5）取一与比浊管同质地的小试管加此菌液 1ml，再加入 4ml 0.5%苯酚生理盐水，混匀后与 McFarland 比浊管比浊。

附：McFarland 比浊管的组成及其相当的菌数，见表 42-1。

表 42-1 McFarland 比浊管的组成及其相当于的菌数

管号	1	2	3	4	5	6	7	8	9	10
1%$BaCl_2$（ml）	0.1	0.2	0.3	0.4	0.5	0.6	0.7	0.8	0.9	1.0
1%H_2SO_4（ml）	9.9	9.8	9.7	9.6	9.5	9.4	9.3	9.2	9.1	9.0
相当于的菌数（亿/ml）	3	6	9	12	15	18	21	24	27	30

取大小相等，质地相同的试管 10 支，依上表所列药物依次加入，然后以火焰加热封闭管口，并标明管号及相当菌数，即制得 McFarland 比浊管。

例：若以上制得的 1∶5 稀释菌液与第 3 号比浊管相当，则每毫升原菌液的菌数为 5×9=45 亿。

6）用 0.5%苯酚生理盐水将原菌液稀释至每毫升含 9 亿个细菌。

7）将已稀释好的菌悬液接种少量于肉汤培养基内，培养 24～48h，观察有无细菌生长，即可放冰箱备用。

2. 免疫注射（示范）

选择健康的 2kg 以上的家兔，按下列时间间隔和剂量，用上述制得的菌液作耳静脉注射。

第 1 日：0.2ml 菌液。

第 2 日：0.4ml 菌液。

第 4 日：0.8ml 菌液。

第 6 日：2.0ml 菌液。

第 14 日：自静脉采血 1ml，分出血清，测其凝集效价，如合格即可大量采血；如效价不够高，可再增量注射菌液 1～2 次，再行试血，合格后即可放血。

注射步骤如下。

1）将家兔固定于特制的木箱中，或由助手用双手按住放在实验台上。

2）选定一耳翼的边缘较粗的血管，用手轻弹几下或摩擦或用二甲苯擦之，使血管充血，并用酒精消毒。

3）用左手拇指与中指夹住耳部，并用食指垫于欲注射的血管下面，右手持注射器，使针尖心与静脉平行，然后沿静脉刺入，注入所需要的菌液。如针尖确在静脉中时，阻力很小，并可见血管变白，注射物沿血管前进。如阻力较大或皮下隆起，应立即停止注射，重新刺入血管，或另选部位。

4）注射完毕，在未拔出针头前，应先用较干酒精棉球按住注射处，然后拔出针头。针头拔出后，继续按压片刻以防止出血。

3. 心脏采血法和抗血清的分离制备（示范）

1）助手用左手握家兔的颈部和两只前腿，右手握家兔的后腿，使家兔仰卧。

2）用左手在家兔肋骨左侧探得心脏搏动最强之部位，用碘酒与酒精消毒该部位，右手持注射器从该处刺入，若已刺入心脏，可见针尖随心脏搏动而上下跳动，若轻抽注射器可见心血涌入注射器中，徐徐抽取血液，一般家兔可抽取 20ml 而不死。抽到所需数量时，迅速拔出注射器，并用消毒干棉球按住针刺处片刻。如不欲保留动物，则尽量抽血直至动物死亡。

3）将所抽得之血液以无菌方式注入一已灭菌的大试管或三角瓶中，斜置，凝固后放入 4～6℃的冰箱中，让血清自行析出。

4）自上述凝固血液的容器中分离出上层清液，即为所需的抗血清。若血清带有红细胞则置离心机 3000r/min 离心 15min。将抗血清装入灭菌细口瓶中，并测定其效价。

5）加入防腐剂，使血清含有 0.5%苯酚或 0.1%硫酸汞。

6）蜡封瓶口，贴上标签，注明抗血清名称、效价及制备日期，放冰箱备用。

（二）凝集试验方法

1. 玻片法（定性分析）

1）取清洁的载玻片两块，用记号笔一分为二，并分别加上下列各材料：

1：20 大肠杆菌抗血清 + 大肠杆菌	生理盐水 + 大肠杆菌

1：20 大肠杆菌抗血清 + 枯草芽孢杆菌	生理盐水 + 枯草芽孢杆菌

2）轻轻摇动载玻片，使混匀，静置数分钟后，以肉眼或低倍镜观察，是否有凝集现象（取稍多一些材料，以免干涸，1∶20 为稀释 20 倍的抗血清）。

凝集：液体变清，液体中有可见的凝集小块，称为阳性反应，以“+”表示。

不凝集：液体仍呈均匀混浊，液体中无可见的凝集小块，称为阴性反应，以“−”表示。

2. 试管法（定量分析）

1）于试管架上放置一列小试管 10 支。

2）每管加入生理盐水 0.5ml。

3）加 0.5ml 1：10 稀释度的大肠杆菌抗血清于第 1 管中，吹吸 3 次，使充分混匀，混匀后，由第 1 管中吸出 0.5ml 于第 2 管中，混匀，再由第 2 管中吸出 0.5ml 于第 3 管中……

以此类推至第 9 管时，吸出 0.5ml 弃去，此时血清之稀释倍数分别为 20、40、80……详见表 42-2。第 10 管不加血清，以作对照。

注意：每管加入血清后混匀时，必须用吹管吹吸 3 次，第二次吸入吸管的高度决不能低于第一次，后一试管吸入吸管的高度决不能低于前一试管所吸入的高度，否则稀释浓度将不准确，若每一稀释浓度采用一支干净吸管，则不须注意高度。

4）各管加入大肠杆菌菌液 0.5ml，摇匀。

5）置 37℃保温过夜，次日取出观察结果。凡最高血清稀释度与菌液可产生明显凝集现象（++）者，即为该抗血清的效价。如是 1∶20 的稀释度则效价为 20。

表 42-2 抗血清效价滴定法

试管号	1	2	3	4	5	6	7	8	9	10
生理盐水（ml）	0.5	0.5	0.5	0.5	0.5	0.5	0.5	0.5	0.5	0.5
加 1∶10 稀释血清于第 1 号管，混匀后加入下一号管（ml）	0.5	0.5	0.5	0.5	0.5	0.5	0.5	0.5	0.5	—
血清的稀释度	1/20	1/40	1/80	1/160	1/320	1/640	1/1280	1/2560	1/5120	—
细菌悬液（ml）	0.5	0.5	0.5	0.5	0.5	0.5	0.5	0.5	0.5	0.5
抗血清最终稀释度	1/40	1/80	1/160	1/320	1/640	1/1280	1/2560	1/5120	1/10240	—
结果										

6）结果记录法。

凝集反应之有无及强弱以下列记号表示。

“++++”：很强，管内液体完全澄清，凝集块全部沉于管底。

“+++”：强，管内液体不完全澄清，部分凝集块沉于管底。

“++”：中等强度，管内液体半澄清，部分凝集块沉于管底。

“+”：弱，管内液体混浊，有极少量凝集。

“−”：不凝集，液体混浊与对照管相似。

注意事项

1. 玻片法观察结果时，不能待片干后再观察。
2. 试管法观察结果时，不凝集的试管如放置时间较长，细菌也可以下沉于管底，但摇动时如云雾或炊烟升起，与凝块显著不同。
3. 血清学反应非常灵敏，即使极少量的抗原抗体，亦能发生明显的反应。因此，凡是吸过血清的吸管，不得再用于吸取菌液。

五、思考题

1. 为什么在凝集反应时一定要加入电解质？试述哪些因素影响凝集反应。
2. 玻片凝集法和试管凝集法各有何优缺点？
3. 制备免疫血清时，为什么一定要采用经过鉴定的标准菌株？

（王伟）

实验四十三　免疫电泳技术

一、目的要求

1. 熟悉免疫电泳技术的基本原理，以及影响电泳结果的因素。
2. 掌握免疫电泳技术的操作步骤与方法。
3. 掌握免疫电泳实验结果的分析方法。

二、基本原理

免疫电泳（immunoelectrophoresis，IEP）技术，是基于抗原的电泳迁移以及与抗体的专一性免疫沉淀反应进行的，它是将琼脂糖凝胶电泳和双向免疫扩散结合起来，以提高对组合组分分辨率的一种免疫化学分析技术。此项技术既有抗原抗体反应的高度特异性，又具备电泳分离技术的快速、灵敏和高分辨力。

操作时先将抗原加到琼脂板的小孔内进行电泳，由于待测样液中各种可溶性蛋白质的分子大小、电荷状态及电荷量不同，泳动速率也不相同，从而将抗原分离成不同的电泳区带。然后在琼脂板中央挖一横槽，加入相应的免疫血清，置37℃使两者扩散，各区带蛋白在相应位置与抗体反应形成沉淀线。由于抗原样品的泳动图呈放射状向外扩散，而相应的血清呈直线状扩散，二者相遇形成的沉淀线呈弧形，即沉淀弧。抗原含量越多，则反应沉淀线越接近抗体槽，形成较粗的沉淀弧线，反之，则形成较细的沉淀线，以此可作细微的蛋白质组分分析。根据沉淀弧的数量、位置和外形，参照已知抗原、抗体形成的电泳图，即可分析样品中所含成分。

这种技术有两大优点，一是加快了沉淀反应的速度，二是利用某些蛋白组分所带电荷的不同而将其分开，再分别与抗体反应，以此作更细微的分析。

三、材料与用具

1. 材料

抗原：小鼠全血清。

抗体：免抗鼠血清。

2. 试剂

（1）电泳缓冲液（常用pH8.6、离子强度0.075mol/L的巴比妥电泳缓冲液）

巴比妥钠（$C_8H_{11}O_3N_2Na$）15.45g、巴比妥（$C_8H_{12}O_3N_2$）2.76g，蒸馏水 1000ml。

（2）1.5%巴比妥琼脂糖

称取 1.5g 琼脂糖，加入装有 100ml 巴比妥缓冲液的 250ml 三角瓶中，热水浴中熔化。

（3）胭脂红指示剂

葡聚糖（Dextran Gel G50）0.5g、偶氮胭脂红 0.1g、巴比妥缓冲液 20ml。

（4）7%冰醋酸

冰醋酸 35ml，加蒸馏水至 500 ml。

（5）0.05%氨基黑染色液

氨基黑 10B 0.05g、7%冰醋酸 100ml。

（6）5%甘油

甘油 25ml，加蒸馏水至 500ml。

3. 器材

电泳仪、电泳槽、37℃恒温箱、载玻片、移液管、吸管、微量移液器、玻棒（70mm×2mm）、小刀片、镊子、滤纸、有盖瓷盘、纱布、打孔器（内径 3mm）等。

四、内容与方法

1. 实验步骤

（1）玻片准备

取一块干净的载玻片，用少量 75%乙醇冲洗，使其干燥，将载玻片放在水平台上，并用记号笔在玻片的一角做上标记，然后在玻片中央放 1 根细玻棒（70mm×2mm）。

（2）制板

将 1.5%巴比妥琼脂糖熔化并冷却至 60℃左右，吸取 4ml 琼脂溶液，均匀涂布到载玻片上，并立即用吸管尖把琼脂表面整平，若有气泡立刻除去。凝固后即为厚度均匀的琼脂板。注意勿使玻棒全部埋入琼脂中，应露出 1/3，浇注时不要使玻棒移动。

（3）打孔

按图 43-1 所示，在板中央，玻棒两侧距玻棒 4～5mm 处各打直径约 3mm 的孔。

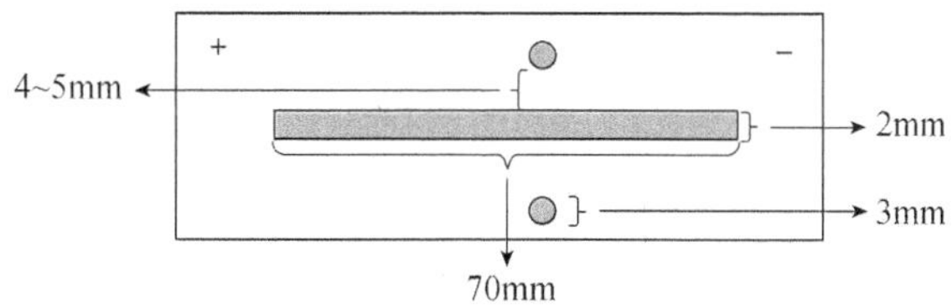

图 43-1　琼脂板打孔方法

（4）点样

用微量移液器把抗原滴入上孔中（抗原孔，加满，不外溢），在下孔内加入胭脂红电泳指示剂。

（5）电泳

将琼脂板置电泳槽上，槽内加入巴比妥缓冲液，琼脂板两端分别贴上 2～4 层已浸透缓冲液的滤纸，滤纸另一端浸没于电泳液中，以使琼脂板和槽内的缓冲液架桥相连（要使滤纸与凝胶密切接触，不留空隙）。滤纸的宽度要同琼脂板的宽度一致，不宜过窄或过宽。加样的一端接负极，另一端接正极。接通电源，电流为 2～3mA/cm（或电压 3～6V/cm），当指示剂泳动到正极端时，即可关闭电源。

（6）加抗体

电泳完毕，将琼脂板取出后，用小刀片在玻棒两侧各划一刀，用镊子取出琼脂板中的小玻棒，使其成一长形的抗体槽。用移液器在槽中加入抗体，注意勿使抗体溢出。

（7）扩散

将此琼脂板放入已装有湿纱布的有盖瓷盘中，置 37℃恒温箱扩散 24h 后取出。

（8）染色

将琼脂板置于生理盐水中浸泡漂洗 24h（中间换液 3～4 次），取出，在其上覆上滤纸，滤纸上滴一层 5%的甘油，防止凝胶破裂。经 37℃干燥后，移去滤纸，将凝胶板放入 0.05%

氨基黑染液中染色5～10min，取出后用7%冰醋酸脱色液脱色至琼脂板背景无色为止。在琼脂板上滴加少量的5%甘油并置37℃恒温箱中干燥。干后取出，观察并分析结果。

注意事项

1. 为防止琼脂破裂，打孔挖槽时尽量使外壁整齐。

2. 扩散过程中需要在不同时间进行结果观察，做好记录。

3. 电泳过程中注意防止电泳槽发热，以免影响电泳结果。

4. 抗原与抗体浓度比例应适当，否则会使某些成分不出现沉淀线。当蛋白质抗原浓度高于20g/L，应用缓冲液稀释后再进行电泳和扩散。

2. 结果分析

（1）常见的沉淀弧形

由于经电泳后，分离的各抗原成分在琼脂中呈放射状扩散，而相应的槽中抗体呈直线扩散，因此形成的抗原抗体复合物沉淀线一般多呈弧形，常见的弧形如下。

交叉弧，表示两个抗原成分的迁移率相近，但抗原性不同。

平行弧，表示两个不同的抗原成分，它们的迁移率相同，但扩散率不同。

加宽弧，一般是由于抗原过量所致。

分枝弧，一般是由于抗体过量所致。

沉淀线中间逐渐加宽，并接近抗体槽，一般由于抗原过量，多见于白蛋白位置处形成。

其他还有弯曲弧、平坦弧、半弧等。

（2）沉淀弧的曲度

匀质性的物质具有明确的迁移率，能生成曲度较大的沉淀弧。反之有较宽迁移范围的物质，其沉淀弧曲度较小。

（3）沉淀线的清晰度

沉淀线的清晰度与抗原抗体的特异性程度有关，也与抗体的来源有关。兔抗鼠血清的特点是形成沉淀线宽而淡，抗体过量对沉淀线影响较小，而抗原过量时，沉淀线发生部分溶解。因此，使用的抗原和抗体的比例要适当。

（4）沉淀弧的位置

高分子量的物质扩散慢，所形成的沉淀线离抗原孔较近。而分子量较小的物质，扩散速度快，沉淀弧离抗体槽近一些。抗原浓度高，沉淀弧较靠近抗体槽。反之，抗体浓度高，沉淀弧较靠近抗原孔。

五、思考题

1. 画出沉淀弧的形态、数量和位置，并予以简要说明。

2. 自己动手查找比较免疫电泳技术与对流免疫电泳、火箭免疫电泳、免疫固定电泳的异同点，探讨免疫电泳的主要优点。

附：数字化教程视频

酸度计的操作

多功能酶标仪的操作

酸度计的操作

多功能酶标仪的操作

（袁美妗）

第八章
微生物及抗菌检测技术

实验四十四　微生物的营养需求测定

一、目的要求

掌握用平板生长谱法测定微生物营养需求的原理和方法。

二、基本原理

微生物的生长繁殖需要适宜的营养环境，碳源、氮源、无机盐、微量元素、生长因子等都是微生物生长所必需的，如果缺少其中一种，微生物便不能正常生长。根据这一特性，可以人工配制只缺某一种营养物质（如各种碳源）的琼脂培养基，接入菌种混合后倒入平板，再将所缺的营养物点植于平板上，经过适温培养，如果该微生物若需要利用此种营养物，便会在此种营养物扩散处生长繁殖，微生物繁殖之处便呈现圆形菌落圈，即生长图形，故称此法为生长谱法。不同类型的微生物对于不同营养物质的利用能力不同，因此它们的生长图形就会有差别，具有不同的生长谱。这种方法可以定性、定量的测定微生物对各种营养物质的需要。在微生物育种和营养缺陷型的鉴定中也得到广泛应用。

三、材料与用具

1. 菌种

大肠杆菌。

2. 培养基

合成培养基：$(NH_4)_3PO_4$ 1g、KCl 0.2g、$MgSO_2 \cdot 7H_2O$ 0.2g、豆芽汁 10ml、琼脂 20g、蒸馏水 1000ml，调 pH 7.0，加入 12ml 0.04%的溴甲酚紫（pH5.2～6.8，颜色由黄变紫）作为指示剂，121℃灭菌 20min。

3. 试剂

葡萄糖、乳糖、半乳糖、蔗糖、麦芽糖、木糖等。

4. 器材

无菌培养皿、无菌牙签、吸管等。

四、内容与方法

1）将高温灭菌后的合成培养基冷却到 50℃左右（以手背试温，不感觉到烫手为宜），加入培养 24h 的大肠杆菌菌液（约 20ml 培养基加入 1ml 菌液），混匀并倒平板。

2）待平板冷却凝固后，用记号笔在平皿底部划分出六个区域，并标明每个区域点植的各种糖，如图 44-1 所示。

3）用无菌牙签将六种糖分别对号点植在平板上。取糖量不宜过多，米粒大小即可，点植的位置要集中，否则容易溶化扩散导致相互混合。

4）待糖粒溶化后，再将平板置于 37℃培养箱内倒置培养 18～24h，观察不同糖类周围的菌落圈。

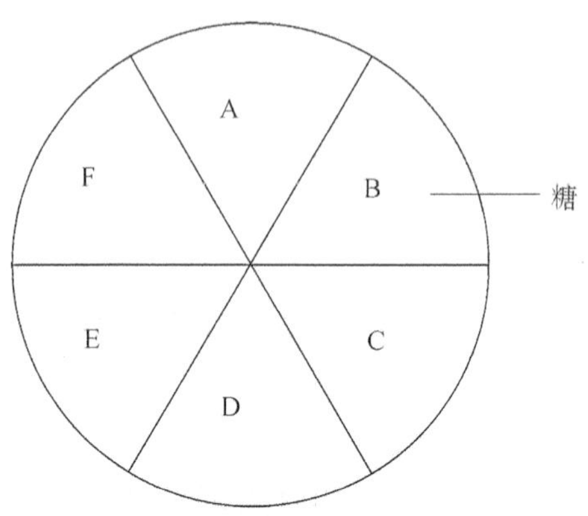

图 44-1　各种糖类点植图示

五、思考题

1. 绘图表示大肠杆菌在平板上的生长状况，并根据结果分析大肠杆菌所能利用的碳源。

2. 在生长谱法测定微生物碳源需求的实验中，如发现某一不能被该微生物利用的碳源周围也长出菌落圈，试分析可能的原因并提出解决办法。

（宁曦）

实验四十五　环境因素对微生物的生长影响及抗菌谱测定

一、目的要求

1. 了解一些物理、化学和生物因素对微生物的作用和影响，作用的效果与剂量、浓度、时间甚至被作用的菌种都有密切关系。

2. 学会测定各种化学药物的抑菌效能；测定抗生素的抗菌谱以及抽气式厌氧培养的基本方法。

二、基本原理

微生物和所有的生物一样，必须从周围环境取得其生命活动所需的养料和能源。外界环境合适，就正常生长繁殖；不适宜，则生长受到抑制、变异，甚至死亡。微生物种类不同，所要求的环境条件亦各有不同。

微生物周围的环境是各种不同因素的综合体，它们综合影响着微生物的生长和发育。

影响微生物生长繁殖的因素颇多，归纳起来，可分为物理、化学和生物三大类。本实验仅从中选一些单一环境因素，通过实际试验，来观察和认识以上的原理。

三、材料与用具

1. 菌种

大肠杆菌（菌液和斜面菌种）、枯草芽孢杆菌（菌液和斜面菌种）、金黄色葡萄球菌（或白色葡萄球菌，菌液和斜面菌种）、丙酮丁醇梭状芽孢杆菌（斜面菌种）、青霉菌（斜面菌种）。

2. 培养基

牛肉膏蛋白胨液体培养基，牛肉膏蛋白胨琼脂培养基，牛肉膏蛋白胨琼脂斜面，牛肉膏蛋白胨琼脂深层培养基，豆芽汁固体培养基，分别含 5%食盐、20%食盐、20%蔗糖和 80%蔗糖的肉汤培养基。

3. 药剂

0.25%新洁尔灭（苯扎溴铵）、0.1%升汞（$HgCl_2$）、5%苯酚、2%碘酒、2%来苏尔、0.01%结晶紫、10%青霉素溶液（80 万单位青霉素粉剂）、黄连素、大蒜汁、姜汁、葱汁等。

4. 玻璃器皿

无菌培养皿、无菌吸管、无菌弯曲玻棒（涂布棒、扩散棒）、无菌毛细吸管。

5. 其他

紫外灯、接种环、6mm 直径的灭菌滤纸圆片、条形滤纸、镊子、打孔器、黑色剪纸片、量尺。

四、内容与方法

（一）物理因素的影响

1. 紫外线的作用

光线的紫外部分对微生物有毒杀作用，杀菌力最强的光波为 265nm 左右。短时、低剂量的照射，有诱变作用，高剂量则具杀菌功效。另一方面，紫外线的强度和穿透力较弱，容易被一般物体所遮挡阻断，且随着照射距离的延长而使杀菌力减弱。本实验证明紫外线的杀菌作用和易被阻挡的特性。

实验方法（在无菌环境和无菌操作条件下）如下。

1）取牛肉膏蛋白胨琼脂平板两个，在皿底上先用记号笔或标签纸注明菌名，再取两支无菌吸管，分别吸取培养 18h 的白色葡萄球菌菌液（或大肠杆菌）和 48h 的枯草芽孢杆菌菌液 0.1ml（2 滴）注入相对应的平板面上。

2）取两支无菌涂布玻棒，分别把菌液均匀涂布于整个琼脂平皿表面。

3）将已涂布接种细菌的平板放在距紫外灯管 30～40cm 处，用在酒精灯火焰上灼烧灭菌后的无菌镊子，夹取一片已灭菌的黑色剪纸片，揭开皿盖后轻轻贴放在皿内培养基的表面，再将皿盖遮盖住平皿的一半或者完全开盖，打开紫外灯，经 10～15min 紫外线直接照射后，关闭紫外灯，揭去剪纸片，盖好皿盖，置于 30～37℃温箱中倒置培养，24h 后观察培养结果。

2. 氧气对细菌生长的影响

氧对微生物的影响很不相同。好氧性微生物适宜于氧气环境，缺氧时就不能生活；而厌氧性微生物则不适宜氧气环境，氧气的存在会对该类微生物发生毒害作用。兼性厌氧性微生物则在有氧或无氧条件下都能正常生活。

测验氧气与细菌的关系，可用抽气减少氧气培养法，也可用其他培养法，前者是将培养物放入真空干燥器内，将空气抽稀至一定程度或者抽空，置恒温箱中培养，看它是否生长。深层琼脂培养法是将微生物植入熔化的琼脂培养基中，摇匀，上下均有细胞，冷凝后，置入恒温箱培养。绝对厌氧菌类，只在底部生长，厌氧程度稍轻者，呈茂盛繁殖于底部，但中上部也有生长。兼性厌氧性菌类能在上中下部以及表面繁殖，微需氧菌繁殖于中上部，而绝对需氧菌只在表面生长。因为空气系由表面向下渗入，故越向下氧气越少。

实验方法（在无菌环境和无菌操作条件下）如下。

1）取牛肉膏蛋白胨深层培养管三支，将分别标注丙酮丁醇菌、枯草芽孢杆菌、大肠杆菌的标签贴于各管上。水浴加热，使琼脂熔化后迅速冷至45℃左右，用接种环接相应菌种于管内，各管至掌心搓动，使细菌上下平均分布，随即置冷水中，使之迅速凝固，以免空气进入太多，置30～37℃处培养，24h后取出检查，观察各菌在深层培养基内生长情况。

2）取三支牛肉膏蛋白胨液体培养基，各接种上述三种菌，置真空干燥器中，抽气至10mmHg（1mmHg≈0.133kPa）以下，关闭真空干燥器活塞，拔下抽气泵的抽气橡皮管，关闭电源，随即连同真空干燥器置30～37℃处培养。24h后取出，观察三种细菌生长情况。

3. 渗透压对微生物的影响

一般微生物在高渗透压液中不能生长繁殖，这是由于在高渗透压溶液中细胞水分外渗而原生质收缩，致使不能进行正常的生命活动，生长就被抑制。盐腌、糖渍保存食物即应用了渗透压的原理。但有少数微生物能忍耐特别高的渗透压，它们往往引起盐藏或糖渍食品变质。

实验方法（在无菌环境和无菌操作条件下）如下。

1）用划线法将枯草芽孢杆菌分别接种于含食盐5%及20%的牛肉膏蛋白胨琼脂斜面上，同法接种于含20%及80%的蔗糖牛肉膏蛋白胨斜面上。注明菌种名和有关成分的浓度。

2）同法各接种一管牛肉膏蛋白胨琼脂斜面以作对照。

3）一并置于30℃恒温培养，于第1天、第3天及第7天观察细菌的生长情况。

（二）化学因素的影响

许多化学药剂对微生物生长有抑制或杀死作用，因此已广泛地应用到消毒与防腐方面。

影响消毒剂灭菌效能的因素很多，与消毒剂的种类、性质、浓度、菌种、有无芽孢、菌数，以及两者接触的时间长短、温度高低、环境中是否有有机物质存在等都有关系。

1. 常用化学消毒剂的杀菌力（平板纸片试验法）

实验方法（在无菌环境和无菌操作条件下）如下。

1）取两个牛肉膏蛋白胨琼脂平板，在皿底上先用记号笔或标签纸注明菌名，并按图45-1所示格式分成6区域，编号1～6，注明1、2、3、4、5、6号码表示所代表的药剂。

2）用两支无菌吸管分别吸取大肠杆菌及枯草芽孢杆菌菌液各0.1ml（2滴），放于上述两个平板上。

3）微开皿盖，用无菌扩散棒将菌液于平板面上涂布均匀，待其稍干后，即可放浸药液的小圆滤纸片。

4）用镊子自各药剂中取出已被浸湿的小圆滤纸片在瓶口处刮去多余液体，分别放在培养皿中所代表的

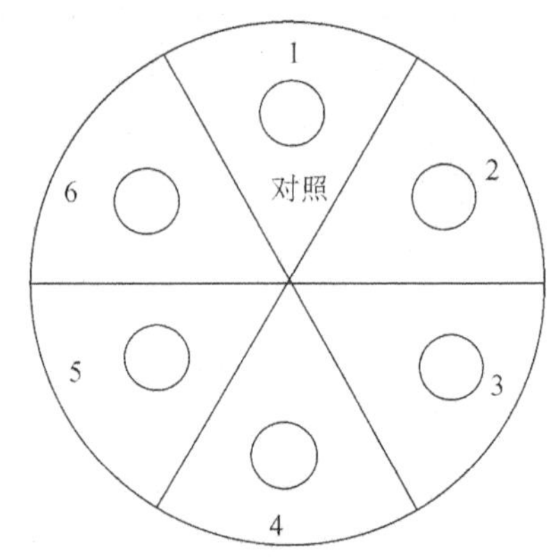

图45-1　平板纸片法图

号码上，这些药剂计有：0.25%新洁尔灭、2%来苏尔、0.1%升汞、5%苯酚、2%碘酒，共五种，在对照处放置浸消毒蒸馏水的无菌小圆滤纸片。

5）培养皿倒置或正置在30～37℃处培养，24h后，观察小圆滤纸片周围圆形抑菌圈的大小。用尺子测量抑菌圈直径，并记录之，抑菌圈大者其杀菌力强。

2. 染料抑制细菌生长的作用

实验方法（在无菌环境和无菌操作条件下）如下。

1）将0.01%的结晶紫溶液0.3ml加入15ml预先熔化的普通琼脂固体培养基内，混匀倾注于无菌平皿中，斜置如图45-2（上）。

2）待其凝固后，将皿底厚的一边注明数字，将平皿放平，再倾注15ml不含结晶紫的普通琼脂培养基，如图45-2（下）这样便得到结晶紫浓度逐渐改变的培养基（梯度平板）。

3）凝固后，用接种环以无菌操作分别取大肠杆菌和金黄色葡萄球菌接种于平板，沿平皿表面由浓到稀的方向平行划线，每种菌各划两条线，注明菌种名，如图45-3所示，置30～37℃处倒置培养，24h后观察结果。

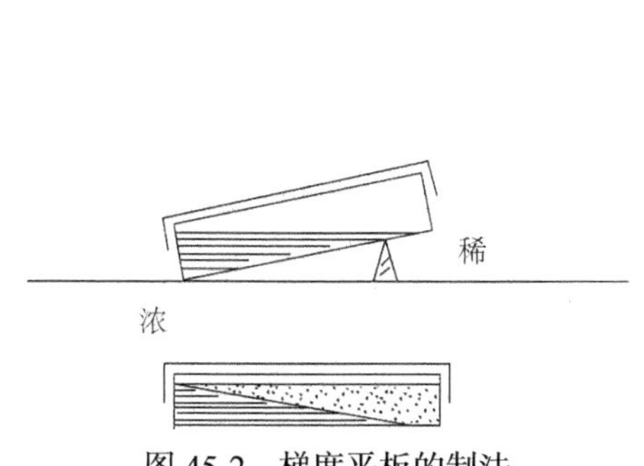

图45-2　梯度平板的制法

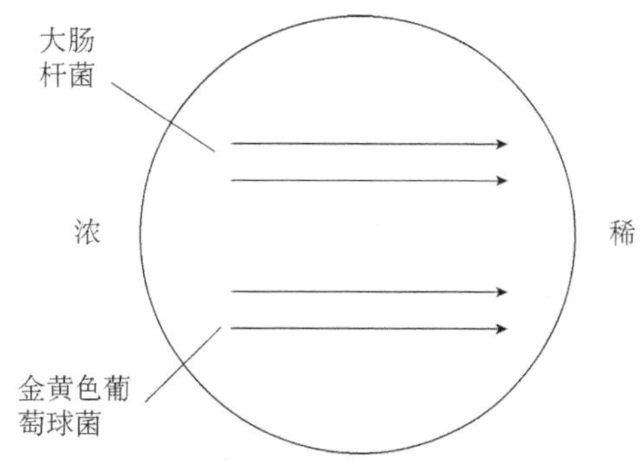

图45-3　平板划线方向图

（三）生物因素的影响

在自然界中，微生物种与种之间，微生物与高等动物、植物之间的相互关系，是非常复杂而多样化的，归纳起来，基本上可分为共生、互生、寄生、拮抗和捕食等五种关系。

有些微生物能产生抑制和杀死某类微生物的代谢产物——抗生素。不同抗生素对不同微生物的作用不同，有的抑制作用强，有的抑制作用弱。本实验观察青霉菌产生的青霉素对分别代表革兰氏阴性菌（大肠杆菌）、革兰氏阳性菌（金黄色葡萄球菌）和有芽孢的革兰氏阳性菌（枯草芽孢杆菌）这三种类型细菌的抑制作用有所不同。这种方法也称抗菌谱试验。

有些高等植物具有抑制微生物生长繁殖能力，可供做抗菌消炎药用。测定中草药抑菌能力常采用琼脂溶透法，即利用药物能渗透至琼脂培养基的性能，将试验菌接种至琼脂平皿培养基中，或将试验菌液混入热熔液化的琼脂培养基后倾注成平板，或将菌液涂布于琼脂平板的表面，然后用适宜的方法将药物置于已含试验菌的培养基上，于适宜温度培养后观察结果。本实验用打孔法观察中草药对于细菌的抑制作用。

1. 抗菌谱试验

实验方法（在无菌环境和无菌操作条件下）如下。

1）取一豆芽汁琼脂平板，用接种环取一环青霉菌孢子，在琼脂平板一侧划一条直线接种，置25～28℃培养3d。或者用镊子取滤纸条，浸湿青霉素液（刮去多余溶液），放在平板的一侧。

2）如果接种青霉菌，待青霉菌菌落长出后，再用接种环以无菌操作分别接种培养18h的大肠杆菌、枯草芽孢杆菌和金黄色葡萄球菌液，于青霉菌菌落边缘沿平板表面平行划线接种。如果实验直接用青霉素滤纸条而不是接种青霉菌，则可于放置滤纸条后立即接种供试敏感菌，注明菌种名称。如图45-4所示。注意接种时不要碰到滤纸条或青霉菌菌落。

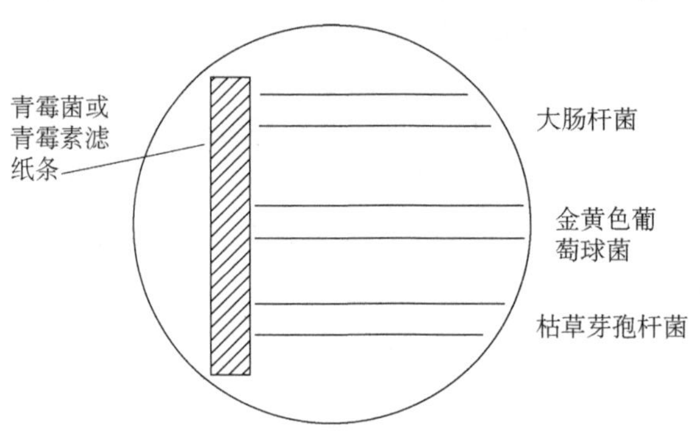

图45-4　抗菌谱试验平板划线接种法

3）置30～37℃倒置或正置培养，24h后观察结果。根据抑菌区大小，判断青霉菌对各菌的抑菌效能。凡被抑制的细菌，都不能在青霉菌附近生长，能在青霉菌附近生长者，则青霉菌对该菌无作用。

2. 植物提取物对于细菌的抑制作用（平板打孔法）

实验方法（在无菌环境和无菌操作条件下）如下。

1）将大蒜、姜、葱分别洗干净，去皮，切碎，放进磨钵中研磨成浆，用纱布滤出汁液。黄连素直接用针剂品或片剂以无菌水溶解。

2）倒固体底层平板。

每皿倒入10ml加热熔化的牛肉膏蛋白胨琼脂固体培养基，放置平面使培养基冷却至完全凝固。

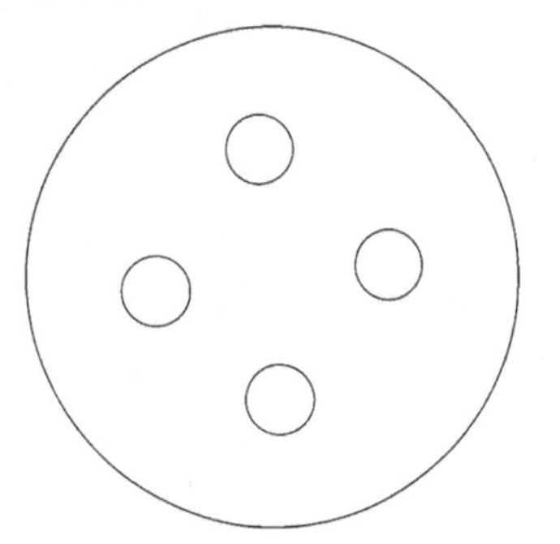

图45-5　植物提取物对细菌的作用试验

3）倒上层平板。

取已熔化并冷却到50℃左右（以手背面紧贴管壁试温而皮肤恰能忍受不感到烫手为宜）的牛肉膏蛋白胨琼脂培养基两管（每管10ml），分别加入大肠杆菌或金黄色葡萄球菌液各0.1ml，迅速摇匀后分别倒在底层平板上面，待冷却凝固。

4）取一圆形打孔器（孔径3～4mm）用无菌操作法，蘸取酒精经火焰灭菌3次，于已含菌的琼脂平板上相隔适当距离旋转打4个圆孔（深度适宜，勿打穿培养基底部），取出孔中的琼脂块，遂成为圆形的凹孔。如图45-5所示。

5）在四个孔的皿底位置，用记号笔或标签纸分别标明4种物质的名称和供试菌种名称。

6）用无菌的滴管分别滴加黄连素液、大蒜汁、姜汁、葱汁于4个凹孔中（注意：切勿溢出）。

7）培养皿放30～37℃处正置培养，24h后取出观察有无抑菌圈出现及比较抑菌圈直径的大小。

注意事项

1. 本次实验一切用具及材料均需经过灭菌或消毒处理，实验过程中要注意无菌要求的规范操作，防止杂菌污染。

2. 所有接种平皿在放入培养箱之前须检查落实是否注明了各实验的相关菌种和材料的名称等信息，以及实验者的所在班级和个人姓名。

五、思考题

1. 人们日常生活中在哪些方面应用紫外线和渗透压来杀灭和抑制微生物的生长？
2. 如何证明抑菌圈内的细菌是被抑制还是被杀死？

附1：微生物学实验报告

环境因素对微生物的生长影响及抗菌谱测定

1. 将紫外线对细菌生长影响的实验结果记入表45-1（以"+""−"号表示细菌生长的程度，生长最多为"+++"，可疑为"±"，无生长为"−"），并对实验结果分析。

表45-1 紫外线对细菌生长的影响

（光距30cm，波长255～265nm，功率15W，时间10min）

处理	大肠杆菌（无芽孢）	枯草芽孢杆菌（有芽孢）
开盖被照的部位		
开盖被纸片遮挡的部位		
被玻璃盖遮挡的部位		

结果分析：

2. 将渗透压对微生物的影响记入表45-2，并对实验结果进行分析。

表45-2 渗透压对细菌的影响

菌名	时间	食盐含量		蔗糖含量		对照
	（d）	5%	20%	20%	80%	
枯草芽孢杆菌	3					

结果分析：

3. 把常用化学消毒剂的杀菌力试验结果记入表45-3：

表 45-3 常用化学消毒剂的杀菌力

菌种	不同药品抑菌圈直径（mm）					
	0.25% 新洁尔灭	2% 来苏尔	0.1% 升汞	5% 苯酚	2% 碘酒	对照
大肠杆菌						
枯草芽孢杆菌						

结果分析：

4. 绘图（图 45-6）表示不同浓度的结晶紫对不同细菌的抑制作用。实验结果说明了什么？

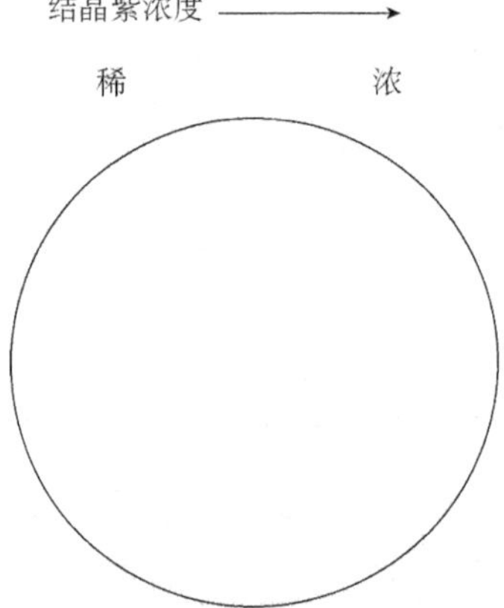

图 45-6　不同浓度的染料对不同细菌的抑制作用

结果分析：

5. 绘图（图 45-7）表示青霉素对各菌的拮抗情况，并标出抑制距离大小（以毫米计）。

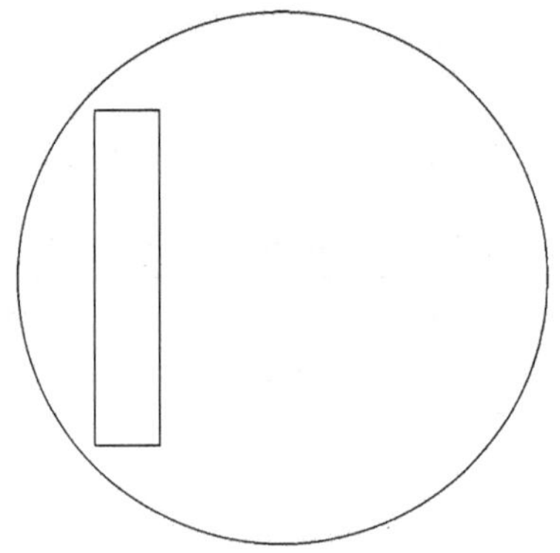

图 45-7　青霉素对不同细菌的抑制作用

结果分析：

6. 将植物提取物对细菌抑制作用的实验结果填入表 45-4。

表 45-4　植物提取物对细菌的抑制作用

菌种	不同植物提取物抑菌圈直径（mm）			
金黄色葡萄球菌				
大肠芽孢杆菌				

结果分析：

附 2：数字化教程视频

1. 紫外线对微生物的杀灭作用
2. 滤纸片法测试药物对微生物生长的抑制作用
3. 平板打孔法测试药物对微生物生长的抑制作用

紫外线对微生物的杀灭作用

滤纸片法测试药物对微生物生长的抑制作用

平板打孔法测试药物对微生物生长的抑制作用

（王伟）

实验四十六　食品中细菌总数的测定及卫生评价

一、目的要求

1. 了解对常规细菌的分离、培养和菌落数测定的方法在食品卫生学中的应用。
2. 掌握对常用食品中微生物的卫生评价方法与指标。

二、基本原理

食品中含有各种营养物质，是微生物的良好培养基，因而容易被多种类群的微生物侵染，甚至造成一些致病菌在食品中繁殖。食品中所含细菌总数可以作为判别食品被微生物污染程度的标志，是食品卫生检验的一个指标。同时还可以应用这一方法观察细菌在食品中繁殖的动态，以便对被检样品进行卫生学评价时提供依据。

细菌总数一般是指 1g 或 1ml 食品检样经过处理并在一定条件下培养后，在琼脂培养基上形成的细菌菌落总数。

本常规方法所测的细菌菌落总数，只包括一群能在细菌基础培养基上生长的嗜中温性需氧细菌的菌落总数，根据食品检验的不同要求，还可以对检样作其他进一步的特殊方法的检验。

三、材料与用具

1. 材料

待测食品、无菌水（或无菌生理盐水）。

2. 培养基

葡萄糖蛋白胨营养琼脂培养基。

3. 器材

试管、5ml 吸管、1ml 吸管、0.1ml 吸管、三角瓶（含玻璃珠）、培养皿，以上玻璃器皿均需灭菌处理。

恒温培养箱、电炉、天平、酒精灯、试管架、无菌角匙、无菌称量纸等。

四、内容与方法

1. 样品制备与检样稀释

以无菌操作取样，固体食品称取检样 25g（液体食品则以无菌吸管吸取 25ml），放入装有 225ml 无菌水（或无菌生理盐水）和玻璃珠的三角瓶中，充分振荡，制成 1∶10 的均匀稀释液。取此稀释液 1ml 加入 9ml 无菌水的试管中混匀，得 1∶100 稀释液，以此类推即得 10 倍递增的稀释液。根据检样卫生或污染程度，选择 2～3 个合适的稀释度做进一步的培养检查。

2. 培养

每稀释度液体吸取 1ml，放入无菌培养皿，每个稀释度做两个培养皿，将熔化并冷却至 50℃左右的无菌营养琼脂培养基约 15ml 倾注平皿内，轻轻平旋平皿使检样与培养基充分混匀，平置；同时另取一个无菌培养皿只倾加培养基而不加检样，作空白对照。待冷凝后翻转平板，使底面向上，置于 37℃培养箱，培养 24h 后取出观察结果。

3. 菌落计数

对每个平板内的细菌菌落计数，先进行肉眼观察，对菌落逐个点数。可用钢笔在平板背面点计，以免重复，但也不要遗漏微小的菌落。计数平板必须是长成单个独立菌落的平板，即必须是独立的单个菌落才能作为有效计数菌落，若某个平板出现大范围连接成片的菌落时不宜采用，若片状菌落不到平板的一半而其余一半的菌落分布又很均匀，则可以计算这均匀的一半后乘以 2 来代表整个平板的菌落数。在得到各个平板的菌落数后，进一步算出同一稀释度下平板的平均菌落数[个或 CFU（colony forming unit，菌落形成单位，每 CFU 相当于一个活菌落）]。

4. 数据的取舍和计数报告

（1）平板的取舍

同一稀释度的两个或三个平板，应取菌落数为 30～300 的平板作为菌落总菌数的测定标准，其他平板舍去不计。

（2）稀释度的选择标准

1）选择平均菌落数在 30～300 的稀释度，乘以稀释倍数报告，如表 46-1 中例 1。

2）若有两个稀释度，其生长的菌落均在 30～300，则应视二者之比如何来决定。若比值小于 2，应报告其平均数；若大于 2，则报告其中较小的数字，如表 46-1 中的例 2 和例 3。

3）若所有稀释度的平均菌落数均大于 300，则应按稀释度最高的平均菌落数乘以稀释倍数报告，如表 46-1 中例 4。

4）若所有稀释度的平均菌落数均小于 30，则应按稀释度最低的平均菌落数乘以稀释倍数报告，如表 46-1 中例 5。

5）若所有稀释度的平均菌落数均不在 30～300，其中一部分大于 300 或小于 30 时，则以最接近 30 或 300 的平均菌落数乘以稀释倍数报告，如表 46-1 中例 6。

（3）菌落数报告

菌落数在 100 以内时，按实有数报告；大于 100 时，采用两位有效数字。在两位有效数字后面的数值则以四舍五入的方法处理，为缩短数字后面的零数，也可用 100 指数来表示，如表 46-1 中报告方式栏。

表 46-1　稀释度选择及细菌总数报告方式

例次	不同稀释度平均菌落数			两稀释倍数之比	细菌总数（CFU/g 或 CFU/ml）	报告方式（CFU/g 或 CFU/ml）
	10^{-1}	10^{-2}	10^{-3}			
1	1750	184	26	—	18400	18000 或 1.8×10^4
2	2760	295	46	1.6	37750	38000 或 3.8×10^4
3	2900	268	66	2.5	26800	27000 或 2.7×10^4
4	不可计	4230	375	—	375000	380000 或 3.8×10^5
5	22	18	3	—	220	220 或 2.2×10^2
6	不可计	311	10	—	31100	31000 或 3.1×10^4

五、结果报告

根据检验结果填写细菌总数测定结果报告（表 46-2），并参照国家有关的食品卫生标准判断该食品的细菌总数项目是否合格。

表 46-2　细菌总数测定结果报告及卫生评价

项目	不同稀释度菌落数			细菌总数（CFU/g 或 CFU/ml）
	10^{-1}	10^{-2}	10^{-3}	
第一皿				
第二皿				
平均数				
合格评价（参照标准号）				

六、思考题

讨论实验结果的影响因素及结果的可靠性。

附：部分食品细菌总数允许值（CFU/ml或CFU/g，供参考）

瓶装汽水≤100（包括碳酸饮料）。

果汁水、蔬汁水、果味水≤100。

瓶（桶）装饮用水、天然矿泉水≤50，饮用水≤100。

仅含淀粉或果类的冷冻食（饮）品≤3000。

散装兑制果味或果汁类饮料≤3000。

冷冻饮品：含豆类≤20 000、含乳蛋白 10%以下≤10 000、含乳蛋白 10%以上≤25 000、低温复原果汁≤500、果冻≤100。

熟啤酒、黄酒、葡萄酒≤50。

淡炼乳≤5。

酸牛乳≤1×10^7，大肠菌群不得检出。

糕点出厂≤750，销售≤1000。

蜜饯食品≤1000、膨化食品≤10 000。

非夹心饼干≤750、夹心饼干≤2000。

奶油特级≤20 000、一级≤30 000、二级≤50 000。

酱油≤30 000、食醋≤10 000。

果香型固体饮料≤1000。

灭菌乳≤10、巴氏杀菌乳≤30 000、全脂乳粉、脱脂乳粉≤30 000。

含乳饮料≤10 000。

（王伟）

实验四十七　水中细菌总数的测定

一、目的要求

1. 学习并掌握水样采集和水样中细菌总数的测定方法。
2. 了解水质状况与细菌数量在饮水中的重要性。

二、基本原理

水中细菌总数可作为判定被检水样被有机物污染程度的标志。细菌数量越多，则水中有机质含量越大。在水质卫生学检验中，细菌总数是指 1ml 水样在牛肉膏蛋白胨琼脂培养基中经 37℃、48h 培养后所生长出的细菌菌落数。

我国规定（GB 5749—2022）：合格的生活饮用水中菌落总数为≤100CFU/ml。

本实验采用平板菌落计数法测定水中细菌总数。

三、材料与用具

1. 材料

采样水、无菌生理盐水。

2. 培养基

牛肉膏蛋白胨琼脂培养基。

3. 器材

培养箱、水样采样器、无菌三角瓶、无菌带玻璃塞瓶、无菌培养皿、无菌移液管、无菌试管等。

四、内容与方法

1. 水样采集和保藏

（1）自来水

先将水龙头用火焰烧灼 3min 灭菌，然后再放水 5～10min，最后用无菌容器接取水样，并速送回实验室测定。

（2）池水、河水或湖水

将无菌的带玻璃塞瓶的瓶口向下浸入距水面 10～15cm 的深层水中，然后翻转过来，除去玻璃塞，水即流入瓶中，当取完水样后，即将瓶塞塞好（注意：采样瓶内水面与瓶塞底部间留些空隙，以便在测定时可充分摇匀水样），再从水中取出。有时可用特制的采样器取水样，它有一个金属框，内装玻璃瓶，底部有重沉坠。采样时，将采样器坠入所需的深度，拉起瓶盖绳，即可打开瓶盖，取水样后松开瓶盖绳，则自行盖好瓶口，最后用采样器绳取出采样器。速送回实验室进行测定。

2. 水中细菌总数测定

（1）自来水

用无菌移液管吸取 1ml 水样，加入无菌培养皿中（每个水样重复 2 个培养皿），然后在每个上述培养皿内各加入约 15ml 已熔化并冷却至 45～50℃的牛肉膏蛋白胨琼脂培养基，并轻轻旋转摇动，使水样与培养基充分混匀，冷凝后即成检测平板。同时另用一无菌培养皿只加入上述的约 15ml 培养基作为空白对照。最后将上述平板倒置于 37℃培养箱内培养 48h。

（2）池水、河水或湖水

1）水样稀释。

取 3～4 支无菌试管，依次编号为 10^{-1}、10^{-2}、10^{-3} 或 10^{-4}，然后在上述每支试管中加入 9ml 无菌生理盐水。接着取 1ml 水样加入到 10^{-1} 试管中，摇匀（注意：这支已接触过原液水样的移液管的尖端不能再接触 10^{-1} 试管中液面），另取 1ml 无菌移液管从 10^{-1} 试管中吸 1ml 水样至 10^{-2} 试管中（注意点同上），如此稀释至 10^{-3} 或 10^{-4} 管（稀释倍数视水样污染程度而定，取在平板上能长出 30～300 个菌落的稀释倍数为宜）。

2）加稀释水样。

最后 3 个稀释度的试管中各取 1ml 稀释水样加入无菌培养皿中，每一稀释度重复 2 个培养皿。

3）加熔化培养基。

在上述每个培养皿内加入约 15ml 已熔化并冷却至约 45～50℃的牛肉膏蛋白胨琼脂培养基，随即快速而轻巧地摇匀。

4）待凝、培养。

待平板完全凝固后，倒置于 37℃培养箱中培养 48h。

3. 计菌落数

将培养 48h 的平板取出，用肉眼观察，计平板上的细菌菌落数。

4. 结果记录

将各水样测定平板中细菌菌落的计数结果记录在表中，并计算结果。

细菌菌落总数计算通常是采用同一浓度的两个平板菌落总数，取其平均值，再乘以稀释倍数，即得 1ml 水样中细菌菌落总数。各种不同情况的计算方法如下。

1）首先选择平均菌落数在 30～300 者进行计算，当只有一个稀释度的平均值符合此范围时，则以该平均菌落数乘以稀释倍数即为该水样的细菌总数。

若有两个稀释度，其平均菌落数均在 30～300，则按两者菌落总数之比值来决定。若其比值小于 2，应取两者的平均数，若大于 2 则取其中较小的菌落总数。

2）若所有稀释度的平均值均大于 300，则应按稀释度最高的平均菌落数乘以稀释倍数。若所有稀释度的平均值均小于 30，则应按稀释度最低的平均菌落数乘以稀释倍数。

3）若所有稀释度的平均值均不在 30～300，则以最接近 300 或 30 的平均菌落数乘以稀释倍数。

4）若同一稀释度的两个平板中，其中一个平板有较大片状菌苔生长，则该平板的数据不予采用，而应以无片状菌苔生长的平板作为该稀释度的平均菌落数，若片状菌苔大小不到平板的一半，而其余一半菌落分布又很均匀，则可将此一半的菌落数乘以 2 来表示整个平板的菌落数，然后再计算该稀释度的平均菌落数。

注意事项

水样采集后，应速送回实验室测定。若来不及测定应放在 4℃冰箱存放，若无低温保藏条件，应在报告中注明水样采集与测定的间隔时间。一般较清洁的水可在 12h 内测定，污水须在 6h 内结束测定。

五、思考题

1. 通过对自来水样品中细菌总数的测定，你认为此样品是否符合国家饮用水的卫生标准？
2. 你所检测的水源污染状况如何？
3. 国家对自来水的细菌总数有一标准，那么各地能否自行改变测试条件（如培养温度，培养时间及培养基种类等）进行水中细菌总数的测定？为什么？

（曹理想）

实验四十八　水中总大肠菌群的检测

一、目的要求

1. 学习并掌握水中总大肠菌群数量的测定方法。

2. 了解总大肠菌群的数量在饮水中的重要性。

二、基本原理

总大肠菌群（total coliform）也称大肠菌群（coliform group 或 coliform），它们是一群能在 37℃、24h 内发酵乳糖产酸产气、需氧和兼性厌氧的革兰氏阴性无芽孢杆菌。通常包括肠杆菌科中的埃希菌属（*Escherichia*）、肠杆菌属（*Enterobacter*）、柠檬酸细菌属（*Citrobacter*）和克雷伯菌属（*Klebsiella*）。该菌群主要来源于人畜粪便，有的来自自然环境，具有数量多、与多数肠道病原菌存活期相近和易于培养、观察等特点，因而被用作为粪便污染的指示菌，并以此评价饮水的卫生质量。总大肠菌群的检测方法可包括多管发酵法、滤膜法和酶底物法等。其中多管发酵法为我国大多数环保、卫生和水厂等单位所采用。方法是将一定量的样品接种乳糖发酵管，根据发酵反应的结果确定总大肠菌群的阳性管数后，在 MPN 检数表中查出总大肠菌群的近似值。

当今我国饮用水卫生标准（GB 5749—2022）规定：每 100ml 水中不应检出总大肠菌群。

三、材料与用具

1. 材料

采样水、无菌生理盐水。

2. 培养基

（1）乳糖蛋白胨培养基

蛋白胨 10g、牛肉膏 3g、乳糖 5g、NaCl 5g、1.6%溴甲酚紫乙醇溶液 1ml，蒸馏水 1000ml，pH 7.2～7.4。

将蛋白胨、牛肉膏、乳糖及 NaCl 加热溶解于 1000ml 蒸馏水中，调节 pH 至 7.2～7.4，加入 1.6%溴甲酚紫乙醇溶液 1ml，充分混匀，分装于含有一倒置杜氏小管的试管中，每管 10ml，115℃灭菌 20min。

（2）2倍浓度浓缩乳糖蛋白胨培养基

按上述乳糖蛋白胨培养基浓缩 2 倍配制，分装于含有一倒置杜氏小管的试管中，其中试管中每管 10ml，115℃灭菌 20min。

（3）伊红美蓝培养基（EMB培养基）

蛋白胨 10g、K_2HPO_4 2g、乳糖 10g、2%伊红 Y 溶液 20ml、0.65%美蓝溶液 10ml、琼脂 18g，蒸馏水 1000ml，pH 7.1（先调节 pH，再加伊红美蓝溶液）。分装三角瓶，每瓶 150ml，115℃灭菌 20min。

3. 试剂

革兰氏染色液。

4. 器材

载玻片、无菌空瓶（250ml）、无菌培养皿、移液管、试管、三角瓶、显微镜等。

四、内容与方法

1. 水样的采集

同“实验四十七　水中细菌总数的测定”。

2. 自来水中总大肠菌群的检测

（1）初发酵试验

取 10ml 水样接种到含有 10ml 2 倍浓度的乳糖蛋白胨培养液的试管中，重复 5 支。另取 1ml 水样接种到含 10ml 单倍浓度乳糖蛋白胨培养液的试管中，重复 5 支。最后将 1ml 水样加入到含 9ml 无菌生理盐水试管中，混匀后吸取 1ml（即 0.1ml 原水样）加入到含 10ml 单倍浓度乳糖蛋白胨培养液试管中，亦重复接种 5 支。上述接种的试管均置于 37℃培养 24h 后观察其产酸产气情况，并记下实验初步结果。

（2）确定性试验用平板分离

将经 24h 培养后产酸产气的试管中菌液分别划线接种于伊红美蓝琼脂平板上，于 37℃培养 24h，将出现以下 3 种特征的菌落进行涂片、革兰氏染色和镜检。

（3）菌落特点

深紫黑色，具有金属光泽的菌落。

紫黑色，不带或略带金属光泽的菌落。

淡紫红色，中心颜色较深的菌落。

（4）复发酵试验

选择具有上述特征的菌落，经涂片染色镜检后，若为革兰氏阴性无芽孢杆菌，则用接种环挑取此菌落的一部分转接含乳糖蛋白胨培养基试管，经 37℃培养 24h 后观察试验结果。若呈现产酸产气，即证实存在有总大肠菌群。

3. 池水、河水或湖水等水样中的总大肠菌群检测

（1）水样稀释

将水样作 10 倍稀释至 10^{-1} 和 10^{-2}。

（2）初发酵试验

在装有 10ml 单倍浓度乳糖蛋白胨培养液的试管中分别加入 1ml 10^{-1} 和 10^{-2} 的稀释水样和 1ml 原水样（各重复 5 支），37℃培养 24h。

（3）确定性试验和复发酵试验

同自来水中总大肠菌群检测方法。

4. 结果记录

自来水、池水、河水或湖水样品经复发酵试验证实存在有总大肠菌群后，可将各水样的初发酵试验结果记录，并根据初发酵试验的阳性管数查 MPN 检数表，即得 100ml 水样中总大肠菌群数。

注意事项

在做池水、河水或湖水等水样中总大肠菌群检测时，由于水中有时所含总大肠菌群数量较多，因而上述水样的稀释倍数可适当增大，才能取得较理想结果（若水样中总大肠菌群数量较少，则可按自来水中总大肠菌群检测时加样量进行检测）。此外，若每支乳糖发酵管中分别加入 1ml 10^{-1} 和 10^{-2} 的稀释水样及 1ml 原水样（各重复 5 支），则在计算检测结果时需将 MPN 检数表中查得的数值乘以 10，依此类推。

五、思考题

1. 何谓总大肠菌群？
2. 水中若有大量的霍乱弧菌，那么用此法检测总大肠菌群能否得到阳性结果？为什么？
3. 你检测的自来水样品中总大肠菌群的结果是否符合饮用卫生标准？

（曹理想）

实验四十九　耐药细菌对抗生素抗性实验

一、目的要求

1. 了解抗生素的工作原理以及质粒介导的抗生素耐药性的危害。
2. 通过测定细菌在有无抗生素的培养条件下的生长曲线，了解细菌的增殖特征。
3. 通过细菌的点板计数，了解定量检测细菌对抗生素敏感性的方法。

二、基本原理

自 1929 年弗莱明发现青霉素以来，由细菌导致的感染性疾病得以控制，人类因此提高的寿命至少 20 岁，是现代医学史的里程碑。然而，在过去几十年中，抗生素在临床和养殖业中的滥用和误用，导致细菌产生耐药性，即现有抗生素无法杀死耐药细菌，致使由细菌引发的疾病可能无法有效控制，再度成为人类的“死亡杀手”。细菌对抗生素产生耐药性的机制多样，其中一种重要的机制是通过质粒介导细菌耐药性。质粒是一种在细菌染色体外自主进行复制的圆形的双链 DNA，可通过结合转移的方式在不同菌群间传播。可以想象，当质粒含有耐药基因时，随着质粒在不同细菌间的转移，耐药基因很快会被扩散，导致耐药性的传播，对抗生素的使用带来挑战。因此，认识抗生素耐药性的危害，对于指导日常抗生素的正确使用具有重要的意义。

本实验主要研究对象为青霉素和可以降解（水解）青霉素的 β-内酰胺水解酶。青霉素属于 β-内酰胺类抗生素（β-lactams）。这类抗生素能抑制胞壁黏肽合成酶，即青霉素结合蛋白从而阻碍细胞壁黏肽合成，使细菌胞壁缺损，菌体膨胀裂解，因此具有杀菌活性强、毒性低、适应证广及临床疗效好的优点，广泛应用于临床。该家族包含了临床常用的青霉素类、头孢菌素类、碳青霉烯类、单环 β-内酰胺类等。它们在化学结构上具有共同的特点即都含有一个 β-内酰胺环（图 49-1），这一化学结构是抗生素杀菌的关键。

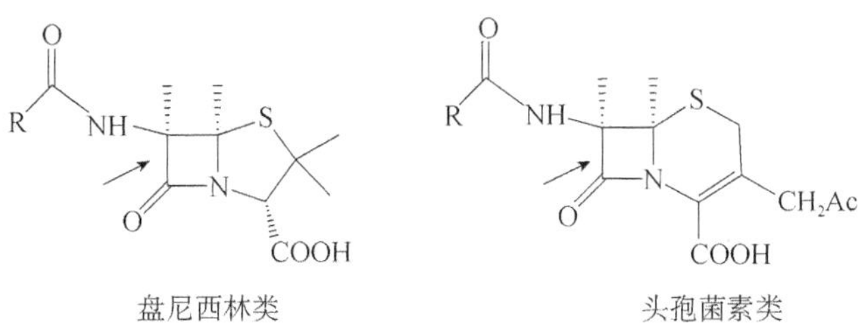

扫一扫看彩图

图 49-1　β-内酰胺类抗生素所含的 β-内酰胺环（箭头所指）

而针对β-内酰胺类抗生素的耐药菌往往都表达β-内酰胺水解酶，可作用于β-内酰胺环，破坏该环结构，水解抗生素，使抗生素失活。目前，已发现二百多种β-内酰胺酶。表达这类酶的基因往往位于质粒上，可迅速传播。如含有新德里金属-β-内酰胺酶 1（New Delhi metallo-beta-lactamase 1，NDM-1）基因的细菌常被称为"超级细菌"，对抗生素有强大的抵抗能力，给人类健康造成极大的危害。大多数含有 NDM-1 的基因都在常见的病原菌大肠杆菌和肺炎克雷伯菌中。流行病学调查表明 NDM-1 细菌可经由空中旅行和移居使其在不同国家和大陆之间迅速传播，并在世界范围内大部分国家都已发现。这类细菌除了替加环素和黏菌素以外，对其他抗生素都具有抗药性，甚至近年来也发现这两种抗生素也不起作用。

本实验则通过将含有 NDM-1 基因的质粒（pACYC184-NDM-1）或不含该基因的质粒（pACYC184）通过电转的方式转入进大肠杆菌（无毒的实验室工程用菌）。通过对这两株细菌在含有或不含有青霉素的培养基中生长，观察不同的这两株细菌的生长区别。由于青霉素能够裂解细胞，可以通过分光光度计（图 49-2）检测菌液的吸光度，同时通过点板计数得到在细菌数目上的差异。

扫一扫看彩图

图 49-2　分光光度计

OD 值是 optical density（光密度）的缩写，光通过被检测物，前后的能量差异即是被检测物吸收掉的能量，特定波长下，同一种被检测物的浓度与被吸收的能量存在定量关系。我们可以用这种定量关系测定被测物浓度。OD_{600} 只是一个相对数值，要想获得具体细菌数量，需要将不同浓度的菌液进行稀释，然后取一定量接种在固体培养基上，通过培养统计细菌菌落的个数，然后计算得到对应细菌的数量。

三、材料与用具

1. 菌株

E. coli K12 和 *E.coli* K12-NDM-1（表达 NDM-1）。

2. 培养基和试剂

LB 培养基、0.85%生理盐水、100mg/ml 氨苄青霉素母液。

3. 材料

试管和试管塞、培养皿、2ml Eppendorf 管、12×12 方形板、枪头（10μl、200μl、1000μl 和 5ml）、超净工作台、试管架、灭菌锅、离心管架、分光光度计、比色皿、37℃摇床和培养箱等。

四、内容与方法

1. 细菌与抗生素共培养

1）在超净工作台内，从已经培养好的平板上挑取细菌单克隆到 LB 试管中，37℃，200r/min，培养 16h 至细菌浓度饱和。

本实验共有两株菌，分别为不表达 NDM-1 的 K12 菌株（*E. coli* K12）和表达 NDM-1 的菌株（*E. coli* K12-NDM-1）。

2）按 1∶100 的比例分别取 50μl 饱和菌菌液加至 5ml 新鲜的 LB 试管中。

每株菌分别接 18 管，9 管不加氨苄青霉素，9 管加有氨苄青霉素（图 49-3）。抗生素管加入 5μl 的氨苄青霉素母液，即终浓度为 100μg/ml，对照组加入相同体积的生理盐水，轻轻摇晃使充分混匀。

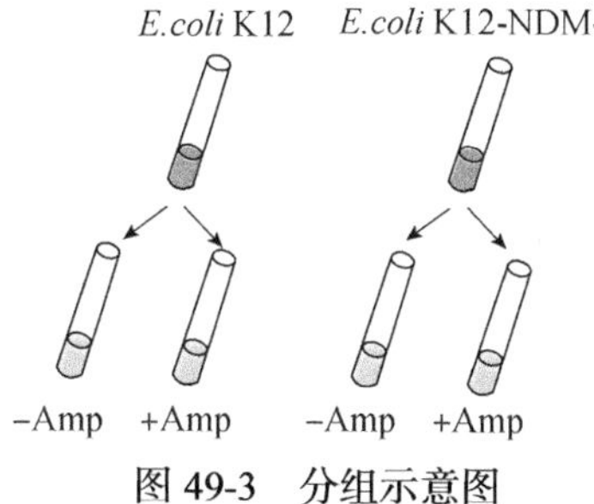

扫一扫看彩图

图 49-3　分组示意图

3）将试管放于摇床内，37℃，200r/min 培养，分别在 30min、60min 和 90min 后各取出 3 支，分别测定吸光值。

4）取培养 90min 时的细菌同时进行点板计数。

注意事项

1. 所有操作均需在超净工作台内进行。
2. 小心酒精灯，以防灼伤。

2. 测定吸光值

1）以生理盐水作为空白对照调零。吸取 1ml 生理盐水，加至比色皿中，将比色皿插入分光光度计的凹槽中，光滑面对准光路，调 OD 参数到 600 后，进行调零。

2）依次从试管中取出 1ml 菌液，加入比色皿，在分光光度计中读数，并记录。

注意事项

1. 比色皿须手握毛面，光源正对光面。比色杯易碎，请轻拿轻放。比色皿外壁的水用擦镜纸或细软的吸水纸吸干，以保护透光面。测定有色溶液吸光度时，要用有色溶液洗比色皿内壁几次，以免改变有色溶液的浓度。

2. 在测定一系列溶液的吸光度时，通常都按由稀到浓的顺序测定，以减小测量误差。为了测定的准确性，在试剂加入后的 5～20min 内测定光吸收。

3. 不可使用石英比色皿（不易洗去颜色），可用塑料或玻璃比色皿，使用后立即用少量 95%的乙醇振荡洗涤，以洗去颜色。塑料比色皿不可用乙醇或丙酮长时间浸泡。

3. 菌液点板计数

（1）菌液稀释（图 49-4）

取原液 100μl，加入到 900μl 生理盐水中，轻轻吹打混匀，原液稀释了 10 倍，标记该试管为试管 1。从试管 1 中取 100μl 加入到装有 900μl 的试管 2 中轻轻吹打混匀，原液稀释了 100 倍，标记该试管为试管 2。直到原液被稀释 1 万倍，即稀释到试管 4。

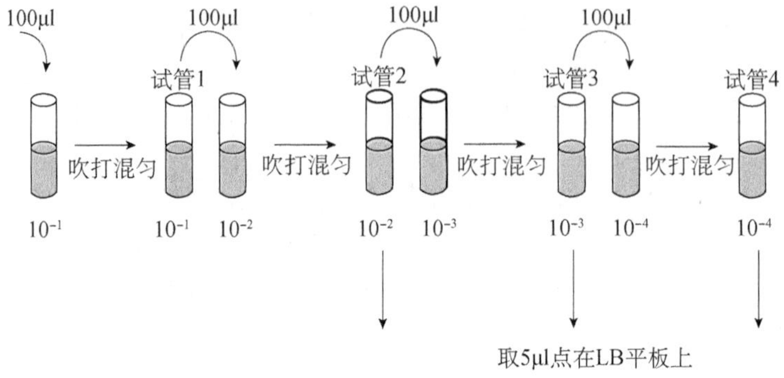

图 49-4　菌液稀释示意图

（2）菌液点板（图 49-5）

从试管 2-4 中，分别取 5μl 轻轻点到 LB 固定培养基平板上。晾干后，37℃培养箱倒置培养 16h，用于 CFU 计数。

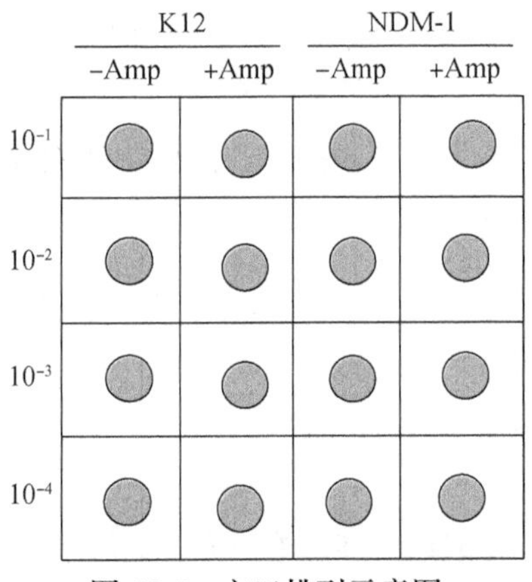

图 49-5　方皿排列示意图

（3）细菌含量计算

细菌数量（CFU/ml）= 菌落数 × 稀释倍数/点板体积（ml）

五、实验结果

1. 记录 OD 值结果。

时间	试管号	*E. coli* K12		*E. coli* K12-NDM-1	
		−Amp	+Amp	−Amp	+Amp
30min	试管 1				
	试管 2				
	试管 3				

续表

时间	试管号	*E. coli* K12		*E. coli* K12-NDM-1	
		−Amp	+Amp	−Amp	+Amp
60min	试管 1				
	试管 2				
	试管 3				
90min	试管 1				
	试管 2				
	试管 3				

2. 菌液平板计数。

菌种	Amp 抗生素	试管号	菌数	稀释倍数	细菌数量（CFU/ml）	均值
E. coli K12	−Amp	试管 1				
		试管 2				
		试管 3				
	+Amp	试管 1				
		试管 2				
		试管 3				
E. coli K12-NDM-1	−Amp	试管 1				
		试管 2				
		试管 3				
	+Amp	试管 1				
		试管 2				
		试管 3				

六、思考题

1. 绘制细菌生长曲线。
2. 计算细菌生存率并绘制柱状图。

存活率=+Amp 试管中细菌数量/−Amp 管中细菌数量×100%

3. 为什么在不含抗生素的情况下，质粒的存在与否对生长没有影响？
4. 加入抗生素对 *E.coli* K12-NDM-1 的生长是否有影响，为什么？

附图：结果参考图

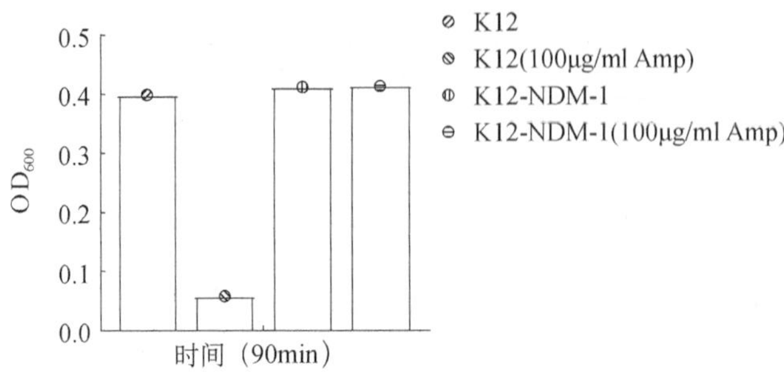

K12/K12-NDM-1在不含有/含有100μg/ml氨苄青霉素的培养基中生长90 min后的吸光度

扫一扫看彩图

附图 49-1　细菌吸光度柱形图

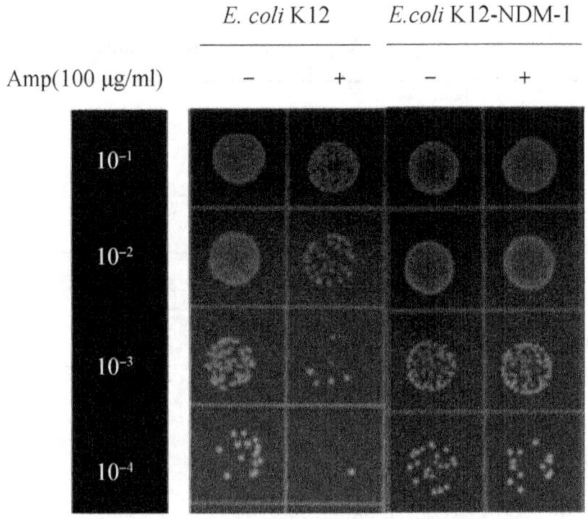

E. coli K12　*E.coli* K12-NDM-1

Amp(100 μg/ml)　－　＋　－　＋

10^{-1}

10^{-2}

10^{-3}

10^{-4}

K12/K12-NDM-1在不含有/含有100μg/ml氨苄青霉素的培养基中生长90 min后的稀释点板图

附图 49-2　细菌平板点板结果

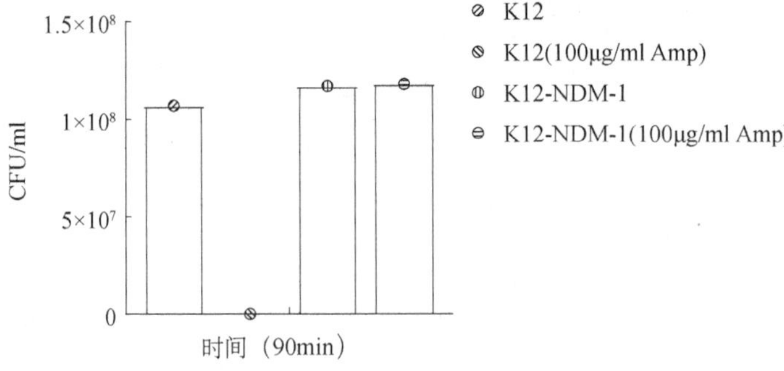

K12/K12-NDM-1在不含有/含有100μg/ml氨苄青霉素的培养基中生长90 min后的细菌菌数

扫一扫看彩图

附图 49-3　细菌菌数计数结果

（李惠，彭博）

实验五十 放线菌抗菌谱的测定方法

一、目的要求

1. 了解放线菌的抗异抗菌现象。
2. 学习掌握测定放线菌抗菌谱的方法，用以筛选放线菌的抗生素。

二、基本原理

放线菌是一类多细胞的原核生物，自然资源十分的丰富。作为古老微生物的一个大类物种群，在长期的生存进化过程中，放线菌也自然培养了抗逆抗异以适者生存的强大竞争能力，并通过顽强有效的遗传机制保存了下来，这当中就包括了放线菌可以通过产生各种抗生素以抵抗异种微生物的活性能力。在现代科学技术条件下，我们可以通过普筛或者定向筛选的方法，从放线菌中发掘对人类有用的抗生素，以抑制和杀灭病原微生物，帮助人类战胜病原性疾病。

判断放线菌是否具有对其他微生物的抑制或灭杀作用，通常用抗菌实验的方法，把两类菌种在培养皿内共培养，看它们相互之间是否具有拮抗现象（图 50-1）；进一步的抑菌试验还能使其形成圆形抑菌圈，测量比较不同菌株抑菌圈的大小，可以量化比较出抗菌力的大小，进而筛选出更高效更有力的菌株和抗生素产物，开发新的抗生素药品。

放线菌的存在广泛性和物种多样性，是人类在进入抗生素时代以来，还未得到充分挖掘的一个资源宝库。

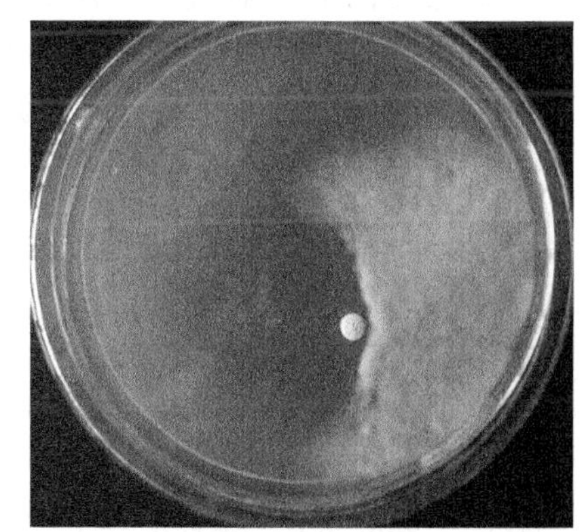
图 50-1 放线菌对霉菌的拮抗现象

三、材料与用具

扫一扫看彩图

1. 菌种

（1）放线菌受试菌种

白色放线菌（白色链霉菌）。

或者从土壤中选择性分离放线菌（参见微生物的接种分离技术与菌种的冰箱保藏），初筛对细菌和真菌（丝状真菌和酵母菌）有强大拮抗能力的放线菌菌株，经过若干代的分离和纯化以后作为受试菌种。

（2）致敏菌测试菌种

细菌：金黄色葡萄球菌、白色葡萄球菌、肺炎双球菌、枯草芽孢杆菌、大肠杆菌和产气杆菌。

真菌：啤酒酵母、白色假丝酵母、青霉、毛霉和黑曲霉。

2. 培养基

高氏二号培养基、牛肉膏蛋白胨琼脂培养基和 PDA 培养基，根据实验的需要分别配制

成液体和固体培养基。

3. 器材

培养皿、三角瓶、吸管、移液枪、涂布棒（扩散棒）、接种环、6mm 直径的灭菌滤纸圆片、打孔器、镊子、牛津小杯、量尺、恒温培养箱、恒温摇床。

四、内容与方法

1. 放线菌的培养制备

将受试的放线菌斜面菌种，以无菌水洗刷斜面制成菌悬液。用无菌移液枪吸取 1ml 菌液转移至高氏二号固体培养基平板，再用无菌涂布棒扩散平板表面的菌液使分布均匀，置于 30℃下恒温培养 3～4d 至菌落长满培养基表面，成为平板菌种备用。

2. 致敏测试菌的培养制备

1）测试菌的细菌采用牛肉膏蛋白胨琼脂培养基制成斜面菌种（也可将菌种接种于液体培养基的三角瓶中做摇瓶培养，制成液体菌种），置于 35～37℃下培养 20～24h。

2）真菌中的丝状真菌采用 PDA 试管斜面培养基接种培养；酵母以接种液体培养基摇床振荡培养较好，或者也可同丝状真菌一样采用固体斜面接种，如此在 25～28℃下培养 2～5d，分别制成斜面菌种或者液体菌种。

3）斜面菌种在供试前采用与放线菌取菌相同的方法，用无菌水洗脱固体培养基表面制成菌悬液或孢子悬液，或者是用可以直接用来涂布的液体菌种，分别涂布各菌种适宜的培养基平板。

3. 抗菌谱测定方法

（1）琼脂块法

取培育成熟的放线菌受试菌平板，用圆形打孔器在无菌要求下，连菌带培养基一起切割成 5～6mm 直径的菌块，小心移植到刚完成接种的各个致敏测试菌的平板上（一般置于平板的中心），在靠近各自菌种适宜的合适温度（28℃左右）条件下进行平板培养 2～5d，跟踪观察菌种生长和抑菌的情况。随着受试菌和测试菌的同步生长，在受试的放线菌块周围可以形成透明抑菌圈，抑制或阻碍了菌块周围的测试菌生长。这个抑菌圈的直径大小，与对测试菌的抗菌能力呈正相关，对比测量这个抑菌圈，就可以量化比对出受试放线菌对这若干个测试菌的抗菌力的大小。

（2）圆形滤纸片法

用直径 6mm 的灭菌圆片滤纸，充分饱吸受试放线菌的菌悬液，代替琼脂块法中的受试菌块贴放到致敏测试菌的平板中央，经过适宜条件培养后，观察和测量抑菌圈。从抑菌圈直径的大小，量化比对出放线菌对不同菌株的抑菌力大小。

（3）平板打孔法和杯碟法

将受试放线菌的菌悬液，用无菌滴管滴加在测试菌平板的琼脂孔中（参见环境因素对微生物的生长影响及抗菌谱测定一节中的“平板打孔法”）。杯碟法是用无菌牛津小杯置于平板上以代替平板圆孔，将菌悬液或发酵液盛于杯中，原理类似。待平板培养以后测量抑菌圈的直径，排序评价对不同测试菌的抗菌力大小。

4. 实验记录与结果评价

记录并分析测定实验的结果（表 50-1）。

表 50-1 放线菌抗菌谱的测定实验结果

抑菌圈直径（mm）											
放线菌	金黄色葡萄球菌	白色葡萄球菌	肺炎双球菌	枯草芽孢杆菌	大肠杆菌	产气杆菌	啤酒酵母	白色假丝酵母	青霉	毛霉	黑曲霉
结果分析											

注意事项

本实验所使用的技术方法，是抗菌谱测定的常用有效方法，也可用于进一步测定多种抗生素产生菌或者抗生素产品对某一种特定病原菌的抗菌力比较，筛选最有针对性的治疗药物，在临床上也有实用价值。

五、思考题

1. 讨论放线菌的抗菌谱测定中应该特别注意哪些细节。
2. 制定一个从土壤放线菌中筛选有效抗生素的初筛和复筛的详细实验方案。

（王伟）

实验五十一 检测小分子促进抗生素杀菌效率的方法

一、目的要求

1. 掌握小分子重编耐药菌代谢提高抗生素杀菌作用的机理。
2. 学会检测促进抗生素杀菌效率小分子的技术方法。

二、基本原理

细菌抗生素耐药严重危害人体健康和动物养殖业。长期以来主要是采用新抗生素策略，即发现可以绕开原有耐药机制的新型抗生素。然而，由于发现新抗生素的渠道有限，重建现有抗生素的杀菌效率极其重要。研究发现，代谢物（相对分子质量小于 1000 的化合物）可以逆转细菌耐药性，显著增加抗生素的杀菌作用，重建现有抗生素的杀菌效果。本实验以营养氨基酸-谷氨酰胺促进氨苄青霉素杀菌作用为例进行学习。

近年来的研究表明，细菌代谢状态决定其耐药性，因此敏感菌和耐药菌分别具有敏感和耐药代谢状态。通过比较这两种代谢状态，可以鉴定获得相应的关键生物标志物，用于将耐药代谢状态逆转为敏感或敏感相似的代谢状态，使得细菌对抗生素变得敏感，从而促进了抗生素的杀菌作用。其机制包括重建膜通透性以促进抗生素摄取、增强代谢以提高ROS（reactive oxygen species，活性氧）水平，由此导致细菌胞内抗生素浓度远远超过其致死剂量，同时ROS依赖的抗生素可以超常规发挥杀菌作用。

这一实验的要点是评价营养代谢物促进抗生素杀菌效率，故所采用的培养条件需要使细菌能够利用该营养代谢物。由此，实验不能采用常规的富营养培养基如LB培养基进行，而是采用的M9基础培养基。M9基础培养基主要由盐溶液、氯化钙、乙酸钠等组成，其中将常规的碳源葡萄糖替换为乙酸钠，这是因为葡萄糖也会影响抗生素的杀菌效率。采用这种由已知化学成分的营养物质组成的培养基，就可以研究特定营养物质的作用。因此，通过比较在M9培养基中是否添加谷氨酰胺对抗生素的杀菌效率的影响，可以理解抗生素耐药相关关键营养代谢物对抗生素杀菌效率的促进作用。

该方法是将细菌、谷氨酰胺、抗生素加入M9培养基中培养作为实验组，以相同条件下未加入谷氨酰胺作为对照组。同时以不具有逆转耐药性作用亮氨酸为对照。由于谷氨酰胺具有促进氨苄青霉素杀灭大肠杆菌的作用，氨苄青霉素也具有一定的杀菌作用，而其余对照组则对细菌无杀菌作用。因此，细菌的数量为谷氨酰胺与氨苄青霉素协同组<氨苄青霉素组<其余组。这些差别可以通过细菌菌数比色法或点板方法获得。

三、材料与用具

1. 菌株

大肠杆菌耐药菌。

2. 培养基

LB培养基、M9培养基。

3. 试剂

0.85%生理盐水、氨苄青霉素、组氨酸、L-谷氨酰胺、亮氨酸等。

4. 器具

试管、离心管（50ml、10ml）、移液枪及移液器吸头（10μl、200μl、1000μl和5ml）、方形板（图51-1）、超净工作台、离心机、离心管架、高压蒸汽灭菌锅、分光光度计、比色皿、37℃摇床和培养箱。

普通款　　　　网格款

图51-1　一次性方形细菌培养皿

四、内容与方法（图 51-2）

1）从平板上挑取细菌单克隆到含 5ml LB 的试管中，37℃，200r/min，培养 16h 至细菌浓度饱和。

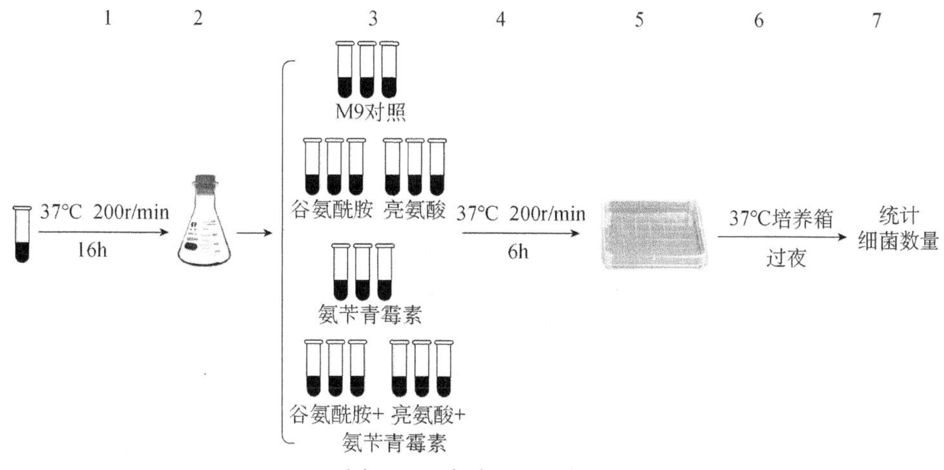

图 51-2　实验过程示意图

2）以 8000r/min 离心 5min 收集细菌，用无菌盐水冲洗 2 次后，加入含 10mmol/L 水乙酸盐、2mmol/L 硫酸镁、0.1mmol/L 氯化钙的 M9 培养基调菌液 OD_{600} 为 0.2，再稀释 100 倍，此时菌液浓度为 10^6 个/ml。

3）分装 4.5ml 到试管中。分为 4 组：M9 对照组；20mmol/L 氨基酸组；0.4mg/ml 氨苄青霉素组；20mmol/L 氨基酸+0.4mg/ml 氨苄青霉素组。3 个生物学重复。最终需保持每支试管总体积一致，不足部分加入 M9。

4）混匀后 37℃孵育 6h。

5）每支试管分别取 100μl 菌液利用生理盐水将菌液进行 10 倍梯度稀释，每个稀释度取 5μl 点到方形板上。

6）37℃培养箱过夜培养。

7）统计每个稀释度的细菌数。

8）计算细菌存活率（%），计算公式为：实验组细菌数/对照组细菌数 × 100%。并绘图。

五、实验结果

1. 统计不同稀释度细菌数量，并计算各种处理组的细菌浓度（表 51-1）。

表 51-1　实验结果统计表

不同稀释度		M9 对照			氨基酸组			氨苄青霉素组			氨基酸 +氨苄青霉素组		
谷氨酰胺													

续表

不同稀释度		M9 对照			氨基酸组			氨苄青霉素组			氨基酸+氨苄青霉素组		
细菌数（ml）													
亮氨酸													
细菌数（ml）													

2. 计算每种处理细菌的存活率，并用图表示。

六、思考题

1. 细菌的不同处理之间细菌数量有没有差异？请解释原因。

2. 加入氨基酸后，细菌对抗生素的敏感性与单加抗生素相比有差异，说明了什么？如果没有差异，说明什么？

3. 加入不同氨基酸后，细菌对抗生素的敏感性与单加抗生素相比有差异，说明了什么？如果没有差异，说明什么？

（李惠，彭博）

第九章
微生物诱变与细胞工程技术

实验五十二　大肠埃希菌持留菌制备

一、目的要求

1. 了解持留菌的概念和特征。
2. 学会持留菌的制备方法。

二、基本原理

持留菌（persister/persister cell）最初由 Bigger 于 1944 年在葡萄球菌的杀菌实验中发现，但长期以来持留菌的研究却以大肠埃希菌、铜绿假单胞菌及结核分枝杆菌为主。

持留菌是存在于细菌群体中的一部分表型变异亚群，可以耐受致死浓度抗菌药物的作用而存活下来。由于持留菌的存在，抗菌药物的杀菌曲线常呈现出双相性，即初期由于正常细菌的大量死亡曲线呈现出快速下降趋势，后期由于持留菌的存在，曲线呈现出比较平缓稳定的趋势。持留菌不具有遗传稳定性，当存活下来的持留菌被再次接种到新鲜培养基后，细菌中仍只有一小亚群为持留菌，而细菌对抗菌药物的最低抑菌浓度无变化。持留菌与生物被膜形成及其相关感染具有密切关系，也是难治性慢性感染的重要凶手，其在抗感染治疗中的重要地位逐渐被认可，甚至有学者认为细菌持留性在临床上的重要性并不亚于细菌抗菌药物耐药性。

Keren 等研究不同生长时期的大肠埃希菌在氧氟沙星处理后，形成持留菌的数量在对数生长期前或后并没有明显的改变，而在对数生长中期的数量急剧增加。同样的现象也在氧氟沙星形成的铜绿假单胞菌（*Pseudomonas aeruginosa*）和环丙沙星和青霉素形成的金黄色葡萄球菌（*Staphylococcus aureus*）中发现。这一现象说明持留菌明显与细菌生长时期有关，它们不是缺陷型细胞，也不是抗生素应激反应而形成的，它是细胞中持久幸存的一类亚细胞群。

诸多文献对持留菌的形成进行研究，但其应对抗生素的生理机制尚不清楚。在大肠杆菌的 TA 系统（toxin-antitoxin system，毒素-抗毒素系统）中，Maisonneuve 等发现持留菌可能与染色体上的 *hipBA* 基因编码一对毒素和抗毒素模式有关。Germain 研究揭示了 HipA（high persister A）编码蛋白导致的细菌耐药，当 HipA 磷酸化 GltX（glutamyl-tRNA synthetase X，谷氨酰 tRNA 合成酶）时，不带电荷的转运 RNA 就会堵塞核糖体随后刺激鸟苷五磷酸（p）ppGpp 的生成，这就是所谓的信号素，信号素的产生将会诱发一系列的级联反应，最终关闭细胞必要的代谢过程，比如 DNA 复制、转录等，最终使得细胞进入休眠状态，这样细胞就可以在 HipA 存在的情况下茁壮生长。这一研究为开发有效的抵御耐药细菌的新型疗法提供了思路和希望。持留菌抵抗抗生素的机制可能是通过调节其代谢过程，使细菌生长缓慢或处于休眠状态或形成类似生物膜形态，从而降低细菌对抗生素的敏感性。

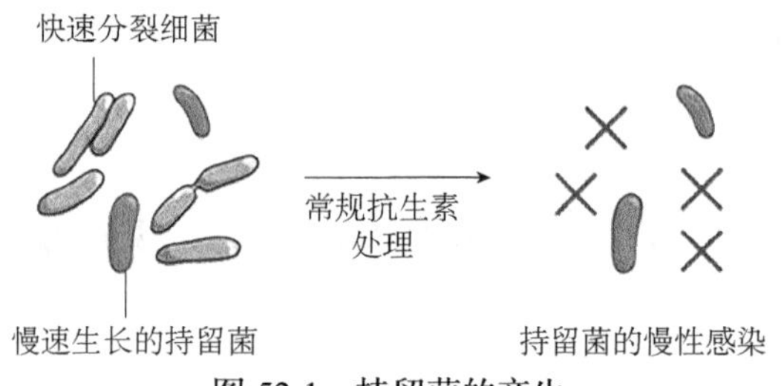

扫一扫看彩图

图 52-1　持留菌的产生

三、材料与用具

1. 菌株

大肠埃希菌 K12。

2. 培养基和试剂

LB 培养基、氧氟沙星溶液。

3. 器材

试管、离心机、摇床、分光光度计。

四、内容与方法

持留菌制备方法参考 Keren 等和 Allison 等的报道（Keren et al.，2004；Allison et al.，2011）。氧氟沙星剂量选择依据是能杀菌除持留菌外所有细菌的最低浓度，也就是即使增加氧氟沙星，细菌的生存率也不会进一步降低的最小氧氟沙星浓度。当随着时间的增加，细菌数没有明显变化的氧氟沙星浓度即为制备该细菌持留菌的最佳浓度；此浓度下获得的细菌就为持留菌。

持留菌的具体制备程序如下（图 52-2）：

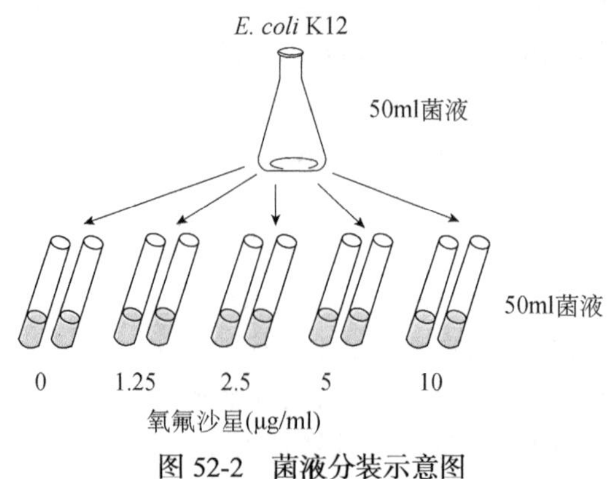

扫一扫看彩图

图 52-2　菌液分装示意图

1）挑取平板大肠埃希菌 K12 单克隆加入 50ml LB 培养液中过夜培养。

2）将过夜培养的菌液分装到试管中，每管 5ml。

3）在培养液中分别加 0、2.5μg/ml、5μg/ml 和 10μg/ml 氧氟沙星，每种抗生素浓度各 2 支试管。

4）继续在 37℃摇床中孵育 4h。

5）分别取 100μl 菌液进行初始计数（CFU/ml）：细菌计数采用 10 倍的倍比稀释，每个浓度取 10μl 滴在 LB 固体平板上，37℃倒置培养 18～24h。

五、思考题

1. 记录加入不同浓度氧氟沙星后细菌的生长情况（表 52-1）。

表 52-1　实验结果记录表

抗生素	氧氟沙星（μg/ml）			
	0	1.25	2.5	5
菌数				
菌数				
平均值				

2. 绘制细菌在加入不同浓度氧氟沙星后生长情况的柱状图。

3. 通过以上实验，大肠埃希菌形成持留菌的氧氟沙星浓度为多少？请说明是该浓度的原因？

4. 对本次实验结果进行评价。

（李惠，彭博）

实验五十三　紫外线对细菌的菌种诱变效应

一、目的要求

掌握紫外线对淀粉酶产生菌诱变效应及检出方法。

二、基本原理

基因突变可分为自发突变和诱发突变。许多物理因素、化学因素和生物因素对微生物都有诱变作用，这些能使突变率提高到自发突变水平以上的因素称为诱变剂。

紫外线是一种最常用有效的物理诱变因素，其主要作用是使细菌 DNA 链中两个相邻胸腺嘧啶形成二聚体，阻碍双链的解开和复制，从而引起微生物突变或死亡。紫外线的波长在 200～380nm，但对诱变最有效的波长仅仅是在 253～265nm，一般紫外灯所发射的紫外线大约有 80%是 254nm。紫外线诱变一般采用 15W 或 30W 紫外灯，照射距离为 20～30cm，照射时间依菌种而异，一般为 1～3min，死亡率控制在 50%～80%为宜。被照射处理的细胞，必须呈均匀分散的单细胞悬浮液状态，以利于均匀接触诱变剂，并可减少不纯种的出现。而对于细菌细胞的生理状态，要求培养至对数生长期为最好。

紫外线引起的DNA损伤，可由光复活酶的作用进行修复，因此，经诱变处理后的微生物菌种要避免长波紫外线和可见光的照射，用紫外线照射处理时以及处理后的操作应在红光下进行，处理后的微生物应置于暗处培养。

本实验以紫外线处理产淀粉酶的枯草芽孢杆菌，根据菌种诱变后在淀粉培养基上透明圈直径大小来指示诱变效应，一般来说，透明圈越大，淀粉酶活力越高。

三、材料与用具

1. 菌种

产淀粉酶的枯草芽孢杆菌。

2. 培养基

（1）营养肉汤培养基

牛肉膏5g、蛋白胨10g、NaCl 5g、蒸馏水1000ml，调pH7.2～7.4，121℃灭菌20min。

（2）淀粉培养基

可溶性淀粉2g、牛肉膏5g、NaCl 5g、蛋白胨10g、琼脂20g、蒸馏水1000ml，调pH至6.8～7.0，121℃灭菌20min。

3. 试剂

无菌水、75%乙醇溶液、0.5%碘液。

4. 器材

装有15W或30W紫外灯的超净工作台、磁力搅拌器（含转子）、低速离心机、培养皿、涂布棒、10ml离心管、移液管（1ml、5ml、10ml）、250ml三角瓶、恒温摇床、培养箱、直尺、棉签、橡皮手套、洗耳球、显微计数板等。

四、内容与方法

1. 菌体培养

取枯草芽孢杆菌一环接种于盛有20ml肉汤培养基的250ml三角瓶中，于37℃振荡培养12h，得到对数生长期的菌种。

2. 菌悬液的制备

取5ml菌液于10ml离心管中，以3000r/min离心10min，弃去上清液。加入无菌水9ml，振荡洗涤，离心10min，弃去上清液。再加入无菌水9ml，振荡均匀。用显微计数板在显微镜下直接计数，调整菌液浓度约为10^8个/ml。

3. 诱变处理

分别取制备好的菌悬液3ml置于四个6cm的无菌平皿里，置于磁力搅拌器上，于超净工作台紫外灯下（距离30cm）分别照射30s、60s、90s和120s。然后用无菌水将菌液稀释，选取10^{-4}、10^{-5}、10^{-6}三个稀释度，各取0.1ml诱变后的稀释菌悬液于选择培养基平板上，用无菌涂布棒涂匀，每个稀释度做三个平行样。另取一份未经紫外线诱变的菌液，稀释涂平板作为对照。以上操作均需在红灯下进行。

4. 培养及计数

所有样品一起置于37℃暗箱培养48h后进行菌落计数。参考对照平板，计算照射时间分别为30s、60s、90s和120s的致死率。

存活率=处理后每毫升活菌数/对照组每毫升活菌数×100%

致死率=100%−存活率

5. 观察诱变效应

在长出的菌落的周围滴加碘液，在菌落的周围将出现透明圈，观察并测定透明圈直径（*C*）和菌落直径（*H*），与对照平板进行比较，根据结果说明紫外线对细菌产淀粉酶诱变的效果，挑选*C*/*H*值最大者接入新鲜的牛肉膏蛋白胨斜面保藏，此斜面可做复筛用。

五、思考题

1. 分别计数诱变组和对照组平板上菌落数，并计算存活率和致死率，画出致死率曲线。

2. 观察并测定透明圈*C*/*H*值，与对照平板进行比较，分析本次实验紫外线对细菌产淀粉酶诱变的效果。

（宁曦）

实验五十四　Ames试验检测诱变剂与致癌物

一、目的要求

1. 了解Ames试验法检测致突变剂和致癌剂的基本原理。
2. 掌握Ames试验点试法的操作技术和评价方法。

二、基本原理

癌症是威胁人类生命最严重的疾病之一。如何迅速确证饮用水、食品添加剂和化妆品等的安全性仍是人类面临的难题之一。Ames教授于1975年建立的鼠伤寒沙门菌/哺乳动物微粒体试验（也称Ames试验）是目前公认的检测诱变剂与致癌剂的最灵敏与快速的常规检测法之一，其检测阳性结果和致癌物吻合率高达83%。

Ames试验法的基本原理是利用一系列鼠伤寒沙门菌（*Salmonella typhimurium*）的组氨酸营养缺陷型（his^-）菌株与被检测物接触后发生的回复突变来检测其致突变性和致癌性。由于这些菌株在不含组氨酸的基本培养基上不能生长，而在遇到致突变剂后常可使组氨酸营养缺陷型正变为原养型，因而在基本培养基上能正常生长，并形成肉眼可见的菌落，所以在短时间内即可根据回复突变率来判断被检物是否具有致突变或致癌性能。目前Ames试验的常规方法有点试法和平板掺入试验法两种，其中前者主要是一种定性试验，后者可定量测试样品致突变性的强弱。

本实验仅以点试法为例作介绍。

三、材料与用具

1. 菌种

鼠伤寒沙门菌（*Salmonella typhimurium*）TA98 菌株。

2. 培养基

（1）营养肉汤

牛肉膏 5g、蛋白胨 10g、NaCl 5g，pH 7.2，分装试管，每支 3ml，121℃、20min 灭菌。

（2）底层培养基

$MgSO_4 \cdot 7H_2O$ 0.2g、柠檬酸 2g、K_2HPO_4 10g、磷酸氢铵钠（$NaHNH_4PO_4 \cdot 4H_2O$）3.5g、葡萄糖 20g、琼脂粉 15g，pH 7.0，蒸馏水 1000ml，112℃灭菌 30min。

（3）上层半固体培养基

NaCl 0.5g、琼脂粉 0.6g、蒸馏水 100ml，将上述各组分混合加热溶解后再加入 10ml 的 0.5mmol/L *L*-组氨酸+0.5mmol/L *D*-生物素混合液，加热混匀后速分装试管，每管 3ml，121℃ 20min 灭菌。

3. 试剂

1）0.5mmol/L *L*-组氨酸+0.5mmol/L *D*-生物素混合液（1.22mg *D*-生物素、0.77mg *L*-组氨酸溶于 10ml 温热的蒸馏水中）。

2）无菌水。

4. 待检物

1）市售染发剂（稀释 10 倍）。

2）某些咸菜液（经细菌滤器过滤）或其他未知的可能致突变物溶液。

3）4-硝基-*O*-苯二胺液（4-NOPD，200μg/ml）。

5. 器材

恒温培养箱、摇床、水浴锅、培养皿、移液管（1ml、5ml）、试管、无菌滤纸圆片（直径 5mm）、镊子等。

四、内容与方法

1. 实验步骤

（1）菌悬液的制备

从 TA98 菌株斜面上挑取一环菌苔转接于一含有 3ml 营养肉汤液的试管中，将此试管置于 37℃摇床上振荡培养 10～12h，使菌悬液浓度达到约 1×10^9CFU/ml。

（2）倒底层平板

将试验用的底层培养基彻底熔化，冷至约 50℃后倒 8 块平板。

（3）熔化上层半固体培养基

将含有上层半固体培养基的试管置于沸水浴中彻底熔化，然后将上述试管置于 45℃水浴保温。

（4）加菌液和倒含菌的上层半固体培养基

用一支 1ml 移液管吸取上述制备的 TA98 菌株菌悬液，后在上述每支上层半固体培养基试管中加入 0.1ml 菌悬液，并用两个手掌搓匀，迅速倒在底层平板上，使它铺满底层（共重复 8 皿），平放，待凝。

（5）无菌滤纸圆片蘸取各样品液并置于平板表面

将镊子尖端蘸取乙醇并过火灭菌，而后用此镊子取无菌滤纸圆片并浸入含无菌水的小培养皿中，后将此圆片在皿壁轻碰一下（去除多余无菌水），最后将此圆片置于上述制备的平板中央，重复 2 皿作为阴性对照。然后按上述方法将无菌滤纸圆片分别蘸取染发剂液、咸菜液及 4-硝基-*O*-苯二胺液（阳性对照），并分别置于上述制备的平板中央（每个样品均重复 2 皿）。

（6）培养

将上述制备的 8 块平板置于 37℃恒温培养箱中，培养 48h。

2. 结果记录

1）肉眼观察上述各试验平板中鼠伤寒沙门菌 TA98 菌株生长情况。若在滤纸圆片周围长出一圈密集可见的回复突变菌落，可初步认为该待检物为致突变物。如没有或只有少数菌落出现，则为阴性。菌落密集圈外生长的散在大菌落是自发回复突变的结果，与待检物无关。此外，有时发现在纸片周围形成一透明圈，表明该待检物在一定浓度范围内具抑菌效应。

2）将上述观察的各试验结果记录于表中。

3）用照相机拍摄上述各试验平板中鼠伤寒沙门菌 TA98 菌株生长特征。

注意事项

1. 由于某些待检物的致突变性需要哺乳动物肝细胞中的羟化酶系统激活后才能显示，而原核生物的细胞内缺乏该酶系统，故在进行试验时需加入哺乳动物肝细胞内微粒体的酶作为体外活化系统（S-9 混合液），以此提高待检物阳性检测率的准确性。

2. 试验前，须对鼠伤寒沙门菌 TA98 菌株进行性状鉴定，以确保其为可靠的纯培养物。

3. 倒底层平板时，待熔化好的培养基应冷至 45～50℃，这样可减少平板表面的水膜或微滴，从而可防止上层培养基滑动。若能将倒好的底层平板预先在 37℃过夜，则效果会更好。

4. 倒上层半固体培养基时，动作要快，吸取、混匀和铺满底层需在 20s 内完成，否则培养基会凝固。

5. 本试验中常用菌株包括 TA98、TA100、TA1535、TA1537、TA1538 和 TA102 等。其中 TA100 和 TA1535 菌株能检测引起碱基置换的致突变剂，TA98、TA1537 和 TA1538 菌株则被用于检测移码突变的致突变剂，而 TA102 则是个新的菌株。一种阳性待检物对一菌株可表现出致突变性，而对另一菌株可表现出阴性结果。因此，在对待检物检测时，宜采用多个菌株进行试验，以便取得较可靠的结果。

6. 鼠伤寒沙门菌是一种条件致病菌，试验中所用过的器皿应放 5%苯酚溶液中或进行煮沸杀菌，培养基也应经煮沸后弃去。同时操作者也须注意个人安全防护，尽量减少接触污染物的机会。

五、思考题

1. Ames 试验的基本原理是什么?

2. 本试验操作过程中应注意哪些问题?

3. 对测试菌株的遗传性所进行的各项试验在试验前你认为应出现哪些结果？与试验后所得结果是否一致？请说明理由。

（曹理想）

实验五十五 细菌的原生质体融合

一、目的要求

1. 学习革兰氏阳性菌原生质体的制备和融合的基本操作技术。

2. 了解原生质体融合的基本原理和方法。

3. 筛选抗性标记互补的短杆菌融合子。

二、基本原理

微生物细胞融合要经历 4 个环节：①细胞壁消解；②原生质体融合；③细胞核重组；④原生质体细胞壁再生。通常用溶菌酶消除坚固的细菌细胞壁，用聚乙二醇促使原生质体融合，用高渗的加富培养基保障原生质体再生。在细胞融合的过程中，细胞核重组则是随机发生的，无法人为控制，这正是细胞融合育种的不足之处。

本实验的融合材料为革兰氏阳性菌短杆菌。显微镜下观察其菌体形态为短杆状，两端钝圆，常常“八”字形排列。这类菌种的细胞壁中的肽聚糖较厚，含有阿拉伯半乳聚糖和一层特殊的分支酸外膜，这些稀有的细胞壁组分会阻碍溶菌酶（lysozyme）的消化作用，使溶菌酶消化去壁效果不十分理想，为了提高溶菌效果，常用抑制细胞壁合成的甘氨酸或青霉素进行预处理，再用溶菌酶破壁。一种经济有效的方法是在菌体生长前期加入低浓度（< 1U/ml）的青霉素，使细胞壁合成受损，从而导致细胞壁结构松散。这种先经青霉素预处理再用溶菌酶脱壁的短杆菌原生质体制备，其成功率可达 95%以上。

由于缺乏细胞壁的保护，原生质体对外界的渗透压十分敏感，在低渗的物化环境中极易破裂，因此，制备好的原生质体必须始终保存在高渗溶液中，本实验的渗透压稳定剂为高浓度的蔗糖和丁二酸钠。细胞融合的助融剂通常用聚乙二醇（polyethyleneglycol），它的助融效果与使用浓度、操作条件及 PEG 分子聚合度有关。关于 PEG 的作用机制有多种解释，一般认为 PEG 具有的脱水作用和带负电的特性可使原生质体凝集在一起，PEG 能以分子桥的形式沟通相邻的质膜，使膜上蛋白质凝聚而产生无蛋白质的磷脂双层区，从而使得膜融合。除常用的 PEG 外，带正电的钙离子在碱性条件下与细胞膜表面分子相互作用，也有利于提高原生质体融合率。

细胞融合可以在两个以上的多细胞之间进行。细胞膜融合之后，还需经过细胞核重组、细胞壁再生等一系列过程才能形成具有生活能力的新型细胞株。细胞膜融合后的多个细胞核融合有两种可能：一是发生染色体DNA的交换重组，产生新的遗传特性，这是真正的融合；二是染色体DNA不发生重组，来自多细胞的几套染色体共存于一个细胞内，形成异核体，这是不稳定的融合。通过连续传代、分离、纯化可以区别这两类融合。应该指出，实际上即使是真正的重组融合子，在传代中也有可能发生自发分离，产生回复或新的遗传重组体。因此，必须经过多次分离纯化才能够获得稳定的融合细胞。

三、材料与用具

1. 菌种

黄色短杆菌（*Brevibacterium flavum*）。

诱变筛选抗性互补菌株：①利福平抗性链霉素敏感（$Rif^r Str^s$）菌株R102；②链霉素抗性利福平敏感（$Rif^s Str^r$）菌株S201。

2. 培养基

（1）营养肉汤培养基（NB）

蛋白胨10g、牛肉膏5g、酵母粉5g、NaCl 5g、葡萄糖2g，蒸馏水定容至1000ml，pH 7.2。固体NB中添加琼脂粉1.2%，半固体NB中添加琼脂0.6%。

配制NB液体100ml，固体700ml，半固体200ml。

（2）高渗培养基（RNB）

在上述固体NB中添加0.46mol/L蔗糖、0.02mol/L $MgCl_2$ 和1.5%聚乙烯吡咯烷酮（polyvinylpyrrolidone，PVP），简称RNB，供平板活菌计数和原生质体再生之用。

配制固体RNB 400ml，半固体RNB 100ml。

以上培养基用0.1MPa（121℃）灭菌15min。

3. 试剂

（1）原生质体稀释液（DF）

蔗糖0.25mol/L、丁二酸钠0.25mol/L、$MgSO_4 \cdot 7H_2O$ 0.01mol/L、乙二胺四乙酸（EDTA）0.001mol/L、$K_2HPO_4 \cdot 3H_2O$ 0.02mol/L、KH_2PO_4 0.11mol/L，pH 7.0。

重蒸水配制500ml。0.07MPa（110℃）灭菌15min。

（2）融合液（FF）

DF中再添加EDTA 5mmol/L，灭菌后使用。配100ml。

（3）钙离子溶液

1mol/L $CaCl_2$，用DF配制100ml，NaOH调pH至10.5。灭菌后使用。

（4）聚乙二醇（PEG）

用FF溶液将分子聚合度为6000的PEG配成40%（*m*/*V*）溶液。灭菌后使用。配20ml。

（5）溶菌酶

临用时，用无菌DF配制10mg/ml浓度，配1ml。

（6）青霉素G钾盐

重蒸水配制成500U/ml浓度，配5ml。抽滤除菌。

（7）利福平（Rif）生化试剂

重蒸水配制成 100μg/ml 浓度，配 5ml。抽滤除菌。

（8）链霉素（Str）

注射用硫酸链霉素无菌水配制成 1000μg/ml 浓度，配 5ml。

（9）无菌水

重蒸水高压灭菌后使用，配 500ml。

（10）高渗美蓝染色液

0.25g 美蓝溶解于 100ml 的 15%蔗糖溶液。

4. 器材

三角瓶（250ml）、培养皿、试管、移液管（10ml、5ml、1ml）、大口吸管、微量进样器、移液器、涂布棒、无菌牙签、水浴锅、摇床、显微镜、离心机、分光光度比色计、细菌过滤器、培养箱。

四、内容与方法

1. 菌体培养

（1）菌株活化与培养

从 R102 和 S201 两亲本菌株的甘油保存液中分别取 2μl，分别接种于 2ml NB 液体试管中，32℃振荡培养过夜（16h）。次日取 1ml 菌液接于 40ml NB 液体瓶中，32℃继续振荡培养。

（2）青霉素预处理

待上述摇瓶培养的菌体进入对数生长前期（A_{600} 约 0.3，培养时间约 3h）加入青霉素。由于每种菌株对青霉素的敏感度不同，需经过预实验确定加入适量青霉素。如果培养液中青霉素浓度过高会抑制菌体生长，过低则无效。本实验的 R102 菌株为 0.2U/ml，S201 菌株为 0.6U/ml。加入适量的青霉素后继续振荡培养 2h。

2. 原生质体制备

（1）收集菌体

经青霉素预处理的菌液离心，4000r/min，10min，去上清液，收集菌体，DF 悬浮，洗涤 1 次，搅散菌体，3ml DF 再悬浮。

（2）活菌计数

取菌悬液 50μl，用无菌水逐级稀释至 10^{-8}。取 10^{-8}、10^{-6} 和 10^{-4} 三个稀释度各 100μl 做 NB 平板活菌计数。此种平板生长菌数为加酶前的总菌数。

（3）溶菌酶处理

将溶菌酶（10mg/ml）加入菌悬液中，使酶的最终浓度为 1mg/ml。摇匀。置于水浴摇床上（30～40r/min）培养，32℃恒温。2h 后取 1ml 菌液于塑料小离心管中，0.1MPa 高压灭菌 30min，12 000r/min 冷冻离心 20min，适量无菌水洗涤、再离心 1 次。最后用 FF 200μl 悬浮后作为融合的细胞壁再生引物。剩余的 2ml 溶菌酶处理液用于制备原生质体。

（4）溶菌效果检测

取 1 环菌液，用高渗美蓝染色液染色，做成水封片在高倍显微镜下计算杆状与球形细胞之比例。球形的为原生质体，若占总细胞数的 70%以上，则表明菌体脱壁成功。如果达不到，则继续进行溶菌酶处理。

（5）原生质体制备率与再生率的计数

取上述溶菌酶处理的菌液 100μl，用 DF 稀释至 10^{-2}，然后分别用无菌水和高渗液（DF）进行一系列稀释，最高稀释度为 10^{-7}。

1）无菌水稀释样品取 10^{-7}、10^{-5} 和 10^{-3} 三个稀释度各 100μl 涂布于单层 NB 平板，用于计算原生质体的制备率。

2）高渗 DF 液稀释样品同样取 10^{-7}、10^{-5} 和 10^{-3} 三个稀释度各 100μl，与上层半固体 RNB 混匀制成 RNB 双层平板，用于计算原生质体再生率。

（6）洗净溶菌酶

溶菌酶和青霉素会严重影响原生质体细胞壁的再生，因此在融合之前必须除净。首先 4000r/min 离心 10min 弃上清液，留下的沉淀物用 DF 洗涤 2 次，最后用 FF 悬浮至原体积（约 2ml）。原生质体极易受机械损伤和破裂，操作过程中应避免剧烈搅拌，在洗涤和悬浮时可用接种针缓慢搅动，不可用旋涡振荡器剧烈振动。

3. 原生质体融合

（1）两亲本混合

在混合之前，应根据显微镜镜检结果，调整两亲本的原生质体浓度，使原生质体浓度为 10^{10} 个/ml 左右。在两亲本原生质体样品混合之前，各取 500μl，分别置于 2 支无菌离心管中，作为不融合的对照试验样品，其操作与融合操作同步进行，剩余的两种原生质体等菌量混合于 1 支离心管中，作为细胞融合样品。

（2）PEG-钙离子处理

40%的 PEG 首先与 1mol/L $CaCl_2$ 按 9∶1 混合，然后将此混合液以 9 倍体积与原生质体样品混合均匀。冰浴 5min。加入 3 倍体积的预冷（冰浴）FF 液进行稀释，4000r/min 离心 10min，去除上清液（PEG），收集沉淀物。最后用 FF 液 2ml 悬浮。

4. 融合细胞再生

（1）再生平板底层制作

固体 RNB 加热熔化。冷至 60℃左右，加入利福平（终浓度为 15μg/ml）和链霉素（终浓度为 50μg/ml）。充分摇匀。倒入无菌培养皿中，每皿 10ml，共 10 皿。水平放置，凝固后即为融合细胞再生平板的底层。

（2）融合样品与半固体培养基混匀，制作上层平板

半固体 RNB 加热熔化之后，加入与底层培养基浓度相同的利福平和链霉素，充分摇匀，置于 42℃水浴中保温备用。与此同时，将上述“2.原生质体制备”（3）步骤中自制的细胞壁再生引物 200μl 加入细胞融合液中，混合均匀，37℃水浴中放置 10min。然后，取融合液 50μl、100μl、200μl 和 500μl 4 种体积，各 2 个样品，共计 4×2 =8 个样品，将它们分别与 5ml 半固体 RNB 混合于无菌试管中，搓匀，迅速倒入铺有底层的平板中，铺匀。完全凝固后，32℃温箱培养。

注意：应做不混合的亲本原生质体各 1 皿，作为两株亲本的不融合的对照平板。

（3）细胞壁再生与融合子培养

上述融合之后的 RNB 再生平板置于 32℃恒温培养 2～4d。第二天后开始观察，记录

每皿的单菌落生长数。由于两株融合亲本各自只有一种抗性选择标记，它们只能通过细胞融合才能在 RNB 双抗（Rif^r，Str^r）培养基上生长。没有融合的亲本不能在双抗平板上生长。

5. 融合子鉴定

双抗菌落的点种培养与遗传稳定性分析：用无菌牙签随机挑取 100 个双抗平板上生长的单菌落，同时点种于 NB 平板和双抗（Rif^r，Str^r）NB 平板，32℃恒温培养 2d 后，观察并记录牙签点种的菌落生长情况，在两种平板上同时生长的为融合子，在 NB 平板生长而双抗平板上不生长的为不稳定的融合子或异核体分化的菌落。

6. 结果记录

1）显微镜观察短杆菌菌体和原生质体形态，显微摄影或手工绘制它们的形态图。

2）记录。

a. 溶菌酶处理前的平板活菌计数结果。

b. 溶菌酶处理后的平板活菌计数结果。

c. 融合子双抗平板菌落计数结果。

d. 融合子分离纯化的点种平板菌落生长情况。

3）根据实验计数结果按照下列公式计算原生质体的制备率、再生率和融合率。

$$原生质体制备率=\frac{加酶前总菌落数-加酶后低渗平板菌落数}{加酶前总菌落数}\times100\%$$

$$原生质体再生率=\frac{加酶后高渗菌落数-加酶后低渗菌落数}{加酶前总菌落数-加酶后低渗菌落数}\times100\%$$

$$原生质体融合率=\frac{双抗平板菌落数}{加酶后高渗菌落数-加酶后低渗菌落数}\times100\%$$

注意事项

原生质体失去了细胞壁的保护，因而极易受损伤。培养基中的渗透压、温度和 pH，以及操作时的激烈搅拌都会影响原生质的存活率和融合效果。因此，实验的操作应尽量温和，尤其要避免过高的温度，避免使用高速旋涡振荡器打散菌体和原生质体。

五、思考题

1. 显微镜镜检观察的原生质体数和平板活菌计数的结果是否一致？试分析原因。
2. 为什么要用高渗溶液来制备原生质体？
3. 哪些因素影响原生质体再生？如何提高再生率？

附：数字化教程视频

超纯水系统使用及注意事项

超纯水系统使用及注意事项

（曹理想）

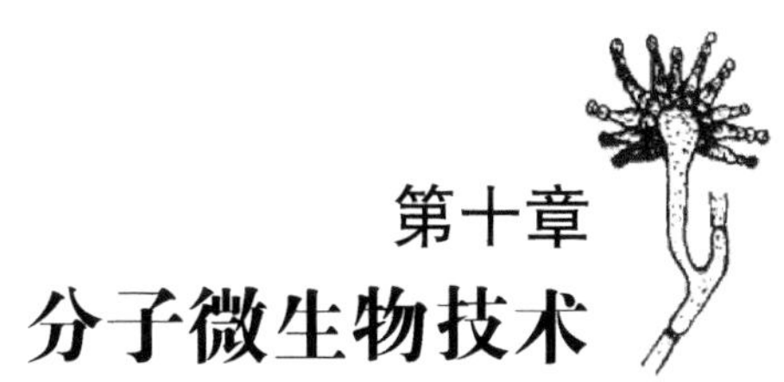

第十章 分子微生物技术

实验五十六　细菌 DNA 的制备提取

一、目的要求

了解并掌握 CTAB 法提取细菌总 DNA 的原理和方法。

二、基本原理

细菌基因组 DNA 通常为大的环状 DNA，从细菌中制备 DNA 大体包括细菌细胞的裂解和 DNA 的纯化两大步骤。裂解是为破坏细菌的细胞结构，从而使细胞中的 DNA 释放到裂解体系中；纯化则是利用化学或酶学方法去除样品中的蛋白质、RNA、多糖等大分子以及其他杂质。

从细菌中制备 DNA 的方法很多，常用的小规模制备法有快速微量提取法、CTAB 法等。CTAB 法制备细菌 DNA 的基本原理是：用表面活性剂十二烷基硫酸钠（SDS）使细菌细胞破裂，然后通过 CTAB/NaCl 结合酚/氯仿抽提在溶液中充分释放出 DNA 并去掉蛋白质和多糖等杂质，最后经异丙醇或乙醇沉淀，以及 70%乙醇清洗沉淀，得到较纯的总 DNA。其中，SDS 的主要功能是：①溶解细胞膜上的脂类和蛋白质，使细胞膜破裂；②解聚细胞中的核蛋白；③与蛋白质结合，使蛋白质变性而沉淀下来。十六烷基三甲基溴化铵（CTAB）是一种去污剂，可与核酸结合形成复合物。在高盐浓度的溶液中，CTAB 与核酸的复合物可溶且稳定存在，同时，CTAB 还可与蛋白质和多聚糖形成复合物；而当盐浓度降低时，CTAB 与核酸的复合物从溶液中沉淀出来，而大部分蛋白质和多糖仍溶于溶液中。

三、材料与用具

1. 菌种

大肠杆菌（*E. coli*）。

2. 培养基

LB 液体培养基。

3. 试剂

1）TE 缓冲液：10mmol/L Tris-HCl，pH7.4、pH7.5 或 pH8.0，1mmol/L EDTA，pH8.0。

2）CATB/NaCl 溶液（10% CTAB/0.7mol/L NaCl）：将 4.1 g NaCl 溶于 80ml H_2O 中，而

后缓慢加入 10g CTAB，加热并搅拌，使其溶解（如果需要，可加热至 65℃溶解）。定容终体积至 100ml。

3）10%（*m*/*V*）SDS、20mg/ml 蛋白酶 K、5mol/L NaCl、3 mol/L 乙酸钠（pH 5.2）、氯仿、异戊醇、平衡酚、异内醇、70%（*V*/*V*）乙醇。

4. 器材

微量移液器、1.5ml 的离心管、微量离心机。

四、内容与方法

1）菌体培养：接种供试菌于 LB 液体培养基，于 37℃振荡培养 16～18h，获得足够的菌体。

2）菌体收集：取 1.5ml 培养液于 1.5ml 离心管中，12 000r/min 离心 30s，弃上清，收集菌体（注意吸干多余的水分）。

3）裂解：向每管沉淀物加入 567μl 的 TE 缓冲液，用吸管反复吹打使之重悬。加入 30μl 10%的 SDS 和 3μl 20 mg/ml 的蛋白酶 K，充分混匀，于 37℃温育 1h。

4）向每管加入 100μl 5mol/L 的 NaCl 溶液，充分混匀后，加入 80μl CTAB/NaCl 溶液，混匀，于 65℃温育 10min。

5）加入等体积 25∶24∶1 的酚/氯仿/异戊醇，盖紧管盖，轻柔地反复颠倒离心管以充分混匀。离心 5 min，将上层水相转移至一个新离心管中。

6）加入等体积 24∶1 的氯仿/异戊醇，充分抽提。离心 5 min，将上层水相转移至一个新离心管中。

7）加入 1/10 体积的乙酸钠溶液，混匀；再加入 0.6 体积异丙醇，轻轻混合直到白色纤维状 DNA 沉淀形成，12 000r/min 离心 5min，弃上清液。

8）沉淀用 1ml 的 70%乙醇洗涤后，离心弃乙醇，在洁净工作台中稍加干燥，重溶于 100μl TE 缓冲液中，−20℃冰箱放置备用。

注意事项

1. 在抽提过程中，为避免机械剪切力切断 DNA，要尽可能地温和操作，减少切断 DNA 分子的可能性。

2. 离心时，将离心管的塑料柄朝外，离心结束后，DNA 沉淀在塑料柄一侧的底部，便于后续操作。

3. 裂解前要将细胞充分打散、悬浮，以便裂解彻底。分子热运动会减少所抽提到的 DNA 分子量，因此在 4℃条件下操作最好。

五、思考题

1. 细菌 DNA 抽提过程中，哪些步骤是为了去除蛋白质？
2. SDS 在抽提 DNA 过程中起到哪些作用？
3. 怎样操作才能得到尽可能完整的 DNA？

（袁美妗）

实验五十七　细菌质粒 DNA 的制备

一、目的要求

1. 了解质粒的特性及其在分子生物学研究中的作用。
2. 掌握碱裂解法制备质粒 DNA 的原理。
3. 学习小规模制备质粒 DNA 的技术。

二、基本原理

质粒是染色体外的能够进行自主复制的遗传单位，其大小范围在 1kb 至 200kb 不等。大多数来自细菌的质粒是共价闭合的环状双链 DNA，以超螺旋形式存在。质粒载体是在天然质粒的基础上为适应实验室操作而进行人工构建的。与天然质粒相比，质粒载体通常带有一个或一个以上的选择性标记基因（如抗生素抗性基因）和一个人工合成的含有多个限制性内切酶识别位点的多克隆位点序列，并去掉了大部分非必需序列，使分子量尽可能减少，以便于基因工程操作。常用的质粒载体大小一般在 1kb 至 10kb 之间。经过改造的基因工程质粒是携带外源基因进入细菌中扩增或表达的重要媒介，这种基因的运载工具在基因工程中具有极广泛的用途，而质粒的分离与提取则是基因工程最常用、最基本的实验技术。

从细菌中分离质粒 DNA 的方法有多种，包括碱裂解法、煮沸裂解法、牙签法、SDS 裂解法、聚乙二醇沉淀法、层析法等，每种方法都包括 3 个基本步骤：培养细菌使质粒扩增；收集和裂解细胞；分离和纯化质粒 DNA。在实际操作中可以根据宿主菌株的类型、质粒分子大小、碱基组成和结构等特点以及质粒 DNA 的用途选择不同的方法。

碱裂解法是基于质粒 DNA 与染色体 DNA 的变性与复性的差异而达到分离的目的。采用强碱液可以破坏菌体细胞壁，强阴离子洗涤剂十二烷基硫酸钠（SDS）可使细胞膜裂解。将细菌悬浮液暴露于高 pH 的 SDS 中，会使细胞壁破裂，同时由于细菌染色体 DNA 比质粒大得多，易受机械力和核酸酶等的作用而被切断成为不同大小的线性片段。强碱处理可破坏碱基配对，故可使细菌的线性染色体 DNA 变性，而质粒的共价闭合环状 DNA（covalently closed circular DNA，cccDNA）的两条链由于处于拓扑缠绕状态而不能彼此分开。当外界条件恢复正常时，线状染色体 DNA 片段难以复性，而是与变性的蛋白质和细胞碎片缠绕在一起形成复合物，而质粒 DNA 双链迅速得到准确配对，重新形成天然的超螺旋分子，并以溶解状态存在于溶液中。通过离心，染色体 DNA 与不稳定的大分子 RNA、蛋白质-SDS 复合物等一起沉淀下来而被除去，用酚-氯仿抽提纯化上清液中的质粒 DNA，然后用乙醇或异丙醇将溶于上清液中的质粒 DNA 沉淀下来。

在细菌细胞内，共价闭环质粒以超螺旋形式存在。在提取质粒过程中，由于机械剪切等原因，除了超螺旋 DNA 外，还会产生其他形式的质粒 DNA。如果质粒 DNA 两条链中有一条链发生一处或多处断裂，分子就能旋转而消除链的张力，形成松弛型的环状分子，称开环 DNA（open circular DNA，ocDNA）；如果质粒 DNA 的两条链在同一处断裂，则形成线状 DNA（linear DNA）。当用提取的质粒 DNA 进行电泳时，同一质粒 DNA 其超螺旋形式的泳动速度要比开环和线状分子的泳动速度快。

三、材料与用具

1. 菌种

含有 pUC18 质粒的大肠杆菌 DH5α 菌株。

2. 培养基

LB 液体培养基（配制每升培养基，应在 950ml 水中加入胰蛋白胨）。

3. 试剂

溶液Ⅰ（悬浮液）：50mmol/L 葡萄糖、10mmol/L EDTA（pH8.0）、25mmol/L Tris-HCl（pH8.0）。

溶液Ⅱ（裂解液）：0.2mol/L NaOH、1%（*m*/*V*）SDS，使用之前以 2mol/L NaOH 及 10% SDS 新鲜配制。

溶液Ⅲ（中和液）：60ml 5mol/L 乙酸钾、11.5ml 冰醋酸、28.5ml H_2O。

100mg/ml 氨苄青霉素贮存液：以无菌双蒸水配成 100mg/ml，经过 0.22μm 滤膜过滤除菌后分装，−20℃保存。使用时每毫升培养基加入 1μl，终浓度为 100μg/ml。

酚/氯仿（1∶1，*V*/*V*）、95%乙醇和 70%（*V*/*V*）乙醇、TE 缓冲液（pH 8.0，含 20μg/ml RNase A）。

4. 器材

试管、微量移液器、1.5ml 的离心管、微量离心机。

四、内容与方法

（1）细胞的制备

1）菌体培养：挑取转化后的单菌落，接种到 2ml 含有抗生素的 LB 液体培养基中，于 37℃剧烈振荡下培养过夜。

2）向每个微量离心管中加入 1.5ml 菌液，12 000r/min 离心 1min，弃上清，收集菌体（尽可能吸干培养液）。

（2）细胞的裂解

1）将细菌重悬于 100μl 用冰预冷的溶液Ⅰ中，剧烈振荡混匀。

2）加入 200μl 新配制的溶液Ⅱ，盖紧管口，快速颠倒离心管 5 次，以混合内容物，切勿振荡！冰浴 5min。

3）加入 150μl 冰预冷的溶液Ⅲ，盖紧管口，反复颠倒数次，使溶液Ⅲ在黏稠的细菌裂解物中分散均匀，冰浴 3～5min。

4）12 000r/min 离心 5min，将上清转移到另一干净的离心管中。

5）加入等体积酚/氯仿，振荡混合有机相和水相。

6）12 000r/min 离心 3min，将上清转移到另一干净的离心管中。

（3）质粒DNA的回收

1）加入 2.5 倍体积的 95%冰乙醇，振荡混匀，室温放置 2min。

2）12 000r/min 离心 5min，收集沉淀的核酸。

3）小心吸去上清液，将离心管倒置于纸巾上，以使所有液体流出排干。

4）加入 1ml 70%的冰乙醇，盖紧盖子并颠倒数次。

5）12 000r/min 离心 2min，按上述方法吸尽上清。

6）将开口的离心管置于洁净工作台中使酒精挥发，直至试管中没有可见的液体存在为止（5～10min）。

7）用 50μl 含有去 DNA 酶的 RNase A 的 TE 溶液重新溶解核酸，温和振荡几秒钟，−20℃保存备用。

注意事项

1. 碱裂解法是比较剧烈的提取方法，质粒在碱性条件下变性时间过长，容易导致 DNA 的不可逆变性。若要降低不可逆的变性，就要控制好碱裂解的时间，一般加入溶液Ⅱ后，混匀，待体系变清澈，就可以加入溶液Ⅲ进行中和。

2. 溶液Ⅱ的主要成分是 NaOH 和 SDS，其重要功能是裂解细胞，NaOH 容易与空气中的二氧化碳发生反应生成碳酸氢钠，使碱性降低，影响使用效果，因此要现配现用。

3. 在中和后的离心去除蛋白质这一步，一定要将蛋白质彻底离心下去。如果发现离心后仍然有蛋白质漂浮在液面，继续离心的效果并不好，应该将上清倒入另外一个离心管中，再离心。

五、思考题

1. 细菌质粒 DNA 抽提过程中，如何去除染色体 DNA，为什么？

2. 碱裂解法提取质粒，溶液Ⅰ、Ⅱ、Ⅲ的功能分别是什么？简要叙述分别加入上述溶液后体系出现的现象及成因。

3. 加入溶液Ⅱ进行混匀的步骤为什么不能振荡？

（袁美妗）

实验五十八　DNA 的琼脂糖凝胶电泳

一、目的要求

1. 了解琼脂糖凝胶电泳的原理和使用范围。

2. 掌握琼脂糖凝胶电泳分离 DNA 的技术。

二、基本原理

琼脂糖凝胶电泳是用琼脂糖作支持介质的一种电泳方法。琼脂糖是从海藻中提取出来的一种杂聚多糖，是由 *D* 型和 *L* 型半乳糖以 α（1→3）和 β（1→4）糖苷键相连形成的线状聚合物。琼脂糖凝胶可以构成一个直径从 50nm 到略大于 200nm 的三维筛孔的通道，琼脂糖凝胶的这种网络结构使物质分子通过时受到阻力，大分子物质在泳动时受到的阻力大，因此在凝胶电泳中，带电颗粒的分离不仅取决于净电荷的性质和数量，而且还取决于分子大小，因此它兼有“分子筛”和“电泳”的双重作用，大大提高了分辨能力。

DNA 会根据 pH 不同带有不同电荷。在碱性条件下（pH 8.0 的缓冲液）DNA 带负电荷，在电场中通过凝胶介质向正极移动，由于糖–磷酸骨架在结构上的重复性质，相同数量的双链 DNA 几乎具有等量的净电荷，因此它们能以同样的速率向正极方向移动。

DNA 在琼脂糖凝胶中的迁移率受多种因素影响，例如，DNA 分子的大小、构象、琼脂糖的浓度、所加电压等。DNA 片段越长，泳动速度越慢，并且泳动速度与电场强度成正比。一个给定大小的线性 DNA 片段，在不同浓度的琼脂糖凝胶中迁移率不同，DNA 电泳迁移率的对数与凝胶浓度呈线性关系。

琼脂糖凝胶电泳是分离、鉴定和纯化 DNA 片段最为常用的方法之一，这种方法操作简单而迅速，并且能分离用其他方法如密度梯度离心等不能满意分离的 DNA 片段。

琼脂糖凝胶电泳具有如下优点：琼脂糖可以灌制成各种形状、大小和孔径，在不同的装置中进行电泳；琼脂糖凝胶电泳的分离范围大，可以分离 50bp 到百万 bp 长的 DNA；如果实验有需要，可以从凝胶中回收 DNA 谱带。

溴化乙锭（EB）含有一个平面的三环菲啶环，可以嵌入 DNA 堆积碱基之间，在紫外线照射下激发荧光，可以直接检测到 DNA 条带。EB 染色可检测到少至 10ng 的双链 DNA。

三、材料与用具

1. 实验质粒

抽提的 pUC18 质粒，经 *Eco*R Ⅰ 或 *Hin*dⅢ等单切点限制性内切酶切割成线状。

2. 试剂

琼脂糖、溴化乙锭（即 EB，贮存浓度 10mg/ml，使用浓度 0.5μg/ml）、1×TAE、λDNA *Hin*d Ⅲ Marker、5×加样缓冲液。

3. 器材

电泳仪、电泳槽、微量移液器等。

四、内容与方法

（1）安装制胶板

将有机玻璃的制胶板洗净、晾干，用胶带将两端的开口封好，放在水平的工作台上，插上样品梳，调节梳子与底板间的距离 0.5～1mm。

（2）琼脂糖凝胶的制备

根据所需浓度称取一定量的琼脂糖，加入 100ml 1×TAE 电泳缓冲液，微波炉加热或热水浴使琼脂糖完全溶解，取出摇匀。

（3）灌胶

将冷却到 60℃的琼脂糖溶液轻轻倒入制胶板，待琼脂糖胶凝固后，加少量电泳缓冲液到凝胶顶部，小心拔出梳子。轻轻撕去封边胶带，将制胶板连同胶一起放入电泳槽，向电泳槽内加入 1×TAE 电泳缓冲液，高度以没过凝胶 1mm 为宜。

（4）加样

将 DNA 样品与 5×加样缓冲液按 4∶1 混匀后，用微量移液器将混合液缓慢加到加样孔内，分子量标准一般加到样品孔的左侧孔内。记录样品的点样次序和加样量。

（5）电泳

关上电泳槽盖，接好电极插头，点样孔一端接负极（黑色插头），另一端接正极（红色插头），打开电源，调电压至 1～5V/cm，此时可观察到负极和正极由于电解作用而产生气泡，并且几分钟内溴酚蓝从加样孔迁移到胶体内。电泳 1～3h，当溴酚蓝迁移到距凝胶前沿 1～2cm 时，关上电源，拔出电极插头，停止电泳。

（6）染色和观察

取出凝胶，放在含有溴化乙锭的染色液中染色 30min，即可在波长为 300nm 的紫外灯下观察，有橙红色荧光条带的位置，即为 DNA 条带；或在紫外灯下照相记录电泳图谱，根据分子量标准的位置来估测 pUC18 质粒的大小。

注意事项

1. 制胶台两侧的胶带要封好，避免凝胶渗漏。
2. 取出梳子之前，一定要耐心等待琼脂糖凝胶凝固。
3. 点样要细心，点样枪头不要伸到点样孔底，以免刺破凝胶，同时样品要缓慢加入，以免样品漂出。
4. 电泳时，电极一定要连接正确。
5. 根据 DNA 的大小决定取琼脂糖凝胶的浓度，1～20kb 大小的 DNA 用 1%的凝胶，20～100kb 的 DNA 用 0.5%的凝胶，200～1000bp 的 DNA 用 1.5%的凝胶。
6. 正确的 DNA 上样量是条带清晰的保证：太多的 DNA 上样量可能导致 DNA 带型模糊，太少的 DNA 上样量则导致带信号弱甚至检测不到。
7. 染色剂溴化乙锭是强诱变剂，有毒性，与该溶液接触时必须戴一次性手套，使用后的废液不可随意丢弃。
8. 紫外线对人体，尤其是眼睛有危害性。为减少紫外线照射，必须确保紫外线光源受到遮蔽。

五、思考题

1. 在琼脂糖凝胶电泳中，影响 DNA 迁移率的因素主要有哪些？
2. 琼脂糖凝胶电泳有哪些优点？
3. 琼脂糖凝胶电泳没有检测到目的 DNA 条带的可能原因有哪些？

（袁美妗）

实验五十九　PCR 技术

一、目的要求

1. 了解 PCR 技术的原理和使用范围。
2. 掌握 PCR 技术的基本方法。

二、基本原理

聚合酶链式反应（polymerase chain reaction，PCR）是一项体外合成放大 DNA 的技术，这种体外扩增核酸的设想最早由 Khorana 等提出，1983 年 Kary Mullis 将此设想付诸实践，成功扩增到 DNA 片段，并因此贡献而获得了 1993 年度诺贝尔化学奖。PCR 具有敏感度高、特异性强、产率高、重复性好以及快速简便等优点，迅速成为分子生物学研究中应用最为广泛的方法之一，与分子克隆以及 DNA 序列分析一起构成了整个现代分子生物学的实验工作的基础。PCR 在临床诊断、遗传学、法医学、分子生物学、DNA 测序以及基因治疗等方面都有广泛的应用。

PCR 的工作原理是在耐热 DNA 聚合酶的催化下，以拟扩增 DNA 为模板，以特定一对分别与模板 5′末端和 3′末端互补的寡核苷酸片段（引物）作为延伸起点，按照半保留复制的机制沿着模板链延伸，体外复制出与母链模板 DNA 互补的子链 DNA（图 59-1）。

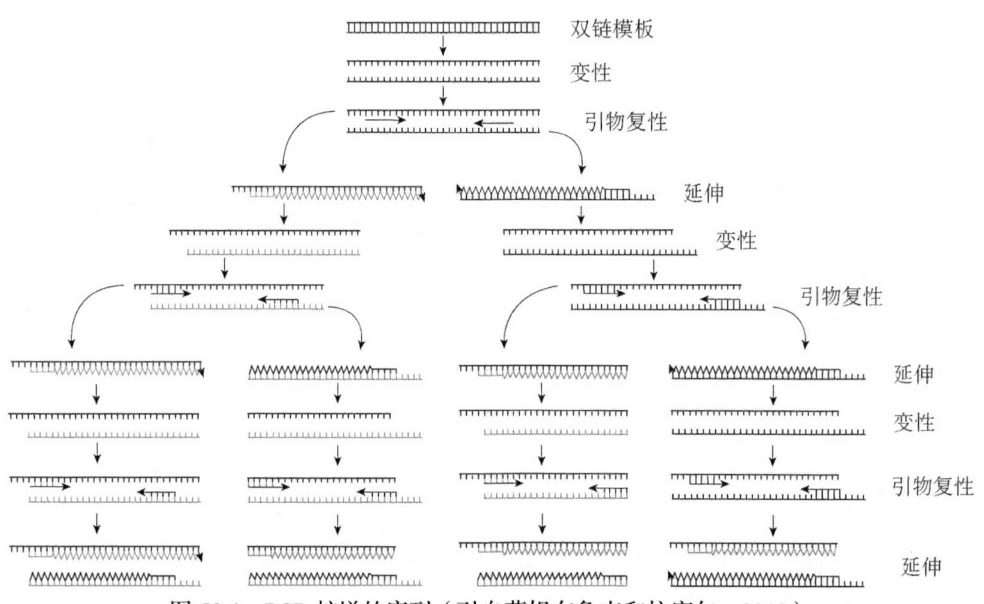

图 59-1　PCR 扩增的序列（引自萨姆布鲁克和拉塞尔，2002）

示意图显示 PCR 几个初始循环的步骤。

初始模板（顶行）为双链 DNA，左、右侧寡核苷酸引物分别以→和←表示。头几轮扩增反应的产物的长度是不均一的，然而，两条引物之间的区段会优先得到扩增，因此迅速成为扩增反应的主要产物。

PCR 反应体系包含 7 种基本成分。

1）模板 DNA。

2）用于催化模板依赖的 DNA 合成的耐热 DNA 聚合酶，常用的为 *Taq* DNA 聚合酶。

3）一对用于引导 DNA 合成的寡核苷酸引物，每条引物的长度通常为 20～30 个核苷酸，引物是决定 PCR 扩增反应的效率和特异性的最关键因素。

4）二价阳离子，用于激活 DNA 聚合酶的活性，通常用 Mg^{2+}。

5）脱氧核苷三磷酸（dNTP），标准体系包含等物质的量浓度的dATP、dTTP、dCTP和dGTP。

6）用于维持pH稳定的缓冲液。

7）一价阳离子，标准的PCR缓冲液中含有KCl。

PCR是一种级联式反复循环的DNA合成反应，一般由三个步骤组成。

1）变性：将反应体系加热到一定温度使模板DNA双链完全解开成为单链，同时使引物自身以及引物之间存在的局部双链也得以打开。变性温度由模板DNA的G+C含量决定，含量越高，变性所需温度也越高。对于G+C含量低于55%的线性模板的常规PCR所推荐的变性条件是94～95℃变性45s。

2）退火：即引物和模板的复性。将温度下降至适宜温度使引物与模板DNA退火结合，退火温度取决于引物的长度、碱基组成以及浓度，退火温度影响PCR扩增的特异性。通常选择的退火温度为40～60℃。

3）延伸：即以dNTP为底物催化寡核苷酸引物的延伸，通常在耐热DNA聚合酶催化DNA合成的最适温度下进行，对*Taq* DNA聚合酶来说最适温度一般为72～78℃，通常选择72℃。

经过以上三个步骤新合成的DNA分子又可作为下一轮合成的模板，经多次循环（25～30次），可将待扩增目的基因放大几百万倍。

三、材料与用具

1. 实验对象

特定的双链DNA（模板）。

2. 试剂

引物、*Taq* DNA聚合酶、10×PCR缓冲液、20mmol/L dNTP储存液、双蒸水、矿物油。

以上试剂中除引物为根据模板自行设计并送公司合成外，其他试剂均为商品化产品。

3. 器材

PCR反应管、微量移液器、离心机、PCR仪。

四、内容与方法

1）按照以下次序（表59-1），将各所需成分分别加入0.5ml PCR反应管中，混匀后，离心15s使反应成分集中于管底。

如果PCR仪没有配置加热盖，在反应混合液的上层加一滴轻矿物油或石蜡油（约50μl），防止样品在PCR反应多个循环过程中蒸发。

表59-1　PCR反应体系

试剂	体积（μl）
10×PCR缓冲液	5

续表

试剂	体积（μl）
20mmol/L dNTP	1
20μmol/L 正向引物	2.5
20μmol/L 反向引物	2.5
Taq DNA 聚合酶	1
H_2O	33
模板 DNA	5
总体积	50

2）根据具体的实验要求，在 PCR 仪上设置一定的循环参数，将离心管放置到 PCR 仪中进行循环扩增。参考的 PCR 反应条件为：

94℃，5min（预变性）；

94℃，45s，55℃，45s，72℃，1min（30 个循环）；

72℃，10min（充分延伸）。

3）反应结束后，取出反应管，贮存在−20℃中。

4）结果检测：抽取每种扩增样品 5μl，用琼脂糖凝胶电泳分析扩增结果，用 DNA Marker 判断扩增片段的大小。如需知道扩增的忠实性，可将反应产物送到公司测序。一次成功的扩增反应应该得到与预期大小相符的 DNA 片段。

注意事项

1. PCR 反应可能由于试剂或反应体系的原因而扩增不到目的产物，导致假阴性的出现，因此每组 PCR 都应该以已知能扩增出产物的模板 DNA 和引物作为阳性对照；此外，为了排除污染的可能性，还应该设立阴性对照，阴性对照除了以灭菌水替代模板 DNA 以外，其余的操作与待扩增样品相同。

2. 为了尽量降低污染的风险，需注意如下几个方面。

1）制好的 PCR 反应试剂分成小包装储存，尽量做到每个包装仅用于单次实验。

2）制备样品、配制试剂以及反应液时必须戴手套。

3）实验前一定要认真清洁加样器等。

五、思考题

1. 画出 PCR 扩增结果的琼脂糖凝胶电泳图，并注明相关泳道的样品名称。
2. 如果阴性对照在产物的对应位置也出现条带，说明什么问题？分析可能的原因。
3. 思考影响 PCR 扩增特异性的因素包括哪些？

附：数字化教程视频

PCR 仪的操作

PCR 仪的操作

（袁美妗）

实验六十　细菌的接合作用

一、目的要求

1. 了解细菌接合导致遗传重组的基本原理。
2. 掌握细菌接合实验的基本方法。

二、基本原理

细菌接合是指供体菌与受体菌的完整细胞在直接接触时供体菌的 DNA 向受体菌单向传递而导致基因重组的现象。

大肠杆菌的接合配对是由致育因子（F 因子）的存在所决定的。没有 F 因子的细胞作为受体，称为 F^-。含有 F 因子的作为供体，如果 F 因子是染色体外的细胞质遗传物质，这种细胞称为 F^+。F 因子整合在染色体上的细菌称为高频重组（high frequency recombination，Hfr）细菌。F^+细菌与 F^-细菌接合时，重组体出现频率很低（约 10^{-6}）。但 F 因子的转移频率很高，能很快使与 F^+细菌接触的部分 F^-细菌转变为 F^+细菌。Hfr 细菌与 F^-细菌接合时重组体出现的频率非常高，可比相应的 F^+和 F^-接合的重组频率高出上千倍，但 F 因子本身很少转移，所以接合后所产生的重组体一般仍是 F^-细菌。整合在 Hfr 染色体上的 F 因子又可脱离染色体而恢复游离状态，从而使 Hfr 细菌转变成 F^+细菌，当 F 因子从 Hfr 染色体脱离时可以带有部分 Hfr 细菌的染色体而形成 F′因子，F′因子又可通过交换而整合到细菌细胞染色体上。F^-细菌也可通过获得 F′因子而改变遗传性状，这一过程称为 F 因子转导或性导。

在本实验中，选用大肠杆菌的两个菌株作为供体和受体。供体为野生型 Hfr 菌株，对链霉素敏感。受体为营养缺陷型突变体，不能合成苏氨酸、亮氨酸和硫胺素，对链霉菌呈抗性。短期接合配对后，在含有链霉素和硫胺素的基本培养基上只能分离到苏氨酸和亮氨酸的重组子（Thr^+ Leu^+ Thi^-），硫胺素标记位于转移染色体的末端，在短期配对过程中因配对中断难以转移到受体细胞，因此硫胺素是 Thr^+ Leu^+ Thi^-重组子的必须生长因子。

三、材料与用具

1. 菌种

供体：大肠杆菌（Hfr Str^s）。

受体：大肠杆菌（F^- Thr^- Leu^- Thi^- Str^r）。

2. 培养基

（1）LB 液体培养基

蛋白胨 10g、酵母膏 5g、NaCl 10g、蒸馏水 1000ml，调 pH 7.0，121℃灭菌 20min。

（2）链霉素硫胺素基本固体培养基

K_2HPO_4 10.5g、KH_2PO_4 4.5g、$(NH_4)_2SO_4$ 1g、$Na_3C_6H_5O_7\cdot 2H_2O$ 0.5g、20%葡萄糖液 20ml、琼脂 20g、蒸馏水 1000ml，调 pH 7.0，115℃灭菌 30min。

灭菌后加入硫胺素 10ml（1%）、链霉素（50mg/ml）4ml，终质量浓度为 200μg/ml。

3. 器材

无菌试管、1ml 无菌吸管、烧杯、锥形瓶、三角涂布棒、振荡混合器等。

四、内容与方法

1）分别将供体菌和受体菌接种在 2 支装有 5ml LB 液体培养基的锥形瓶中，于 37℃培养 12h。

2）分别吸取 0.2ml 供体菌液和 4ml 受体菌液（1：20）至同一支无菌试管中，保证受体菌过量，因此每一个供体菌有相同的机会与受体菌接合。

3）当供体菌和受体菌加入试管后，切勿剧烈振荡，用手掌轻轻搓转试管，动作需轻柔，使供体菌和受体菌混匀并充分接触，同时避免刚接触的配对分开。将混合培养物置 37℃保温 30min。

4）准备三个链霉素硫胺素基本固体培养基平板，做好标记，分别吸取 0.1ml 供体菌和 0.1ml 受体菌置于两个平板上，用无菌涂布棒涂布，作为对照平板。

5）供体和受体混合培养菌液在保温 30min 后，用振荡器剧烈振荡几秒钟，使供、受体菌之间的性菌毛断开，从而中止基因的遗传转移。此时，吸取 0.1ml 混合菌液，在第三个平板上涂布培养。

6）所有平板倒置于 37℃培养 48h。观察培养结果并记录在下表 60-1。“+”表示生长，“−”表示不生长。

表 60-1　结果记录表

	供体菌	受体菌	混合培养物
生长情况			

五、思考题

1. 描述实验结果中，供体受体对照平板以及混合物平板的菌种生长情况，混合菌液的平板上的菌落是否都是重组体？为什么？

2. 亲本菌株中链霉素标记的意义是什么？

（宁曦）

实验六十一　质粒 DNA 转化实验

一、目的要求

1. 掌握用 $CaCl_2$ 法制备感受态细胞的原理和方法。

2. 学习和掌握质粒 DNA 的转化和重组质粒的筛选方法。

二、基本原理

在基因克隆技术中，所谓转化是指将质粒 DNA 或以其为载体构建的重组子导入受体细胞的过程，获得了外源 DNA 的细胞叫转化子。转化是微生物遗传、分子遗传、基因工程等研究领域的基本实验技术。转化效率的高低与受体菌的生理状态有关。细胞处于容易接受外源 DNA 的生理状态称之为感受态。感受态是细菌的一种遗传特性，同时也受生长阶段、培养条件等的影响。感受态可自然形成，也可通过物理化学的方法诱导而成。在基因工程中，一般是采用诱导的方法。大肠杆菌是基因工程中最常用的受体菌，其感受态通常采用 $CaCl_2$ 法进行诱导，该方法是基于 Cohen 等 1972 年发表的方法进行的简化修改，其原理是：处于对数生长中、早期的大肠杆菌在经低温（0℃）预处理的低渗氯化钙溶液中，会膨胀成球形，同时 Ca^{2+} 会使细胞膜的磷脂双分子层形成液晶结构，细胞膜通透性发生变化，处于更容易吸收 DNA 的状态。这时外源 DNA 极易黏附到细胞表面并形成抗 DNA 酶的羟基-磷酸钙复合物，经 42℃的短暂热刺激，促进细胞对 DNA 的吸收。在丰富培养基中培养生长一段时间后，球形细胞复原并进行分裂增殖，利用选择培养基可以获得需要的转化子。

三、材料与用具

1. 菌种和质粒

大肠杆菌（*E. coli*）TG1 甘油菌、pUC18 质粒（“实验五十七　细菌质粒 DNA 的制备”中制得的 pUC18 质粒和 pUC18 标准品质粒）。

2. 培养基

不含抗生素的 LB 液体培养基、含有氨苄青霉素抗性的 LB 平板。

3. 试剂

氨苄青霉素贮存液：以无菌双蒸水配成 100mg/ml，经过 0.22μm 滤膜过滤除菌后分装，−20℃保存。使用时每毫升培养基加入 1μl，终浓度为 100μg/ml。

$CaCl_2$ 溶液：配制 1mol/L 的 $CaCl_2$ 储存液，使用时用灭菌水稀释到终浓度为 0.1mol/L。

4. 器材

恒温摇床、恒温培养箱、水浴装置、冷冻离心机、微量移液器、1.5ml 的离心管等。

四、内容与方法

（1）$CaCl_2$ 法制备 *E.coli* 感受态细胞

1）从新鲜培养的 LB 平板上挑单个 TG1 菌落到 LB 液体培养基中，于 37℃剧烈振荡下培养过夜。

2）按体积比 1∶100 转接到新鲜 LB 液体培养基中，37℃剧烈振荡下培养约 2.5h，至 OD_{600} 为 0.375 左右。

3）将培养物在冰上放置 10min，然后于 4℃，4000r/min 离心 10min 以回收细胞。

4）倒出培养液，并倒扣离心管 1min 以除尽培养液。

5）加入原体积 1/2 的预冷的 0.1mol/L $CaCl_2$ 溶液重悬细胞沉淀。

6）4000r/min 离心 10min 以回收细胞。

7）按步骤4）的方法除尽上清，再以原体积1/25的预冷的0.1mol/L $CaCl_2$悬浮沉淀，若不立即进行转化实验，则进行第8）步操作，反之，则分装成200 μl/管，进行转化操作。

8）缓慢滴入甘油（已灭菌）至终浓度为15%，轻柔混匀，分装成0.5ml/管，立即液氮冷冻，转入−70℃冰箱储存，可在2个月内使用。

（2）转化

1）取3管新鲜制备或冻存的感受态细胞，第一管加入1μl“实验五十七　细菌质粒DNA的制备”中提取的pUC18质粒，第二管加入pUC18标准品质粒，轻轻旋转以混匀内容物；第三管作为阴性对照，不加DNA，其他处理相同。具体操作参照表61-1。

表61-1　转化实验加样表

管号	转化项目	DNA的量（μl）	感受态细胞（μl）
1	目的DNA	1	200
2	阳性对照	1	200
3	阴性对照	0	200

2）将混合物置于冰水混合物中冰浴30～60min。

3）42℃热激90s，立即放回冰浴。

4）1～2min后加入800μl LB液体培养基，于37℃摇床振摇45min，使细菌复苏并表达质粒编码的抗性标记基因。

5）将适当体积（200μl/90mm平板）已转化的感受态细胞涂布于含氨苄青霉素抗性的LB固体培养基平板上。

6）将平板置于室温直至液体被吸收。

7）倒置平皿，置于37℃恒温培养箱培养10～16h，观察重组菌落的生长。

注意事项

1. 处于对数生长的早、中期的细菌制备的感受态转化效率高，因此要注意掌握好摇菌的时间，一般振摇2h后每隔15min左右测OD_{600}值，当OD_{600}值达到0.35时，便可收获细菌培养物。

2. 制备感受态时，$CaCl_2$溶液处理两次之后的细胞容易破裂，悬浮时动作要轻柔，可用移液枪轻轻吸打。

3. 新鲜制备的感受态细胞，在4℃可保存48h，在贮存的最初12～24h内，其转化效率可提高4～6倍，随后降低到初始水平。

4. 热激是一个关键步骤，准确达到热激温度非常重要。

5. 倒平板时应避免培养基温度过高，若温度过高，加入的氨苄青霉素会失效，导致假阳性菌落的出现，并且培养基凝固后表面及皿盖会形成大量冷凝水，容易造成污染以及影响单菌落的形成。

6. 培养时间不宜过长，一般不超过20h，以免氨苄青霉素抗性的转化体分泌的β-内酰胺酶灭活菌落周围的青霉素，导致出现对氨苄青霉素敏感的卫星菌落。

五、思考题

1. 要制备出转化效率高的感受态细胞，需要注意哪些事项，为什么？

2. 转化实验的2组对照各起什么作用？如果阳性对照组在选择性平板上有菌落生长，而目的DNA组没有菌落生长，说明什么问题？分析可能的原因？

3. 简要描述自己的实验结果，并分析原因。

4. 转化效率是指每微克质粒DNA转化细胞产生的转化子数目，按照下列公式计算转化效率：

转化效率=转化子总数/质粒DNA加入量（μg）

（袁美妗）

实验六十二　转座子引起的插入突变

一、目的要求

1. 掌握转座子的转座机理。

2. 通过实验进一步认识转座子引起的插入突变。

二、基本原理

转座因子（transposable element，TE）是基因组中一段特异的具有转位特性的独立DNA序列，在细菌的染色体、质粒或噬菌体之间可自行移动，又称为可移动基因，或跳跃基因，是由McClintock在玉米上首先发现。

转座因子包括以下几种。

1）插入序列（insertion sequence，IS），即不含有任何宿主基因的最简单的转位因子。

2）转座子（transposon，Tn），即复合型的转座因子，带有某些抗药性基因（或其他宿主基因），这些基因的两端是IS，构成了“左臂”和“右臂”。两个“臂”可以是正向重复，也可以是反向重复。这些两端的重复序列可以作为Tn的一部分随同Tn转座，也可以单独作为IS而转座。

3）Mu噬菌体等转座噬菌体。

每个转座因子带有一个转座酶（transposase）基因。

转座过程大致如下：转座酶识别受体DNA分子中的靶序列（3～12bp），先在靶序列两端交错切割，切成两条单链，同时在转座子的两条不同的链两端各进行单链切断，产生的转座子游离端和靶序列的游离端相连接，并在DNA聚合酶和连接酶的作用下补平单链缺口，形成一个DNA分子。转座时，受体DNA的靶序列（3～12bp）被复制，使插入的转座子位于两个重复的靶序列之间。

转座子可反复插入到基因组中的许多位点，它以一种非正常重组的方式插入到其他基因中使其失活或发生突变，从而对新位点基因的结构与表达产生多种遗传效应。转座子的插入能产生两种表型效应，即基因突变的表型效应和由转座子带来的抗药性。

以染色体上携带有Tn5转座子（含Km^r）的大肠杆菌为供体菌。本实验欲将Tn5插入到F′ Lac^+Pro^+因子的乳糖发酵基因中以将Lac^+突变成Lac^-，再将这一F′因子转移到*galE*

突变 $F^-\Delta$（*lac pro*）*galE str*^{r} 受体细胞中去，观察是否发生了插入突变。首先需要确定 F′因子是否发生转移。在能排除供体细胞的含链霉素的培养基上选择 Pro^+菌落，即为接受了 F′ Lac^+Pro^+因子的菌落。如果这些菌落同时能抗卡那霉素，说明受体细菌不但接受了 F′因子，而且这一 F′因子带有 Tn5。已知 *galE* 的突变株不能产生差向异构酶，因此不能在含有乳糖的培养基中生长。因此，以 *galE* 突变株为受体的细胞如果能在含有 0.2%乳糖和 0.2%甘油的基本培养基上生长，说明该受体细胞不但接受了 F′因子，而且 Tn5 在 Lac^+位点中插入使其变成 Lac^-。

三、材料与用具

1. 菌株

受体菌：*E.coli* 1#，$F^-\Delta$（*lac pro*）*galE str*^{r}。

供体菌：*E.coli* 2#，F′*lac*$^+$*pro*$^+$/Δ（*lac pro*）带 Tn5 于染色体某处。

2. 培养基

1）LB 液体培养基。

2）基本培养基。

素琼脂：称取 3.5g 琼脂粉，加入 175ml 蒸馏水，灭菌备用。

20%葡萄糖：称取 20g 葡萄糖，用蒸馏水定容至 100ml，用 0.22μm 滤器过滤除菌。

10×磷酸缓冲液：K_2HPO_4 105g、KH_2PO_4 45g、$(NH_4)_2SO_4$ 10g、二水柠檬酸钠 5g。

基本培养基的配方：临用前，将 175ml 素琼脂熔化后加 10×磷酸缓冲液 20ml，20%葡萄糖 4ml，0.25mol/L $MgSO_4$ 1ml，混匀后倒到无菌培养皿上。

3）B 选择培养基：含链霉素、卡那霉素、0.2%乳糖和 0.2%甘油的基本培养基（将碳源替换成乳糖和甘油）。

4）A 选择培养基：含链霉素，并以葡萄糖做碳源的基本培养基。

3. 试剂

无菌生理盐水。

4. 器材

微量移液器、涂布器、培养皿、酒精灯、三角瓶（150ml）、试管、牙签、恒温培养箱、恒温摇床等。

四、内容与方法

1）将供体菌 *E.coli* 2# 和受体菌 *E.coli* 1# 分别接种于两个含有 5ml LB 培养液的三角瓶中，37℃摇床上培养过夜。

2）将供体菌和受体菌按 1∶4 接种到新鲜 LB 液体培养基中，在 37℃摇床上培养 2～3h，各吸 50μl 涂 B 平板作对照。

3）将新鲜培养的供体菌及受体菌各取 1ml，在一无菌的试管中混合，37℃水浴 60min，然后用无菌生理盐水连续梯度稀释为 10^{-1}、10^{-2}、10^{-3}、10^{-4}。

4）取上述 10^{-1}、10^{-2} 和 10^{-3} 稀释液各 0.1ml 涂 B 平板。

5）再吸取上述 10^{-2}、10^{-3} 和 10^{-4} 稀释液各 0.1ml 涂 A 平板。

6）37℃培养 2d，观察结果，并按照下列公式计算转座子转移到 *lac* 基因上的频率。

$$转座频率=\frac{B平板菌落数\times 稀释倍数}{A平板菌落数\times 稀释倍数}\times 100\%$$

注意事项

1. 接菌和稀释操作应在无菌环境下进行。
2. 涂菌时菌量不宜过多，同时应将菌均匀涂于平板上，便于形成单菌落计数。
3. 平板在恒温培养箱中应倒置培养。

五、思考题

1. 列表记录 A、B 平板上的菌落数，并根据公式计算 Tn5 转座到 *lac* 基因上的转座频率。

2. 如果想了解 Tn5 转座到 *lac* 基因上与转座到 F′因子其他位点的比例，这个实验应该怎么设计？

（袁美妗）

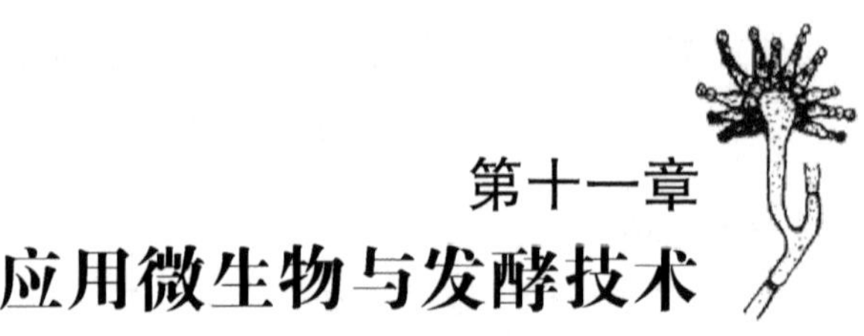

第十一章 应用微生物与发酵技术

实验六十三　甜酒酿的制作

一、目的要求

1. 了解甜酒酿制作的基本原理。
2. 掌握甜酒酿的制作技术。

二、基本原理

以糯米（或大米）经甜酒曲发酵制成的甜酒酿，是我国的传统发酵食品。我国酿酒工业中的小曲酒和黄酒生产中的淋饭酒在某种程度上就是由甜酒酿发展而来的。

甜酒酿是将糯米经过蒸煮糊化，利用酒曲中的根霉和米曲霉等微生物将原料中糊化后的淀粉糖化，将蛋白质水解成氨基酸，然后酒曲中的酵母菌利用糖化产物生长繁殖，并通过酵解途径将糖转化成酒精，从而赋予甜酒酿特有的香气、风味和丰富的营养。随着发酵时间延长，甜酒酿中的糖分逐渐转化成酒精，因而糖度下降，酒精度提高，故适时结束发酵是保持甜酒酿口味的关键。

三、材料与用具

1. 材料

糯米、甜酒曲。

2. 器材

手提高压灭菌锅、钢丝网篮、纱布、烧杯、不锈钢锅等。

3. 流程

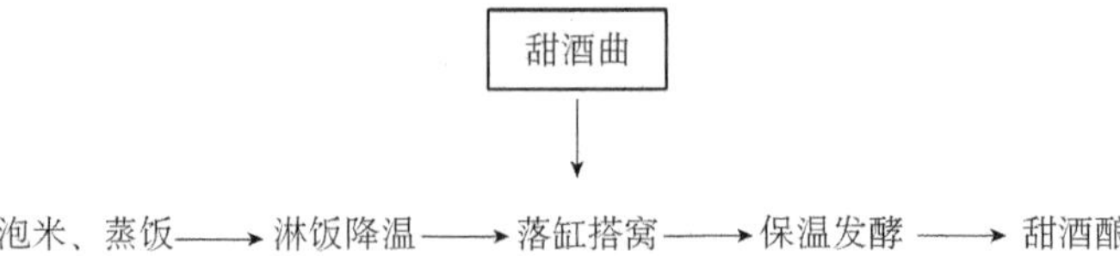

四、内容与方法

1. 泡米、蒸饭

将糯米淘洗干净，放入清水淹没浸泡，夏季浸泡4～6h，冬季浸泡7～10h，浸泡至米粒可用手捏碎。将米粒捞起沥干水，放于置有纱布的钢丝网篮中，于高压锅内蒸熟（100℃ 40min）。

2. 淋饭降温

用清洁冷水淋洗蒸熟的糯米饭，使其降温至35℃左右，同时使饭粒松散。

3. 落缸搭窝

将甜酒曲均匀拌入饭内，并在洗干净的烧杯内撒少许甜酒曲，然后将饭松散放入烧杯内，搭成凹形圆窝，在圆窝上撒少许甜酒曲，盖上保鲜膜。

4. 保温发酵

于30℃进行发酵，待发酵约48h，当窝内充满甜液即可停止发酵。

5. 结果记录

1）发酵期间每12h观察，记录发酵现象。

2）从色泽、气味、口感等方面对甜酒酿进行综合感官评定。优质的甜酒酿应是色泽洁白、米粒分明、酒香浓郁、醪液充盈、甜醇可口的发酵食品。实验结果填入表63-1。

表63-1　实验结果

项目	色泽	米粒	醪液量	甜度	酸度	酒味	其他	结论
结果								

注意事项

1. 实验中所用的接种工具和培养容器均应清洗干净和适当消毒，操作者的手和指甲尤应认真清洗。

2. 选择的糯米必须是优质的，待它吸足水分后再隔水蒸煮熟透，使米饭粒既粒粒饱满又易于散开，从而可使拌种均匀，有利于空气及液体流动，并使酒醅成熟度一致。

3. 酒酿保温时间稍长后，表面会产生许多黑色孢子囊，这是根霉成熟后的正常现象。若表面出现红色、黄色或其他颜色的菌落或霉斑，则是污染杂菌的表现，严重时应弃去。

五、思考题

1. 什么叫小曲？为什么天然小曲（酒药、白药）可用作甜酒酿制作中的菌种？

2. 为何用天然小曲制作的甜酒酿其甜味和酒味都较浓郁，而用“浓缩甜酒药”制作的则甜味浓而酒味淡？有什么办法可提高后者的酒味？

3. 制作甜酒酿的关键操作是什么？

4. 甜酒酿发酵过程为什么要搭窝？

（曹理想）

实验六十四　乳酸菌的分离及食用酸乳制作

一、目的要求

1. 从特定样品中分离纯化乳酸菌。

2. 掌握食用酸乳的制作工艺，利用分离出的乳酸菌制作酸乳。

二、基本原理

乳酸菌是可使葡萄糖等糖类分解为乳酸或其他酸类物质的各种细菌的总称，属革兰氏阳性菌。乳酸菌在自然界分布广泛，具有丰富的生物多样性，至少包含 18 个属 200 多种。有些种类的乳酸菌是动物消化道的正常共生菌，对有害细菌的生长和繁殖具有一定的抑制作用。此外，乳酸菌通过发酵糖类产生的乳酸具有调味和防腐作用。因此，乳酸菌在食品、饮料、饲料和医药等领域都有广泛的应用。

在市售食用酸乳中，含有大量的活性乳酸菌，主要有保加利亚乳杆菌（*Lactobacillus bulgaricus*）和嗜热链球菌（*Streptococcus thermophilus*）。通过从中分离纯化出有关的菌株，就可以用合适的原料重新制作食用酸乳。

三、材料与用具

1. 材料

市售食用酸乳或乳酸饮料，标示含有保加利亚乳杆菌和嗜热链球菌。

2. 培养基

BCG（Bromocresol green，溴甲酚绿）牛乳培养基、脱脂乳培养基、乳酸菌培养基。

3. 试剂

脱脂奶粉、蔗糖、酵母膏、琼脂、16%溴甲酚绿乙醇溶液、革兰氏染液等。

4. 器材

超净工作台、高压蒸汽灭菌锅、恒温培养箱、显微镜、培养皿、试管、烧杯、三角瓶、移液管、酸乳瓶、接种环、pH 试纸等。

四、内容与方法

1. 乳酸菌的分离

（1）配制BCG牛乳培养基

按照本实验所附的配制方法，制成混匀的琼脂培养基。

（2）样品处理

在无菌条件下，从市售新鲜酸乳中吸取 10ml 样品到装有 90ml 无菌水的三角瓶内，振荡摇匀。

（3）分离乳酸菌

1）倒 BCG 牛乳培养基平板。

把无菌培养皿放超净工作台中，开紫外灯照射 30min 再进行表面灭菌，然后每培养皿趁热倒入约 15ml 已熔化并灭菌的 BCG 牛乳培养基，盖好皿盖，平置于台面，冷却后即成固体平板。

2）用十倍稀释法稀释样品液。

在无菌操作条件下，把处理好的样品用十倍稀释法逐次稀释成 10^{-1}、10^{-2}、10^{-3}、10^{-4}、10^{-5}、10^{-6} 各种稀释浓度的接种液，分别装入无菌试管中。

3）接种分离。

用接种环蘸取 10^{-2}、10^{-3} 两种稀释度的接种液（其他稀释浓度备用），在 BCG 牛乳培养基平板上划线分离，每种稀释度做两个培养皿。划线后把培养皿放入 40℃恒温培养箱中培养 48h。当出现圆形稍扁平的黄色菌落且周围培养基也为黄色，则可初步判定为乳酸菌。

（4）鉴别和获取菌种

1）配制脱脂乳试管培养基，分装试管，包扎并灭菌备用。

2）选取经初步鉴定的乳酸菌菌落，用接种环单独挑取至脱脂乳试管培养基中，再放入 40℃恒温培养箱中培养 8～24h。若牛乳出现凝固、无气泡、呈酸性，涂片镜检细胞为杆状（保加利亚乳杆菌）或链球状（嗜热链球菌），革兰氏染色阳性，则可分别将两菌种连续传代 4～6 次。

3）选取能在较短时间（≤6h）内凝固的牛乳管，作为制作酸乳的菌种。

2. 食用酸乳制作

（1）原料准备（制乳酸菌培养基）

按照本实验所附乳酸菌培养基的配方和比例，制作酸乳发酵原料，待接种和后续发酵。

（2）接种

以 2%～5%的接种量，将筛选好的菌种接入制作酸乳原料中。

分别以纯种保加利亚乳杆菌、纯种嗜热链球菌，两菌种等量混合接种。接种后摇匀得发酵液，分装到已灭菌的酸乳瓶中。每一种接种的发酵液分装若干瓶，拧紧瓶盖密封。

（3）发酵

把装有发酵液的酸乳瓶分别放入 30℃、36℃和 40℃培养箱中培养 3～6h。发酵培养时注意观察，凝乳后终止培养，转入 4～5℃冰箱中冷藏 24h 以上进行后熟。熟化后酸乳酸度适中（pH4～4.5），凝块均匀致密，无乳清析出，无气泡。

五、思考题

1. 比较保加利亚乳杆菌和嗜热链球菌的凝乳时间，分析它们在制作酸乳中的作用。
2. 如果在制作酸乳过程中被其他细菌污染，可能会出现什么情况？
3. 酸乳制作工艺中，后熟过程有何作用？

附：培养基和试剂的配制方法

（1）BCG 牛乳培养基（溴甲酚绿牛乳培养基）

脱脂奶粉 100g，水 500ml，1.6%溴甲酚绿乙醇溶液 1ml，80℃灭菌 20min，得溶液 1。酵母膏 10g，水 500ml，琼脂 20g，pH6.8，121℃湿热灭菌 20min，得溶液 2。

灭菌处理后趁热将溶液 1 和溶液 2 混合均匀，即得 BCG 牛乳琼脂固体培养基。

（2）脱脂乳培养基

脱脂奶粉 20g，水 285ml。将奶粉溶解后 80℃灭菌 20min。

（3）乳酸菌培养基

按 1∶7（*m/V*）的比例，把脱脂奶粉和水充分混合，加入蔗糖使其终浓度为 6%（*m/V*），80℃灭菌 15min。冷却至 35～40℃，即得制作酸乳原料（乳酸菌培养基）。

（4）1.6%溴甲酚绿乙醇溶液

1.6g 溴甲酚绿，无水乙醇 20ml 溶解，加水至 100ml。

（伍俭儿）

实验六十五　台式自控发酵罐的原理、构造和使用

一、目的要求

1. 了解实验室台式自控发酵罐的构造与工作原理。
2. 学习用发酵罐培养微生物细胞的操作步骤与方法。

二、基本原理

在微生物纯培养研究中，许多潜在有价值的初筛菌，常需在实验室利用小型发酵罐进行扩大培养与生产工艺的探索，以便为日后工业投产提供工艺流程，从而减少盲目性投产而造成重大经济损失。利用实验室台式自控发酵罐培养微生物的研究是现代生物技术的重要支柱之一。

深层液体培养技术是一种培养微生物细胞的复杂工艺系统，它能使发酵罐内累积大量微生物细胞或代谢产物。实验室的台式自控发酵罐系统能较好地完成上述各参数的探索与研究，并能根据需要及时、连续地补充营养、调节 pH、提供溶解氧等，以满足微生物生长繁殖所需要的营养物质与环境条件，达到最佳的预期目标，为大规模工业生产提供实践经验与理论依据。

目前实验室用的自控发酵罐体积大多在 1～150L，它们基本上由两部分组成。

1. 发酵系统的控制及辅助设备

控制器主要是对发酵过程中的各种参数（温度、pH、溶解氧、搅拌速度、空气流量和泡沫水平等）的控制进行设定、显示、记录以及对这些参数进行反馈调节控制。其他辅助设备则由加热灭菌用的蒸汽发生器、供氧系统中的空气压缩机及能远距离调控与自动记录的电脑系统等外围设备组成。

2. 小型发酵罐系统

它是微生物发酵的主体设备，其主要有 6 大部件及罐体内的消泡器等组成。

（1）罐体系统

通常为一个耐压的圆柱状的罐体，其高和直径之比为（1.5～2）：1，由玻璃钢或不锈钢等材料制成，罐体上附有夹套、罐体的盖子及其上通有能控制的各种管路和一些附件（罐压表、补料口等）。

（2）搅拌混匀系统

系由驱动马达、搅拌轴和涡轮式搅拌器等组成，也有采用磁力搅拌（使罐体的密封性更可靠）。主要用于提高气液和液固混合以及溶质间热量的传递，特别是对氧的溶解具有重要意义，因为它可以增加气液间的湍流搅动，增加气液接触面积及延长气液接触的时间等，

可为生物细胞提高溶解氧的利用率，从而有利于提高发酵中生物量或其代谢物量的累积等。

（3）传热保温系统

用来带走由生物氧化及机械搅拌所产生的热量，以保持菌种在适宜的温度下进行发酵。通常发酵罐体利用夹套系统来保温，它与外界的冷、热水的管路及加热器系统相连，同时又与发酵罐温控制器组建成自控保温系统，在发酵中保持罐体培养温度的稳定，以确保发酵的稳定与高产，同时亦可为发酵罐内培养基灭菌时提供升温预热，以控制实罐灭菌时发酵液的增量（高温蒸汽溶入所致）。

（4）通气供氧系统

主要由空气压缩器、油水分离器、孔径在 0.2μm 左右的微孔滤膜和空气分布器及管路组成的一个系统，用来提供好氧性微生物在发酵过程中所需的氧量。为了减少发酵液的挥发和防止菌种逸散到罐外空气中，常在罐体的排气口安装冷凝器和微孔过滤片。

（5）消泡防污系统

由于发酵液中含有大量蛋白质，在强烈的搅拌下会产生大量的泡沫，严重时泡沫将导致罐体内发酵液的外溢而增加染菌的机会，故发酵中常须用流加消泡剂的方法来消除泡沫。

（6）参数检测系统

发酵中常见参数检测有 pH 电极、溶氧电极、温度传感器、泡沫传感器及菌密度探测器等，以确保微生物细胞在最适环境条件下进行生长繁殖和分泌产物，达到稳质与高产的目的。

本实验使用 NHL-II 5L 台式全自动控制发酵罐进行大肠埃希菌的液体发酵与培养，以达到熟悉台式自控发酵罐使用的原理与操作流程。

三、材料与用具

1. 菌种

大肠埃希菌（*Escherichia coli*）等。

2. 培养基

种子培养液：葡萄糖 1.0g、蛋白胨 1.0g、酵母膏 0.5g、牛肉膏 0.5g、NaCl 0.5g，加水定容至 100ml，调 pH 至 7.2～7.4。

发酵培养液：葡萄糖 60g、蛋白胨 30g、酵母膏 15g、牛肉膏 30g、NaCl 15g、氯化铵 15g，加水定容至 3000ml，调 pH 至 7.2～7.4。

3. 试剂

费林氏测糖试剂包括 A 溶液和 B 溶液。

A 溶液：$CuSO_4 \cdot 5H_2O$ 35g、亚甲蓝 0.05g，溶解后定容至 1000ml。

B 溶液：酒石酸钾钠 117g、NaOH 126.4g、亚铁氰化钾 9.4g，溶解后定容至 1000ml。

0.1%标准葡萄糖溶液、40% NaOH 溶液、BAPB 消泡剂、乙醇等。

4. 器材

NHL-II 5L 台式全自动控制发酵罐、恒温摇床、721 型分光光度计、无菌取样试管、显微镜等。

四、内容与方法

1. 发酵种子液制备

大肠埃希菌斜面菌种活化（新鲜斜面传 1～2 代）。将活化斜面菌种移接至两瓶肉汤培养液中，将接种后的三角瓶放入摇床进行通气培养，转速 150r/min，温度 37℃，培养 10h 左右的菌液约为 *E.coli* 对数后期的菌龄。

2. 发酵培养基配制

按配方分别称取各营养物和药品，加水定容至 3000ml（实罐灭菌时要留有预热后实罐灭菌时蒸汽的溶入量，通常先加 85%的水），调 pH 至 7.2～7.4。

3. 培养液的配制与装罐

（1）清洗

清洗发酵罐的罐体及其管路系统，以防前次发酵中发酵罐黏附的杂质对本批发酵试验产生影响或干扰，以确保各批试验间的相对稳定性。

（2）装料

将配制与调节好 pH 的培养液倒入发酵罐中，实罐灭菌时通常控制加水量，灭菌时多留意罐体 3L 容量的标记线位置。

（3）密封

盖好装料口的盖子并旋紧密封，开、关好发酵罐体各管道系统上的阀门以待灭菌。

4. 灭菌蒸汽的制备

5 升自控发酵罐配置 3kW 蒸汽发生器 1 台，可产生 0.3MPa 的压力蒸汽，供加热灭菌用。

压力蒸汽的制备方法如下。

（1）加水

制备蒸汽之前，应向蒸汽发生器的贮水腔内加足水量（常以灌满左侧计量管上限的刻度线）以供产生足够压力的蒸汽供罐体灭菌使用。

（2）开启

接通蒸汽发生器的电源，启动开关至“on”位，指示灯闪亮时则蒸汽发生器进入加热状态，并将产生蒸汽压，注意表头上所显示的蒸汽压的动态。

（3）升压

时刻注意蒸汽发生器内蒸汽压的升迁变化。当蒸汽压至 0.2MPa 压力时，即可向发酵罐系统提供压力蒸汽，为罐体的预热与实罐灭菌（注意操作安全，因为高压蒸汽的管路与罐体均易烫伤裸露的皮肤）作准备。

（4）稳压

通常当蒸汽发生器内的蒸汽压达到 0.25MPa 时，则蒸汽发生器会自动切断电源与维持其额定的蒸汽压，若遇异常须及时切断电源后检修。

5. 发酵罐培养液的灭菌

发酵罐的实体灭菌是微生物培养成功与否的关键操作之一。发酵前期的污染常与灭菌不彻底相关，为确保微生物能在无污染的情况下进行纯种培养，须严格按实罐灭菌程序进行操作，切莫大意而导致发酵失败。其流程如下。

（1）灭菌前

高压蒸汽源的贮备，发酵罐体的密封性能与表压灵敏度的测试，管路系统的畅通性与其上阀门性能完好情况的检测。然后关闭发酵罐体及与其相连或直接贯通的所有管路系统上的阀门。

（2）发酵培养基的预热

1）设置控制器参数。

罐体预热时可接通发酵罐系统的自动控制器系统的电源开关，使发酵罐处于正常工作状态，开启控制器面板上的搅拌按钮至灯亮的工作状态，并调节至手动控制转速为300r/min。

2）开启供气。

开启空气压缩机，使其处于能正常供气状态。

3）启用监控与记录。

启动电脑电源，使电脑处于能正常监控与记录状态。

4）高温蒸汽供应。

开启蒸汽发生器出口处的送汽阀门至最大，为发酵罐的预热及其后的培养液直接通入蒸汽和彻底灭菌提供汽源，为罐内培养液的夹套式预热提供高温蒸汽。

5）夹套式培养液预热。

开启通往发酵罐夹套系统路径上的全部阀门，使高温蒸汽缓缓进入夹套中，并预热罐体内的培养液，预热中注意排水系统是否畅通，利用调节排水量的大小来控制供应高温蒸汽的量与预热的速度。

6）关闭搅拌进行实罐灭菌。

当罐体内发酵液温度上升至90～95℃时，可关闭机械搅拌（既可减少泡沫，又能延长机械搅拌密封轴的寿命）与通入罐体夹套的蒸汽阀门，由两路蒸汽管道（供气口与取样口）直接向罐体培养液内通入高温蒸汽以搅动培养液进行实罐灭菌，使培养液快速升温至121℃，维持20min，达到灭菌效果。

7）取样口与排气口的灭菌。

在罐温超过100℃时，应将取样口、排气口稍微打开，让微量高温蒸汽从口端排出与维持一定时间，使其彻底灭菌。在罐内温度上升至121℃时适当调节与减缓两路入罐的蒸汽量以维持罐温，通常保温20min，使发酵液彻底灭菌。然后关闭取样口和排气口的阀门，最后关闭两路入罐蒸汽管路上的阀门，灭菌完毕。

8）冷水夹套降温。

灭菌停止后应迅速降低罐内培养液的温度，以防发酵液内营养物在高温下的分解与破坏效应。此时可开启水泵与自来水龙头的开关，同时打开通往罐体夹套的水循环管路上的各阀门，让冷水流入以迅速冷却罐体内的高温培养液，待快降至培养菌的最适温度前，开启设定温度的自动调节钮，实现罐温的自动控制。

9）压缩机供气。

在冷却发酵液温度的过程中，要及时打开空气压缩机的供气管路阀门，向发酵罐体内缓慢通入空气以发挥其搅拌与快速冷却作用，并使罐压仍保持正压状态。但供气量应缓慢放大，谨防空气在热罐中突然膨胀而使罐内瞬时升压而冒液。

10）再开启搅拌。

待罐温降至 90～95℃时再次开启发酵罐的搅拌系统，以使罐内热传导加快和培养液冷却均匀。

6. 接种与发酵控制

（1）接种

1）接种准备。

将发酵罐上方的接种口盖子旋松，再将接种时用的火圈套环（环上缠有多层纱布条并吸足乙醇）点燃后套在接种口的盖子上，同时备用大镊子以夹住接种口盖并移至火焰的无菌处。

2）火焰灭菌。

让点燃的火圈套环灼烧接种口 10～20s 以彻底灭菌，同时保持接种口周围小范围处于严格无菌状态。

3）移去盖子。

迅速用大镊子夹住接种口盖子，移去并保持在火焰旁的无菌操作区域内，待接完种后迅速盖上并旋紧。

4）无菌操作接种。

在火焰圈上方的无菌区域内，迅速打开菌种瓶的纱布塞，以无菌操作法往接种口内倒入种子培养物，接种量常常控制在 5%～10%（接入的菌种液所占发酵液体积的比例）。迅速将无菌盖子盖住接种口端，在火圈套环中瞬即旋紧接种口的盖子，使罐压迅速恢复正压状态。

接种后移去接种口的火圈套环并熄灭火焰。再复旋接种口的盖子至彻底密封与罐压稳定。

（2）发酵罐中微生物群体的生长特征

1）延滞期。

接种后微生物群体进入一个新的生态环境，常显一段停滞或生长缓慢阶段，也称为延迟期或适应期。

2）对数期。

延滞期后进入正常生长与迅速繁殖分裂的一段培养时期称为对数期，其细胞生物量显示对数状增加的时期。

3）稳定期。

在批式发酵培养中，*E.coli* 的对数期很短，当菌液浓度达到一定值时，微生物的群体生长就进入稳定阶段，即发酵液中活菌数的增加值与死亡值相近，则发酵转入生长的稳定期。

4）衰亡与终止发酵。

在发酵的稳定期阶段后，由于营养物的消耗及初生、次生代谢产物等有害代谢物的产生和累积，微生物的生长进入了衰亡期，即某一菌株的全程发酵即将结束。在 *E.coli* 发酵培养中，当发酵液的 pH 上升至 7.3 以上时常可终止其发酵。

5）菌株间差异性。

微生物的纯种发酵过程是一个极为复杂的群体生活史，各菌均有独特生理生化过程，正视与把握好各菌的培养进程，是每个微生物学者在研究与应用微生物时的必经之路。发酵过程中各参数的演变则是反映了特殊人工培养系统中某一微生物的一种内在规律，学会调控其中的关键参数的变化规律则能有效地控制各种微生物的发酵进程以获取最佳的实验结果或经济效益。

6）取样与测定。

在发酵过程中可定时取样，用 721 型分光光度计测定发酵菌浓度的 OD 值和用费林氏法测定发酵液的含糖量，以此可大致了解与分析发酵的进程。

7. 葡萄糖含量的测定

（1）预备测定

取费林氏 A、B 溶液各 5ml 置于 150ml 的三角瓶中，加盖放在电炉上加热至沸腾后，以 0.1%标准葡萄糖溶液滴定至蓝色消失为止，记下 0.1%标准葡萄糖溶液消耗数。

（2）空白滴定

取费林氏 A、B 溶液各 5ml 置于 150ml 三角瓶中，加入比预备试验少 0.5～1.0ml 的标准葡萄糖溶液，加热沸腾后，继续用标准葡萄糖溶液滴定至终点，记下标准葡萄糖溶液消耗数为 V_1（ml）。

（3）样品滴定

吸取样品 V（ml），加入已混有各 5ml 费林氏 A、B 溶液的三角瓶中，同时根据测定样品含糖量多少，加入一定量的蒸馏水，达到与空白测定的体积一致，pH 一致，以减少由体积与酸碱度在测定上引起的误差，用空白滴定的方法滴至终点，记下消耗标准葡萄糖溶液为 V_2（ml）。

8. 结果记录

1）计算葡萄糖的消耗量（或培养基中残留量）。

2）将发酵罐批式培养中的测定结果（糖浓度、细菌光密度与酸碱度）记录于表中。

3）整理发酵过程中所测定的各种数据资料。

4）镜检观察 *E.coli* 在不同发酵培养阶段中个体形态特征。

注意事项

1. 各电极在调试、安装过程中要极细心，防止电极头部的损坏。

2. 在接种、取样等各个操作时要小心，严防杂菌污染罐内发酵培养物。

3. 蒸汽发生器在接通电源加热前，应首先检查发生器内是否有足够的水量。

4. 发酵期间，除接种时的短暂时间罐压降至零外，其他时期均应维持发酵罐压在一定的正压（一般维持在 0.045MPa）状态。

五、思考题

1. 简述台式自控发酵罐系统中的 5 大部分的名称。灭菌过程中要特别注意哪几点才能避免意外事故？

2. 发酵过程中所需的无菌空气是如何获得的，发酵过程中搅拌的作用是什么？调节溶解氧的措施有哪些方面？

3. 在取样与使用 721 型分光光度计测 OD 值时应注意哪几点？

4. 为什么在大肠埃希菌培养过程中，pH 上升时发酵就可结束？

5. 补料的作用是什么？如何进行补料？

（曹理想）

实验六十六　固定化细胞的制备及发酵

一、目的要求

1. 了解厌氧菌活细胞固定化的原理。
2. 学习与掌握用琼脂与海藻酸钠固定厌氧菌活细胞的制备法。

二、基本原理

活细胞固定化技术是在酶固定化技术的基础上不断发展与完善起来的，为酶的应用开辟了新的研究领域。对需要复杂酶系的反应来说，若采用全活细胞的固定来完成复杂的反应不失为一种简单、快速与十分高效的生物技术举措。

此法的优点如下。

1. 简化酶的提取

省去了酶的分离与纯化，并且可以使酶处在一种最接近自然的条件下发挥其高效的催化功能。

2. 多酶反应同步化

对于固定化的活细胞来说，细胞内酶的辅因子再生及多步酶促反应可同步进行。

3. 能连续与自动化

在一定条件下，固定化细胞可以反复长期使用，有利于实现连续化、自动化与管道化生产与应用。

4. 全细胞的适应性强

一些实验表明，它能有效地提高酶对温度、底物、溶剂和 pH 等诸因子的适应性并能延长其应用期限。

5. 反应体系生态化

对于生物转化类型的反应来说，底物 A 转化为产物 B 往往可以在较简单的生物反应体系内完成，因而省去了复杂的培养等操作，也简化了产物的分离与纯化等手续。

制备固定化活细胞的方法多种多样，主要有两大类。

1. 吸附法

即利用各种耐温、耐压、多孔隙的载体如陶、瓷、多孔玻璃或木屑等与活细胞间的有效附着结合，其优点是材料易得、制备方法简单，但其缺点是两者间的结合固定不够牢，载体负载细胞的量也有限。

2. 包埋法

可以用海藻酸、卡拉胶或琼脂等从天然动植物中提取的胶状物，也可用聚乙烯醇、聚丙烯酰胺或树脂预聚物等人工产品与活细胞体混合，经固定化包埋成一定形态的颗粒或薄层生物膜状态。包埋法的操作较吸附法稍复杂，但细胞量易控制，细胞流失也较少，故固定化包埋活细胞因其功效高而被广泛采用。

固定化活细胞的应用难点为：无论是动植物细胞还是需氧代谢的微生物细胞经固定化之后，其细胞代谢中氧气的供给是一大难题，特别是在各种生物反应器的设计上颇费工夫。本实验则采用自行从土壤中分离的产气荚膜梭菌（*Clostridium perfringens*）HS-10 厌氧菌株与琼脂等包埋剂相混匀，在一定条件下使之形成球状颗粒，并采用简单的柱形流化床生物反应器进行 CDCA（鹅去氧胆酸）到 UDCA（熊去氧胆酸）的转化。由于该菌株是厌氧菌，省去通气工艺设计，获得了很好的转化效果。

三、材料与用具

1. 菌种

产气荚膜梭菌（*Clostridium perfringens*）HS-10。

2. 培养基

RCM 培养基（梭菌强化培养基）：蛋白胨 10g、牛肉膏 10g、酵母膏 3g、葡萄糖 5g、无水乙酸钠 5g、可溶性淀粉 1g、盐酸半胱氨酸 0.5g、蒸馏水 1000ml，pH 8.5（含转化底物的 RCM 培养液：加 0.2mmol/L CDCA 和 3mg/L 刃天青指示剂）。

3. 试剂

转化液：将 RCM 以 1∶10 稀释于生理盐水中即成（内含 0.2mmol/L 的 CDCA）。

琼脂包埋剂：4%（*m*/*m*）纯化琼脂水溶液。

琼脂包埋成型剂：石蜡油。

海藻酸包埋剂：3%（*m*/*m*）海藻酸钠（化学纯）水溶液。

海藻酸包埋成型剂：2%（*m*/*m*）氯化钙水溶液。

海藻酸钙凝固溶剂：0.2mol/L 柠檬酸钠水溶液。

CDCA 等胆汁酸及层析测定用试剂等。

4. 器材

血浆瓶（100ml、250ml）、针筒（20ml）、9#针头、试管（15mm×150mm）、吸管、大容量离心机、721 型分光光度计、氮气钢瓶（含 99.99% N_2）、恒流泵、柱状流化床反应器、超级恒温水浴磁力搅拌器、旋涡振荡仪、自动部分收集器等。

四、内容与方法

1. 包埋细胞的获取

（1）RCM 培养基

按实验要求配制无菌、无氧的 RCM 培养基，灭菌备用。

（2）活化厌氧菌株

活化产气荚膜梭菌 HS-10，将经针筒法厌氧培养活化的 5ml 菌液注入 100ml 含 0.2mmol/L CDCA 的 RCM 血浆瓶中混匀，经 37℃ 9h 的培养后待用。

（3）离心获取菌体

将血浆瓶培养液置于离心机中，以 3000r/min（缓慢启动及加速）离心 30min。然后，用高纯氮气驱除血浆瓶内的上清液，称瓶重（此瓶在配用前已连盖称重）获取湿菌体的量。

（4）制备包埋菌悬液

注入一定量的无菌、无氧生理盐水，配成约含菌量 200mg/ml 的菌体悬液。

2. 固定化细胞的制备

（1）琼脂包埋颗粒的获得

1）4%水琼脂配制。

4%的纯琼脂水溶液经 121℃灭菌 20min，待稍冷却后放入 45℃恒温水浴中。

2）琼脂活菌悬液。

待水琼脂温度达到 45℃平衡后，加入 15ml 活细胞悬液，充分混匀。

3）制备细胞琼脂固定化珠。

用预热的无菌 20ml 针筒（9#针头）吸出混合琼脂菌悬液，滴入无菌 4℃冰箱预冷的石蜡油血浆瓶中（注意：尽可能熟练和快速地操作，但切忌注成线状），制成琼脂与活细胞的固定化珠粒。

4）氮气驱赶石蜡油。

待琼脂球固化稳定后，再用氮气驱出血浆瓶内的石蜡油（可回收利用）。

5）生理盐水洗涤。

用无菌、无氧生理盐水洗涤细胞琼脂固定化珠 2～3 次（注意无氧操作）。

按此法制备 5 个血浆瓶的细胞琼脂固定化珠。

（2）海藻酸钙细胞固定化珠的制备

1）3%海藻酸钠。

将 60ml 3%的海藻酸钠经 115℃灭菌 30min，冷却至室温备用。

2）海藻酸钠活菌悬液。

加入 15ml 活菌悬液，混匀待制备细胞珠颗粒。

3）制备海藻酸钙细胞固定化珠。

用无菌的 20ml 针筒（9#针头）抽取 20ml 海藻酸钠活菌悬液，再滴入装有 50ml 无菌无氧的 $CaCl_2$ 成型剂的血浆瓶中（注意：尽可能快，但不可连成线状），制成海藻酸钙细胞固定化珠。按此法共制备 5 瓶。

4）氮气驱赶 $CaCl_2$ 溶液。

待其固化约 1h 后，用氮气驱除血浆瓶内的 $CaCl_2$ 溶液。

5）生理盐水洗涤。

用生理盐水洗涤细胞固定化珠 2～3 次（注意无氧操作）。此无杂菌无氧的细胞固定化珠即可用于生物转化试验或放入 4℃冰箱备用。

3. 转化过程

（1）加转化底物

取活细胞琼脂包埋珠和海藻酸钙包埋珠各 3 瓶，分别加入含 0.2mmol/L CDCA 的 RCM 转化液及生理盐水，各液加量为 30ml。同时做 3 瓶各注入 5ml 活菌悬液，分别加入含 0.2mmol/L CDCA 的 RCM 转化液和生理盐水各 30ml，注明标签。

（2）取0h测定样

用无菌针筒从上述样品液中各取出 3ml 为 0h 的转化样品液存放冰箱。同时做 0h 游离菌作对照组，也取出 3ml 转化样品液放入冰箱。

（3）培养与转化

将以上 9 瓶一起放入 37℃恒温箱中培养与转化。

（4）取样测定转化率

每隔 3h 取样品液 3ml，放入 4℃冰箱。如此培养及取样至第 12h，将不同时间收集的转化液一起测定。

（5）转化样品的测定

培养至 24h 再取转化样品液 1 份 3ml，与上述样品液一起测定各自的转化率。

（6）重复转化试验

用无菌、无氧生理盐水洗涤已转化过的各种包埋材料 2 次。重复分批转化试验的取样与测定共 2～3 遍。同时作游离细胞的对照组，即从各瓶中抽取 3ml 再次转接入新的相应基质中转化与测定同样进行 2～3 遍，以此比较它们各自的重复性、转化率的规律性与优越性。

4. 结果记录

（1）凝胶内外菌量测定（表 66-1）

表 66-1　凝胶内外菌量测定记录表

	RCM	1/10 RCM	生理盐水
凝胶内			
凝胶外基质浓度			

（2）分批培养转化结果（表 66-2）

表 66-2　分批培养转化结果记录表

培养时间			3h	6h	9h	12h	24h
游离细胞	RCM	1 批					
		2 批					
	1/10 RCM	1 批					
		2 批					
	生理盐水	1 批					
		2 批					
琼脂包埋	RCM	1 批					
		2 批					
	1/10 RCM	1 批					
		2 批					
	生理盐水	1 批					
		2 批					
海藻酸钙包埋	RCM	1 批					
		2 批					

续表

培养时间			3h	6h	9h	12h	24h
海藻酸钙包埋	1/10 RCM	1 批					
		2 批					
	生理盐水	1 批					
		2 批					

注意事项

1. 按照厌氧操作规范进行固定化活细胞的包埋等操作，尽量避免氧的影响。
2. 本实验所用转化菌为条件致病菌，切勿入口或沾染创伤裂口。

五、思考题

1. 本实验所得的结果能使你得出什么结论与推测？
2. 按分批培养转化结果，每 1g 固定化细胞在 1h 内转化的 CDCA 量是多少？

（曹理想）

参考文献

蔡信之，黄君红. 微生物学实验. 3 版. 北京：科学出版社，2010，125-127

陈其津，李广宏，庞义. 饲养五种夜蛾科昆虫的一种简易人工饲料. 昆虫知识，2000，37（6）：325-327

邓叔群. 中国的真菌. 北京：科学出版社，1963

高亚梅，韩毅强，王景伟，等. 大豆根瘤菌的分离与分子鉴定. 黑龙江八一农垦大学学报，2007，19（5）：16-19

刘传淑，田中久美子. 免疫电泳技术及其改进. 中日友好医院学报，1992，6（1）：57-58

刘庆昌. 遗传学. 2 版. 北京：科学出版社，2007

吕杰，张涛. 微生物学实验指导. 合肥：中国科学技术大学出版社，2018，164-167

庞义. 昆虫病毒病. 见：蒲蛰龙，昆虫病理学. 广州：广东科技出版社，1994，85-216

钱存柔. 微生物学实验. 北京：北京大学出版社，1985，63-66

沈萍，陈向东. 微生物学实验. 4 版. 北京：高等教育出版社，2008

沈萍，陈向东. 微生物学实验. 5 版. 北京：高等教育出版社，2018

沈萍，范秀容，李广斌. 微生物学实验. 3 版. 北京：高等教育出版社，2000

孙爱杰，孙本风，赵纯洁. 紫外线对枯草芽孢杆菌的诱变效应研究. 中国乳品工业，2011，39（7）：12-14

王伟，蔡世亮，钟英长，等. 一株具有高产孢率的头孢霉型虫草菌. 应用与环境生物学报，2003，9（1）：85-88

王伟，陈一龄，吕翠玲. 对综合性大学微生物学实验课的重新认识. 微生物学通报，1999，26（5）：379-380

王伟，孟繁梅，陈一龄. 微生物学实验课程的教改探索. 见：本科教学改革与实践. 广州：中山大学出版社，2004，122-126

王伟，杨博，蔡世亮，等. 冬虫夏草菌的动态产孢量及抗异能力. 中草药，2002，33（1）：65-68

王伟. 试论提高综合性大学微生物学实验课课程地位. 见：中国高等学校改革与发展. 北京：新华出版社，1999，210-213

王秀奇，秦淑媛，高天慧，等. 基础生物化学实验. 2 版. 北京：高等教育出版社，1999

王元贞. 分离根瘤菌方法的改进. 福建农学院学报，1988，17（1）：78-80

魏景超. 真菌鉴定手册. 上海：上海科学技术出版社，1979

徐勉荣. 厌氧微生物的培养方法. 河南科技，1993，6：26

应建浙，赵继鼎，卯晓岚，等. 食用蘑菇. 北京：科学出版社，1982，3-20

赵斌，何绍江. 微生物学实验. 北京：科学出版社，2002

周德庆. 微生物学教程. 2 版. 北京：高等教育出版社，2002

周德庆，徐德强. 微生物学实验教程. 3 版. 北京：高等教育出版社，2013

Alexopoulos CJ，Mims CW. 真菌学概论. 3 版. 余永年，宋大康等译. 北京：农业出版社，1983

Allison KR，Brynildsen MP，Collins JJ. Metabolite-enabled eradication of bacterial persisters by aminoglycosides，2011，Nature，473：216-220

FM 奥斯伯等. 精编分子生物学实验指南. 金由辛等译. 北京：科学出版社，2008

J 萨姆布鲁克，DW 拉塞尔. 分子克隆实验指南. 3 版. 黄培堂等译. 北京：科学出版社，2002

KB 穆里斯，F 费里，R 吉布斯，等. 聚合酶链式反应. 陈受宜等译. 北京：科学出版社，1997

Keren I，Kaldalu N，Spoering A，et al. Persister cells and tolerance to antimicrobials. FEMS Microbiol Lett，2004，230：13-18

Kobayasi Y. The genus *Cordyceps* and its allies.Science Reports of the Tokyo Bunrika Daigaku，Sect B 84，1941，5（84）：53-260

O'Reilly DR，Miller LK，Luckow VA. Baculovirus expression vector：a laboratory manual. New York：Freeman，W.H. and Co，1992

Peng B，Li H，Peng XX. Functional metabolomics：from biomarker discovery to metabolome reprogramming. Protein Cell，2015，6（9）：628-637

Peng B，Su YB，Li H，et al. Exogenous alanine and/or glucose plus kanamycin kills antibiotic-resistant bacteria. Cell Metab，2015，21（2）：249-261

Rohrmann GF. Baculovirus molecular biology. 2nd ed. National Center for Biotechnology Information，Bethesda，MD，2011

Zhao XL，Chen ZG，Yang TC，et al. Exogenous glutamine stimulates uptake of ampicillin and restores drug-induced killing of pathogenic multidrug-resistant bacteria. Sci Transl Med，2021，13：eabj0716

附录一
真细菌目检索表（局部）

一、真细菌目分科检索表

Ⅰ. 细胞杆状（大型酵母状的细胞少见）。革兰氏染色阴性。

（一）好氧或兼性厌氧的微生物

1. 细胞形状大，长卵形到杆状，有时像酵母。自由生活在土壤，并能固氮……科1，固氮菌科（Azotobacteriaceae）。

2. 与上不同。

（1）异养营养的杆菌，可不需有机氮即能生长，常能以1～6根鞭毛进行运动，在植物根部能生根瘤或呈现紫色素。菌落比较大而有黏性，特别在甘露醇琼脂培养基上更为明显。……科2，根瘤菌科（Rhizobiaceae）。

（2）与上不同。

1）直杆状，在普通蛋白胨培养基上能迅速生长，在厌氧条件下能发酵糖产生有机酸或否。

① 葡萄糖常被氧化或根本不利用，仅少数的种能在厌氧条件下发酵葡萄糖，在石蕊牛乳中产生少量的酸或否。能还原硝酸盐或否，少数具黄色素，若干种能分解琼脂，另一些能分解几丁质，最初发现于食物或土壤，淡水或海水中，是腐生微生物……科3，无色杆菌科（Achromobacteriaceae）。

② 在厌氧条件下发酵葡萄糖，并常由葡萄糖、有时也由乳糖产生可见的气体（H_2及CO_2）。还原硝酸盐（很少例外）。常易在人或脊椎动物的消化道、呼吸道及尿道中找到。另一些为自由生活。还有一部分为植物病原菌……科4，肠道杆菌科（Enterobacteriaceae）。

2）一般形态较小，能运动或不能运动的杆菌，严格动物寄生且要求体液方可生长。许多种不能在普通培养基上生长，大部分不能在厌氧条件下发酵葡萄糖……科5，布鲁杆菌科（Brucellaceae）。

（二）厌氧菌到微嗜氧，杆状，有时有分枝……科6，拟杆菌科（类杆菌科，Bacteroidaceae）。

Ⅱ. 细胞球状到杆状，一般为革兰氏染色阳性，但有时球菌和一些生芽孢的厌氧性杆菌已失去革兰氏染色的特性。

（一）细胞不生芽孢

1. 细胞球状，成堆、四联或八叠式排列。

（1）球形，革兰氏染色阳性。好氧或厌氧……科7，小球菌科（微球菌科，Micrococcaceae）。

（2）细胞球形，革兰氏染色阴性，好氧或厌氧，常成对排列……科8，奈氏球菌科

（Neisseriaceae）。

2. 细胞或链球状，或为杆状，革兰氏染色阳性，但在老培养物中，细胞常失去革兰氏染色的特性。

（1）细胞杆状，无多形态现象或分枝的情况。在厌氧条件下很少或从不发酵葡萄糖……科 9，短杆菌科（Brevibacteriaceae）。

（2）与上不同

1）细胞为革兰氏染色阳性的球菌或杆菌，经常成簇，细胞发酵糖后产生乳酸、乙酸、丙酸或丁酸等。微好氧到厌氧。

① 纯乳酸发酵或异型乳酸发酵的球菌或杆菌，不还原硝酸盐……科 10，乳杆菌科（Lactobacillaceae）。

② 杆菌，在发酵时明显产生丙酸、丁酸或乙酸，均生成 CO_2……科 11，丙酸杆菌科（Propionibacteriaceae）。

2）细胞通常为杆状，但楔形或棒状亦很普遍。由于细胞分裂时呈折断状，因而细胞排列时呈一定角度或呈水槽状。老细胞常为革兰氏染色阴性，在厌氧条件下发酵糖不活跃。还原硝酸盐或否……科 12，棒状杆菌科（Corynebacteriaceae）。

（二）产生芽孢的杆状细胞。好氧或厌氧，若干厌氧的种易丧失革兰氏染色的特性……科 13，芽孢杆菌科（Bacillaceae）。

二、肠杆菌科检索表

Ⅰ. 通常在厌氧条件下 48h 内进行乳糖发酵，但有一属（副大肠杆菌属），其发酵作用可能延迟到 30d。

（一）不产生灵菌素

1. 不产生原果胶酶，不能寄生于植物……族 1，埃希杆菌族（Escherichieae）。

2. 可能产生原果胶酶，寄生于植物，常引起植物软腐或枯萎等病症……族 2，欧氏植病杆菌族（欧文菌族，Erwinieae）。

（二）产生灵菌素……族 3，塞氏杆菌族（沙雷菌族，Serrateae）。

Ⅱ. 很少在厌氧条件下发酵乳糖。

（一）在 48h 内分解尿素（*Protus inconstans* 除外）……族 4，变形杆菌族（Proteeae）。

（二）在 48h 之内不分解尿素……族 5，沙门杆菌族（Salmonelleae）。

三、小球菌科检索表

Ⅰ. 好氧或兼性厌氧的种，也包括若干专性厌氧的种，后者呈包囊状（八叠球菌）。

（一）细胞一般呈不规则的团块，偶然是单个或成对排列。

1. 若对葡萄糖有作用则是氧化方式，好氧性……属 1，小球菌属（微球菌属，细球菌属，*Micrococcus*）。

2. 在厌氧条件下发酵葡萄糖产酸，兼性厌氧……属 2，葡萄球菌属（*Staphylococcus*）。

（二）正常细胞为四联或八叠式排列

1. 寄生的种，呈四联式排列。白色至灰黄色素，不能运动……属 3，高夫克菌属（加夫基氏菌属，*Gaffkya*）。

2. 细胞呈包裹状排列，白色，黄色，橙色至红色色素，通常不能运动……属 4，八叠球菌属（*Sarcina*）。

Ⅱ. 专性厌氧性微生物，单个，成对，成链或成块团状排列，但从不形成包裹状，四联的形式也少见。

（一）由各种有机化合物产生甲烷……属 5，产甲烷球菌属（甲烷球菌属，*Methanococcus*）。

（二）不产生甲烷……属 6，消化球菌属（*Peptococcus*）。

四、芽孢杆菌科检索表

Ⅰ. 好氧或兼性厌氧性；过氧化氢酶阳性……属 1，芽孢杆菌属（*Bacillus*）。

Ⅱ. 厌氧或耐氧性，一般不产生过氧化氢酶……属 2，梭状芽孢杆菌属（梭菌属，*Clostridium*）。

五、埃希杆菌族检索表

§1. 不分解藻朊酸产气和产酸

Ⅰ. 在 48h 之内发酵乳糖。

（一）不产生乙酰甲基甲醇，甲基红试验为阳性，可以柠檬酸盐为唯一碳源或否……属 1，埃希杆菌属（*Escherichia*）。

（二）产生乙酰甲基甲醇，甲基红试验为阴性，利用柠檬酸盐作唯一碳源。

1. 通常不生荚膜，来源于粪便、牛乳、乳制品、谷物及其他腐生场所……属 2，气杆菌属（*Aerobacter*）。

2. 常被以荚膜，来源于呼吸道、肠道及泌尿生殖道……属 3，克氏杆菌属（*Klebsiella*）。

Ⅱ. 乳糖发酵经常延迟，并且偶有根本不发酵乳糖者……属 4，副大肠杆菌属（*Paracolobactrum*）。

§2. 能分解藻朊酸并产生气和酸……属 5，解藻酸杆菌属（藻酸杆菌属，*Alginobacter*）。

六、埃希杆菌属分种检索表

Ⅰ. 不能利用柠檬酸盐作唯一碳源，不产生 H_2S。

（一）通常无色素，但有时也产生黄色素……种 1，大肠埃希杆菌（大肠杆菌，*Escherichia coli*）。

（二）产生棕黄色至红色色素……种 2，金黄色埃希杆菌（*Escherichia aurescens*）。

Ⅱ. 以柠檬酸盐作唯一碳源

（一）产生 H_2S……种 3，费氏埃希杆菌（*Escherichia freundii*）。

（二）不产生 H_2S……种 4，中间埃希杆菌（*Escherichia intermedium*，中间柠檬酸杆菌、费氏柠檬酸杆菌，*Citrobacter freundii*）。

七、气杆菌属分种检索表

Ⅰ. 能发酵甘油产酸产气。不液化明胶（偶尔液化）……种 1，产气杆菌（*Aerobacter aerogenes*）。

Ⅱ. 发酵甘油不产气。液化明胶……种 2，阴沟气杆菌（*Aerobacter cloacae*）。

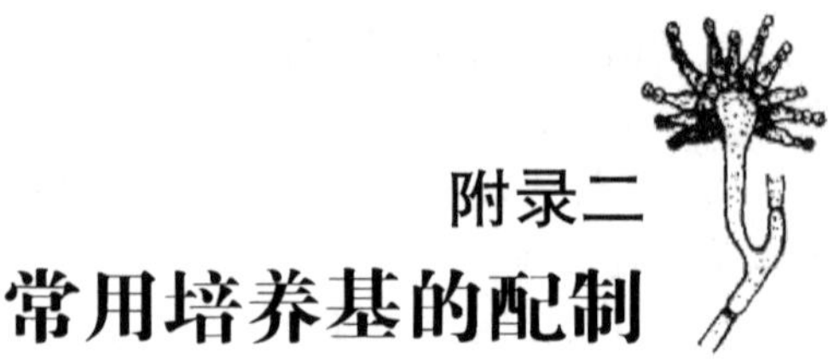

附录二 常用培养基的配制

一、肉膏蛋白胨琼脂培养基（肉汤培养基，适用于多数细菌）

牛肉膏 0.5g、蛋白胨 1.0g、NaCl 0.5g、琼脂 1.5～2g、水 100ml，pH7.0～7.2。

作检查污染细菌实验时，常加入酵母膏 0.2%，牛肉膏和蛋白胨分别减少为 0.4%和 0.6%，这样的成分可适应更多种类细菌的生长。

二、肉汁培养基（适用于多数细菌种保存）

新鲜牛肉去筋腱、脂肪，用绞肉机绞碎，每 1kg 牛肉加水 2500ml，冷浸一夜，煮沸 2h，冷却，纱布过滤，调节 pH 中性，再煮沸 15min 静置过夜，使其沉淀，取其上部澄清液稀释至原来的体积，装瓶加棉塞，0.1MPa/30min 灭菌备用。

三、半固体肉膏蛋白胨培养基（适用于多数细菌穿刺培养保存）

成分同上一、二，但全液体中加 0.6%琼脂。

四、合成培养基（培养细菌，糖的需求测定）

$(NH_4)_3PO_4$ 1g、KCl 0.2g、$MgSO_4 \cdot 7H_2O$ 0.2g、豆芽汁 10ml、琼脂 20g、蒸馏水 1000ml。调 pH 7.0，加入 12ml 0.04%的溴甲酚紫（pH5.2～6.8，颜色由黄变紫）作为指示剂。121℃灭菌 20min。

五、高氏一号培养基（淀粉培养基，适用于多数放线菌，孢子生长良好，宜作保存菌种用）

可溶性淀粉 2%、磷酸氢二钾（K_2HPO_4）0.05%、硫酸镁（$MgSO_4 \cdot 7H_2O$）0.05%、硝酸钾（KNO_3）0.1%、氯化钠（NaCl）0.05%、硫酸亚铁（$FeSO_4 \cdot 7H_2O$）0.001%、琼脂 1.5%～2%，pH 7.2～7.4。

六、高氏二号培养基（适用于多数放线菌，菌丝生长良好）

蛋白胨 0.5%、氯化钠 0.5%、葡萄糖 1%、琼脂 1.5%，pH 7.2～7.4。

七、蔡氏培养基（查氏、Czapek 培养基，适用于多数霉菌）

硝酸钠（$NaNO_3$）0.3%、磷酸氢二钾（K_2HPO_4）0.1%、硫酸镁（$MgSO_4 \cdot 7H_2O$）0.05%、氯化钾（KCl）0.05%、硫酸亚铁（$FeSO_4 \cdot 7H_2O$）0.001%、蔗糖 3%、琼脂 1.5%～2%，pH 6.7。

加麸皮 5%所配成的半合成培养基有利于生长孢子，也可以用磷酸二氢钾代替磷酸氢二钾，得到 pH 为 5.6 的蔡氏培养基。

八、麦芽汁培养基（适用于酵母菌和多数霉菌）

麦芽的制备：取新鲜大麦洗干净后用水浸泡 5～6h，使麦身饱胀，然后放于竹筛上，厚 3～4cm，上面盖一湿布，温度控制在 20～30℃，每隔 5～6h 洒水一次，2～3d 后大麦萌芽，长出胚根 1～2cm，这时要转放另一竹筛，铺 1～2cm 厚，同样保湿洒水，5～7d 后胚芽长到 3～4cm 长，即可用。如要保存，则要晒干备用。

麦芽汁的制备：将以上麦芽加水研烂（1 份麦芽加水 4 份），于 55～60℃水浴锅中糖化 3～4h 后煮沸，用碘液检验至不呈蓝色为止，说明淀粉已糖化完毕，然后加热煮沸 15min，装入布袋过滤，滤液稀释到 5～6 波美度，即成麦芽汁培养基。

九、大豆汁琼脂斜面制备（适用于酵母菌及霉菌）

1. 取黄豆 5kg，洗净，浸泡过夜，然后加水至 15kg，煮沸至 4h，不断搅拌，倒出豆汁约 10kg，加入废糖蜜 2.5kg，再加 2%琼脂溶解即成。

2. 将黄豆浸泡一夜，放在筐内，上盖湿布，在 20℃左右发芽，每天冲洗 1～2 次，弃去腐烂及不能发芽的黄豆，至芽长 3～4cm 即可，在 100ml 自来水中加黄豆芽 10g 煮沸 0.5h，用纱布过滤，加蔗糖 5%，琼脂 1.5%～2%，自然 pH。

十、马铃薯培养基（PDA 培养基，适用于多数霉菌）

马铃薯 20%、葡萄糖（或蔗糖）2%、琼脂 1.5%～2%，自然 pH。

将马铃薯去皮，切成小块，加水煮 0.5h 左右，或 80℃水中浸泡 1h，取上部清液，或用纱布过滤，加水到原来体积加葡萄糖与琼脂。

十一、马丁（Martin）培养基（真菌分离培养基）

葡萄糖 10.0g、KH_2PO_4 1.0g、$MgSO_4 \cdot 7H_2O$ 0.5g、蛋白胨 5.0g、琼脂 18g、水 1000ml，自然 pH。

1000ml 培养基加 1%孟加拉红（Rose Bengal）水溶液 3.3ml，使用时以无菌操作于每 100ml 培养基中加入 1%链霉素 0.3ml，使链霉素终浓度为 30μg/ml。

十二、马铃薯斜面（适用于多数霉菌、酵母菌）

将马铃薯洗净去皮，切成斜面状，浸在水中，约 12h，然后将马铃薯放入试管，加水浸没斜面，加塞灭菌，用前将水倒去。

十三、乙酸钠培养基（适用于培养酵母菌产子囊孢子）

1. 麦氏（McCLary）培养基

葡萄糖 1.0g、KCl 1.8g、酵母汁 2.5g、乙酸钠 8.2g、琼脂 15g、蒸馏水 1000ml。溶解后分装试管，121℃灭菌 15min。

2. 克氏（Kleyn）培养基

KH_2PO_4 0.12g、K_2HPO_4 0.2g、葡萄糖 0.62g、NaCl 0.62g、蛋白胨 2.5g、乙酸钠 5.0g、琼脂 15g、生物素（biotin）20μg、混合盐溶液 10ml，蒸馏水定容至 1000ml，pH 6.9～7.1。溶解后分装试管，121℃灭菌 15min。

混合盐溶液：$MgSO_4 \cdot 7H_2O$ 0.4%、NaCl 0.4%、$CuSO_4 \cdot 5H_2O$ 0.002%、$MnSO_4 \cdot 4H_2O$ 0.2%、$FeSO_4 \cdot 4H_2O$ 0.2%，蒸馏水定容。

3. 棉籽糖培养基

棉籽糖 0.4g、乙酸钠 4.0g、琼脂 15g、蒸馏水 1000ml，pH 6.0，115℃灭菌 15min。

4. 胰蛋白胨培养基

胰蛋白胨 2.5g、NaCl 0.62g、乙酸钠 5.0g、琼脂 15g、蒸馏水 1000ml，pH 6.9～7.2，115℃灭菌 15min。

十四、葡萄糖牛肉膏蛋白胨琼脂培养基

葡萄糖 1.0g、牛肉膏 0.3g、蛋白胨 0.5g、NaCl 0.5g、琼脂 1.5g、水 100ml，pH 7.0～7.2，灭菌，0.05MPa，30min。

十五、糖发酵液体培养基（测试细菌对各种糖和醇的利用能力）

蛋白胨 10g、氯化钠 5g、甘油（或其他需试之糖、醇）10g、蒸馏水 1000ml，pH 7.4。

配制时将蛋白胨加热溶于水中，然后调好 pH，再加入 1.6%溴甲酚紫至紫色为止（100ml 培养基约需加 1.6%溴甲酚紫 0.1ml），充分混匀后，取所需量加入所需试之糖，使其最终浓度为 1%，装管，每管 4～5ml，每管各倒放一小发酵管（Durham 小管），加塞后灭菌，0.05MPa，30min。

十六、硝酸盐还原试验培养基

蛋白胨 10g、$NaNO_3$（或 KNO_3）1g、蒸馏水 1000ml，pH 7.6，灭菌，0.1 MPa，20min。

配制时，$NaNO_3$（或 KNO_3）应当用分析纯的试剂，装培养基的器皿也需要洁净。

十七、VP-MR 试验培养基（葡萄糖蛋白胨水培养基）

蛋白胨 0.5g、葡萄糖 0.5g、K_2HPO_4 0.5g、蒸馏水 100ml，自然 pH，灭菌，0.05MPa，30min。

十八、柠檬酸盐试验培养基

NaCl 5g、$MgSO_4 \cdot 7H_2O$ 0.2g、$NH_4H_2PO_4$ 1g、$K_2HPO_4 \cdot 3H_2O$ 1g、柠檬酸钠 2g、1%溴麝香草酚蓝（酒精液）2ml、水洗琼脂 20g、蒸馏水 998ml，pH 6.8，灭菌，0.1MPa，20min。

将以上成分除指示剂外先加热溶解，调 pH，然后加入溴麝香草酚蓝（又名溴百里酚蓝）指示剂，分装试管，培养基量以 1/5～1/4 管高为宜。灭菌后趁热摆成高低柱斜面。制成的培养基为淡绿色。

十九、蛋白胨水培养基（吲哚试验）

蛋白胨 10g、NaCl 5g、蒸馏水 1000ml，pH 7.6，灭菌，0.1MPa，20min。

配方中宜选用色氨酸含量高的蛋白胨（一般用胰蛋白酶水解酪素而得到的蛋白胨，色氨酸含量较高），否则可能影响产吲哚的阳性率。

二十、柠檬酸铁铵培养基（H_2S 产生试验）

蛋白胨 20g、氯化钠 5g、柠檬酸铁铵 0.5g、硫代硫酸钠 0.5g、琼脂 15g、蒸馏水 1000ml，pH 7.2，灭菌，0.1MPa，20min。

试管分装，高度为 4～5cm，灭菌后立即冷却凝固，制成固体深层培养基。

二十一、无氮培养基

葡萄糖 10g、$MgSO_4 \cdot 7H_2O$ 0.2g、KH_2PO_4 0.5g、NaCl 0.2g、$CaSO_4 \cdot 2H_2O$ 0.1g、$CaCO_3$ 5g、水洗琼脂 20g、蒸馏水 1000ml，pH 7.4，灭菌，0.05MPa，30min。

分装试管，灭菌后摆成斜面。

二十二、明胶培养基（明胶水解试验）

牛肉膏 15g、蛋白胨 10g、氯化钠 5g、明胶 120g、蒸馏水 1000ml，pH 7.2～7.4，灭菌，0.05MPa，30min。

配制时，在烧杯中先将水加热，接近沸腾时再加入其他药品和明胶，并且不断搅拌，以防明胶粘底（注意：烧杯易破裂）。也可用隔水加热的方法。待熔化之后停止加热。调pH，分装试管，装量以高度 4～5cm 为适宜。灭菌后直立放置。

二十三、果胶酶试验培养基（果胶酶试验）

酵母膏 5g、$CaCl_2 \cdot 2H_2O$ 0.5g、聚果胶酸钠 10g、琼脂 8g、蒸馏水 1000ml、1mol/L NaOH 9ml、0.2%溴百里酚蓝（溴麝香草酚蓝）溶液 12.5ml。

配制时聚果胶酸钠应在沸水中充分搅拌溶解，并与其他成分充分混合，分装三角瓶，灭菌，0.1MPa，5min。使用前再加热熔化后倒平板。

二十四、葡萄糖乳糖发酵深层培养基

蛋白胨 0.2g、NaCl 0.5g、K_2HPO_4 0.03g、葡萄糖（或乳糖）1g、溴麝香草酚蓝 1%酒精液 0.3ml、琼脂 0.75g、蒸馏水 100ml，pH 7.0（或调至培养基为草绿色为止），灭菌，0.05MPa，30min。

配制过程中，溴麝香草酚蓝指示剂须待其他所有成分完全溶解并调准 pH 后，再最后加入混匀，趁热分装试管，装量以管高 1/3 为宜。灭菌后直立放置。

二十五、苯丙氨酸脱氨试验培养基

酵母膏 3g、*DL*-苯丙氨酸 10g（或 *L*-苯丙氨酸 1g）、NaCl 5g、Na_2HPO_4 1g、琼脂 15g、蒸馏水 1000ml，pH 7.0，灭菌，0.05MPa，20min。

分装试管，灭菌后摆成斜面。

二十六、牛奶琼脂培养基（酪蛋白水解试验）

1. 50ml 脱脂牛奶（5g 脱脂奶粉）加入 50ml 蒸馏水中。

2. 1.5g 琼脂溶于 50ml 蒸馏水中。

上述 1、2 溶液分开灭菌（0.05MPa，20min），待冷却至 45～50℃时再将两液迅速混匀倒成平板。切勿将牛奶和琼脂先混合再灭菌，以防止牛奶在灭菌中凝固。

二十七、酪氨酸肉膏蛋白胨培养基（酪氨酸水解试验）

牛肉膏蛋白胨琼脂培养基，加 0.1%酪氨酸，调 pH7.0，分装试管，灭菌，0.05MPa，20min，摆成斜面。

二十八、淀粉肉膏蛋白胨培养基（淀粉水解试验）

牛肉膏蛋白胨琼脂培养基，加 0.2%可溶性淀粉，灭菌，0.1MPa，20min。

二十九、甘露醇酵母琼脂培养基（YMA 培养基）

甘露醇 10g、$K_2HPO_4 \cdot 3H_2O$ 0.5g、$MgSO_4 \cdot 7H_2O$ 0.2g、NaCl 0.1g、$CaCO_3$ 3g、酵母粉 3g、琼脂 20g、蒸馏水 1000ml，调 pH 7.0～7.2。

三十、结晶紫酵母甘露醇琼脂培养基（分离培养根瘤菌用）

甘露醇 5g、蔗糖 5g、$CaSO_4 \cdot 2H_2O$ 0.2g、K_2HPO_4 0.5g、$MgSO_4 \cdot 7H_2O$ 0.2g、NaCl 0.1g、酵母粉 3g、1% 结晶紫 1ml、1% $Na_2MoO_4 \cdot 2H_2O$ 1ml、1% $MnSO_4 \cdot nH_2O$ 1ml、1% $FeC_6H_5O_7 \cdot 5H_2O$ 1ml、1% H_3BO_3 1ml、琼脂 20g、蒸馏水 1000ml，调 pH 7.0。

三十一、刚果红酵母甘露醇琼脂培养基（鉴定根瘤菌用）

甘露醇 10g、$K_2HPO_4 \cdot 3H_2O$ 0.5g、$MgSO_4 \cdot 7H_2O$ 0.2g、NaCl 0.1g、$CaCO_3$ 3g、酵母粉 3g、0.25%刚果红水溶液 10ml、琼脂 20g、蒸馏水 1000ml，调 pH 7.0～7.2。

三十二、溴麝香草酚蓝酵母甘露醇琼脂培养基（BTB 培养基，鉴定根瘤菌用）

甘露醇 10g、$K_2HPO_4 \cdot 3H_2O$ 0.5g、$MgSO_4 \cdot 7H_2O$ 0.2g、NaCl 0.1g、$CaCO_3$ 3g、酵母粉 3g、0.5%溴麝香草酚蓝水溶液 5ml、琼脂 20g、蒸馏水 1000ml，调 pH 7.0～7.2。

三十三、石蕊牛奶培养基

脱脂奶粉 100g、10%石蕊溶液 0.65ml、蒸馏水 1000ml，调 pH 6.8，121℃灭菌 15min。

三十四、阿须贝培养基（Ashby 培养基，固氮菌选择性无氮培养基）

葡萄糖 10g、$CaSO_4$ 0.1g、K_2HPO_4 0.2g、$CaCO_3$ 5g、$MgSO_4$ 0.2g、NaCl 0.2g、蒸馏水 1000ml，调 pH 7.0。

三十五、改良瓦克斯曼 77 号培养基（Waksman 培养基，固氮菌选择性无氮培养基）

葡萄糖 10g、K_2HPO_4 0.5g、$MgSO_4 \cdot 7H_2O$ 0.2g、1% $MnSO_4 \cdot 4H_2O$ 2 滴、1% $FeCl_3$ 2 滴、1%刚果红水溶液 5ml、蒸馏水 1000ml、琼脂 20g，调 pH 7.0～7.2。

三十六、LB 培养基

取 10g 蛋白胨、10g NaCl、5g 酵母提取物溶解于 1L 蒸馏水中，再用 1mol/L 的 NaOH 调节 pH 至 7.2～7.4，搅拌均匀，121℃，20min 灭菌备用。

三十七、M9 培养基

17.1g $Na_2HPO_4 \cdot 12H_2O$、3g KH_2PO_4、1g NH_4Cl、0.5g NaCl 溶解于 1L 超纯水中，经 121℃，15min 高压灭菌后，冷却待用。

M9 工作液：720ml M9 培养基加入 1.6ml 1mol/L 硫酸镁溶液，80μl 1mol/L 氯化钙溶液和 80ml 200mmol/L 组氨酸。

1mol/L 硫酸镁溶液：称量 24.65g 七水合硫酸镁，加入 90ml 灭菌双蒸水，完全溶解后定容至 100ml，0.22μm 孔径滤头过滤除菌，4℃保存。

1mol/L 氯化钙溶液：称量 11.1g 无水氯化钙，加入 90ml 灭菌双蒸水，完全溶解后，冷却至室温，定容至 100ml，121℃高压蒸汽灭菌 20min，4℃储存。

200mmol/L 组氨酸：称取 3.1g *L*-组氨酸，加入 100ml M9 培养基，完全溶解后，0.22μm 孔径滤头过滤除菌，4℃保存。

三十八、营养肉汤培养基（NB）

蛋白胨 10g、牛肉膏 5g、酵母粉 5g、NaCl 5g、葡萄糖 2g，蒸馏水定容至 1000ml，pH 7.2。固体 NB 中添加琼脂粉 1.2%，半固体 NB 中添加琼脂 0.6%。

营养肉汤高渗培养基（RNB）：在上述固体 NB 中添加 0.46mol/L 蔗糖、0.02mol/L $MgCl_2$、1.5%聚乙烯吡咯烷酮（polyvinylpyrrolidone，PVP），简称 RNB，供平板活菌计数和原生质体再生之用。

以上培养基用 0.1 MPa（121℃）灭菌 15min。

三十九、链霉素硫胺素基本固体培养基（大肠杆菌接合配对培养基）

K_2HPO_4 10.5g，KH_2PO_4 4.5g、$(NH_4)_2SO_4$ 1g、$Na_3C_6H_5O_7 \cdot 2H_2O$ 0.5g、20%葡萄糖液 20ml、琼脂 20g、蒸馏水 1000ml，调 pH 7.0，115℃灭菌 30min。

灭菌后加入硫胺素 10ml（1%）、链霉素（50mg/ml）4ml，终质量浓度为 200μg/ml。

四十、转座子（Tn）实验基本培养基

素琼脂：称取 3.5g 琼脂粉，加入 175ml 蒸馏水，灭菌备用。

20%葡萄糖：称取 20g 葡萄糖，用蒸馏水定容至 100ml，用 0.22μm 滤器过滤除菌。

10×磷酸缓冲液：K_2HPO_4 105g、KH_2PO_4 45g、$(NH_4)_2SO_4$ 10g、二水柠檬酸钠 5g。

基本培养基的配方：临用前，将 175ml 素琼脂熔化后加 10×磷酸缓冲液 20ml、20%葡萄糖 4ml、0.25mol/L $MgSO_4$ 1ml，混匀后倒到无菌培养皿上。

四十一、BCG（溴甲酚绿）牛乳培养基（分离乳酸菌）

脱脂奶粉 100g、水 500ml、1.6%溴甲酚绿乙醇溶液 1ml，80℃灭菌 20min，得溶液 1。

酵母膏 10g、水 500ml、琼脂 20g，pH6.8，121℃湿热灭菌 20min，得溶液 2。

灭菌处理后趁热将溶液 1 和溶液 2 混合均匀，即得 BCG 牛乳培养基，冷却后成为固体琼脂培养基。

四十二、脱脂乳培养基（培养乳酸菌）

脱脂奶粉 20g、水 285ml。将奶粉溶解后 80℃灭菌 20min。

四十三、乳酸菌发酵培养基（制作酸乳原料）

按 1∶7（质量体积比）的比例，把脱脂奶粉和水充分混合，加入蔗糖使其终浓度为 6%（质量体积比），80℃灭菌 15min。冷却至 35～40℃，即得制作酸乳原料（乳酸菌发酵培养基）。

四十四、RCM 培养基（梭菌强化培养基）

蛋白胨 10g、牛肉膏 10g、酵母膏 3g、葡萄糖 5g、无水乙酸钠 5g、可溶性淀粉 1g、盐酸半胱氨酸 0.5g、蒸馏水 1000ml，pH 8.5（含转化底物的 RCM 培养液：加 0.2mmol/L CDCA 和 3mg/L 刃天青指示剂）。

附录三

常用药品试剂的配制

名称	成分及制备	备注
洗涤液	重铬酸钾 15g＋粗浓硫酸 200ml，加热溶解	洗涤玻璃器皿用
0.85%生理盐水	氯化钠 8.5g，溶于蒸馏水至 1000ml，121℃，20min 灭菌备用	
乳酸苯酚溶液	苯酚 20g、乳酸 20g、甘油 40g、蒸馏水 20ml 先把苯酚加热溶解后，倒入水中，然后慢慢加入乳酸及甘油	观察霉菌形态用
5%石炭酸	苯酚（phenol）5g＋95ml 水	消毒液
2%来苏尔液（煤酚克液）	50%来苏尔（saponated cresol solution）40ml＋960ml 自来水	消毒液
新洁尔灭（苯扎溴铵溶液）	5%新洁尔灭原液（Benzalkonium bromide solution），用水稀释成 0.25%	消毒液
1%碘伏（iodophor，聚维酮碘）	聚维酮碘（povidone iodine）是单质碘和表面活性剂载体聚乙烯吡咯烷酮（聚维酮，povidone，PVP）的疏松复合物，使用时用无菌蒸馏水稀释至有效碘 1%浓度	消毒剂
2%碘酒	取碘片 2g、碘化钾 8g、乙醇（95%）50ml，溶解后，加水至 100ml 即成	消毒剂
0.1%升汞	取 0.1g $HgCl_2$（氯化高汞）溶于 100ml 水中	消毒剂
甲醛蒸汽消毒	高锰酸钾 5g、水 2ml、甲醛 10ml。 用酒精灯加热，蒸发发生蒸汽，密封 20h，每星期一次	无菌箱的消毒
	每立方米房间用 10ml 加温，或加高锰酸钾为甲醛质量的 1/10，不需加热	无菌室或培养曲房的消毒
硫黄熏蒸	每立方米用 18～20g，屋内先经洗净，然后将硫黄于火（炭）上烧熏	曲房的消毒
（1）1%苯酚复红液 （2）0.03%美蓝液	称取 1g 碱性复红（又名碱性品红）溶入 20ml 95%乙醇中，并取苯酚 5g（溶入 80ml）混合两液； 称取 0.09g 美蓝（亚甲蓝）溶入 11.5ml 95%乙醇中，加水至 300ml； 取（1）液 0.5ml+（2）液 35ml 混合即成苯酚复红美蓝染液	死活细胞鉴别染色液
草酸铵结晶紫液	（1）称取 2g 结晶紫（crystal violet）溶于 20ml 的 95%乙醇中； （2）1%草酸铵水溶液 80ml。将（2）液加入（1）液混合即得	革兰氏（Gram）染色Ⅰ液
1%鲁氏（Lugol）碘液	碘化钾 2g 溶于少量水中，再称碘片 1g，加入碘化钾溶液内，待溶解后加水至 300ml 即成	革兰氏染色Ⅱ液
2.5%沙黄（番红）液	沙黄（safranine）2.5g 溶于 10ml 乙醇中，待完全溶解后加水至 100ml	革兰氏染色Ⅲ液
苯酚复红染色液（Ziehl 染液）	溶液 A：碱性复红（basic fuchsin）0.3g、95%乙醇 10ml； 溶液 B：苯酚 5.0g、水 95ml； 将碱性复红在研钵中研磨后，逐渐加入 95%乙醇继续研磨使之溶解，配成溶液 A，将苯酚溶解于水中，配成溶液 B，混合 A 与 B 即成，通常可将此混合液稀释至 5～10 倍使用，因稀释液易变质失效，一次不宜多配	普通染色用

续表

名称	成分及制备	备注
美蓝染色液（Loeffler 碱性美蓝）	溶液 A：美蓝（methylene blue）0.3g、95%乙醇 30ml； 溶液 B：KOH 0.01g、蒸馏水 100ml； 混合 A 与 B 即成	死活细胞鉴别染色液
3%酸性酒精	浓盐酸 3ml、95%乙醇 97ml，混合	苯酚复红染料脱色
荚膜染色液（Tyler 改良液）	结晶紫 0.1g、冰醋酸 0.25ml、蒸馏水 100ml、脱色剂（20%$CuSO_4$）	荚膜染色用
鞭毛染色液	A 液：单宁酸 5g、$FeCl_3$ 1.5g、蒸馏水 100ml、福尔马林 15% 2.0ml、NaOH 1.0ml。配好后，当日使用，次日效果差，第三天则不好使用。 B 液：$AgNO_3$ 2g、蒸馏水 100ml。 待 $AgNO_3$ 溶解后，取出 10ml 备用，其余的 90ml $AgNO_3$ 中滴入浓 NH_4OH，直到新形成的沉淀又重新刚刚溶解为止，再将备用的 10ml $AgNO_3$ 慢慢滴入，则出现薄雾，但轻轻摇动后，薄雾状沉淀又消失，再滴入 $AgNO_3$，直到摇动后仍呈现轻微而稳定的薄雾状沉淀为止。如所呈雾状不重，此染剂可使用一周；如雾重，则银盐已沉淀开，不宜使用	鞭毛染色用
5%孔雀绿染色液	孔雀绿（malachitegreen）5g、蒸馏水 100ml	芽孢染色用
1% 刚果红染液	刚果红（congo red）1.0g、蒸馏水 100ml	刚果红染色法观察细菌类群
萘酚蓝黑-卡宝品红染色液	A 液（萘酚蓝黑液）：萘酚蓝黑 1.5g、98%甲醇 50ml、乙酸 10ml、蒸馏水 40ml； B 液（卡宝品红液）：卡宝品红 1.0g、95%乙醇 10ml、蒸馏水 90ml。用时配成 30%水溶液	伴孢晶体染色
20%甘油乳酸苯酚固定液	乳酸 10g、结晶苯酚 10g、甘油 20g、蒸馏水 10ml	真菌固定
1.6%溴甲酚紫	称取溴甲酚紫（bromocresol purple）1.6g 溶于 50ml 95%乙醇中，然后再加入蒸馏水 50ml，过滤即得	糖发酵指示剂
亚硝酸盐试剂（Griess 试剂）	溶液 A：对氨基苯磺酸（sulphanilic acid）0.5g 于 120ml 蒸馏水内加冰醋酸 30ml，可略加热，溶解后保存于暗色瓶子中； 溶液 B：称取α-萘胺（alphanaphthyla lamine）0.5g，溶于 120ml 沸蒸馏水中，有沉淀时倒去沉渣，加冰醋酸 30ml，在棕色瓶中保存	硝酸盐还原试验用
乙酰甲基甲醇试验试剂（VP 试剂）	Ⅰ. 5% α-萘酚（alphanaphthol）无水乙醇溶液，此溶液易于氧化，只能随用随配； Ⅱ. 40% KOH 溶液	VP 试验用
甲基红试剂（MR 试剂）	称取甲基红（methyl red）0.04g，溶于 95%乙醇 60ml，再加蒸馏水 40ml 即成，其变色范围为 pH 4.2～6.3	MR 试验用
吲哚试剂（靛基质、Ehrlich 试剂）	取对二甲基氨基苯甲醛（paradimethyl aminobenzaldehyde）5g，混入 75ml 异戊醇或乙醇内，于 50～80℃水浴内加热，摇动，使之溶解，冷却后一滴一滴徐徐加入浓盐酸 25ml，边加边摇，不得加得太快，以免发生骤热	吲哚试验用
0.1%美蓝染液	美蓝 0.10g，溶入 10ml 95%乙醇中，溶解后加蒸馏水至 100ml	细菌鉴定中对幼龄细胞浅染色，观察原生质中有无不着色的聚 β-羟基丁酸颗粒
碱性 H_2O_2	NH_4OH 3ml、10%H_2O_2 30 ml 及水 567ml 混合，用时配制	根样脱色用

续表

名称	成分及制备	备注
0.01%酸性复红乳酸液	乳酸 874ml、甘油 63ml 和水 63ml 混合，加酸性复红（又名酸性品红）0.1g	菌根染色用
巴比妥缓冲液	巴比妥钠（$C_8H_{11}O_3N_2Na$）15.45g、巴比妥（$C_8H_{12}O_3N_2$）2.76g、蒸馏水 1000ml，pH8.6，离子强度 0.075mol/L	免疫电泳
1.5%巴比妥琼脂糖	称取 1.5g 琼脂糖，加入装有 100ml 巴比妥缓冲液的 250ml 三角瓶中，热水浴中溶解	免疫电泳
胭脂红指示剂	葡聚糖（Dextran Gel G50）0.5g、偶氮胭脂红 0.1g、巴比妥缓冲液 20ml	免疫电泳
0.05%氨基黑染色液	氨基黑 10B 0.05g，7%冰醋酸 100 ml	免疫电泳
100mg/ml 氨苄青霉素母液	取 1g 氨苄青霉素溶解于 10ml 蒸馏水中，定容。用 0.22μm 孔径滤膜过滤除菌，备用	
100mmol/L 的 *L*-谷氨酰胺	称取 L-谷氨酰胺 1.46g，用双蒸水 100ml 充分溶解后用 0.2μm 滤膜过滤除菌。现配现用	
100mmol/L *L*-亮氨酸	称取 L-亮酰胺 1.3118g，用双蒸水 100ml 充分溶解后用 0.2μm 滤膜过滤除菌。现配现用	
10mg/ml 氧氟沙星母液	取 0.1g 氧氟沙星溶解于 10ml 蒸馏水中，定容。用 0.22μm 孔径滤膜过滤除菌，备用	
0.5%碘液	碘片 1g、碘化钾 2g、蒸馏水 200ml。 先将 2g 碘化钾溶解在少量水中，再将 1g 碘片溶解在碘化钾溶液中，待碘片全部溶解后，加足水至 200ml 即可	
原生质体制备液	原生质体稀释液（DF）：蔗糖 0.25mol/L、丁二酸钠 0.25mol/L、$MgSO_4 \cdot 7H_2O$ 0.01mol/L、乙二胺四乙酸（EDTA）0.001mol/L、$K_2HPO_4 \cdot 3H_2O$ 0.02mol/L、KH_2PO_4 0.11mol/L，pH 7.0，重蒸水 500ml，0.07MPa（110℃）灭菌 15min。 原生质体融合液（FF）：DF 中再添加 EDTA 5mmol/L，配制 100ml，灭菌后使用。 钙离子溶液：1mol/L $CaCl_2$，用 DF 配制 100ml，NaOH 调 pH 至 10.5，灭菌后使用。 聚乙二醇（PEG）液：用 FF 溶液将分子聚合度为 6000 的 PEG 配成 40%（*m/V*）溶液，配 20ml，灭菌后使用	原生质体制备与融合
高渗美蓝染色液	0.25g 美蓝溶解于 100ml 的 15%蔗糖溶液	观察原生质体
TE 缓冲液	10mmol/L Tris-HCl，pH7.4，pH7.5，或 pH8.0； 1mmol/L EDTA，pH8.0	DNA 提取
CATB/NaCl 溶液（10% CTAB/0.7mol/L NaCl）	将 4.1 g NaCl 溶于 80ml H_2O 中，缓慢加入 10g 十六烷基三甲基溴化铵（CTAB），加热并搅拌，使其至 65℃溶解。 定容终体积至 100ml	DNA 提取
质粒 DNA 提取液	溶液Ⅰ（悬浮液）：50 mmol/L 葡萄糖、10 mmol/L EDTA（pH8.0）、25 mmol/L Tris-HCl（pH8.0）； 溶液Ⅱ（裂解液）：0.2 mol/L NaOH、1%（*m/V*）SDS，使用之前以 2 mol/L NaOH 及 10% SDS 新鲜配制； 溶液Ⅲ（中和液）：60 ml 5mol/L 乙酸钾、11.5 ml 冰醋酸、28.5 ml H_2O	质粒制备与 DNA 提取

续表

名称	成分及制备	备注
50×TAE	242g Tris 碱、57.1ml 冰醋酸、100ml 0.5mol/L EDTA（pH 8.0），定容至1000ml，用时稀释 50 倍	DNA 凝胶电泳缓冲液
5×加样缓冲液	0.25%溴酚蓝、40%（*m*/*V*）蔗糖水溶液，4℃冰箱保存	琼脂糖凝胶电泳缓冲液
10mg/ml 溴化乙锭	1.0g 溴化乙锭、100ml 三蒸水，配成终浓度为 10mg/ml 的母液，4℃冰箱保存	DNA 凝胶紫外显色液
10×磷酸缓冲液	K_2HPO_4 105g、KH_2PO_4 45g、$(NH_4)_2SO_4$ 10g、柠檬酸钠·$2H_2O$ 5g	转座子（Tn）实验
1.6%溴甲酚绿（BCG）乙醇溶液	1.6g 溴甲酚绿（bromocresol green），用无水乙醇 20ml 溶解，加水至100ml	乳酸菌发酵产酸指示剂

附录四
实验菌种和名称

一、细菌及放线菌

1. 金黄色葡萄球菌（*Staphylococcus aureus*）
2. 白色葡萄球菌（*Staphylococcus albus*）
3. 肺炎双球菌（*Diplococcus pneumoniae*）
4. 肺炎克雷伯菌（*Klebsiella pneumoniae*，肺炎杆菌）
5. 卡他双球菌（*Diplococcus catarrhalis*，黏膜炎双球菌）
6. 链球菌（*Streptococcus* sp.）
7. 嗜热链球菌（*Streptococcus thermophilus*）
8. 四联球菌（*Micrococcus tetragenus*）
9. 藤黄八叠球菌（*Sarcina lutea*）
10. 枯草芽孢杆菌（*Bacillus subtilis*）
11. 苏云金芽孢杆菌（*Bacillus thuringiensis*）
12. 胶质芽孢杆菌（*Bacillus mucilaginosus*，钾细菌）
13. 霍乱弧菌（*Vibrio cholerae*）
14. 齿垢密螺旋体（*Spirochaeta denticola*）
15. 梅毒素螺旋体（*Treponema pallidum*）
16. 圆褐固氮菌（*Azotobacter chroococcum*，褐球固氮菌）
17. 普通变形杆菌（*Proteus vulgaris*）
18. 大肠杆菌（*Escherichia coli*）
19. 产气杆菌（*Aerobacter aerogenes*，*Enterobacter aerogenes*，产气肠杆菌）
20. 丙酮丁醇梭状芽孢杆菌（*Clostridium acetobutylicum*）
21. 产气荚膜梭状芽孢杆菌（*Clostridium perfringens*，产气荚膜杆菌、产气荚膜梭菌）
22. 巴氏固氮梭状芽孢杆菌（*Clostridium pasteurianum*，巴氏芽孢梭菌）
23. 荧光假单胞菌（*Pseudomonas fluorescens*）
24. 沙门菌（*Salmonella* sp.）
25. 鼠伤寒沙门菌（*Salmonella typhimurium*）
26. 猪霍乱沙门菌（*Salmonella choleraesuis*）
27. 伤寒沙门菌（*Salmonella typhi*）
28. 保加利亚乳杆菌（*Lactobacillus bulgaricus*）

29. 5406 放线菌（*Streptomyces microflavus*，细黄链霉菌）（*Actinomyces microflavus*，细黄放线菌）
30. 白色链霉菌（*Streptomyces albus*，*Actinomyces albus*，白色放线菌）
31. 井冈霉素放线菌（*Streptomyces hygroscopicus* var.*jinggangensis*，吸水链霉菌井冈变种）
32. 黄色短杆菌（*Brevibacterium flavum*）

二、病毒与立克次体

1. 斜纹夜蛾核型多角体病毒（NPV of *Prodenia lifura*）
2. 恙虫热立克次体（*Rickettsia orientalis*，东方立克次体）

三、酵母菌

1. 啤酒酵母（*Saccharomyces cerevisiae*，面包酵母、酿酒酵母）
2. 热带假丝酵母（*Candida tropicalis*，热带念珠菌）
3. 白色假丝酵母（*Candida albicans*，白念珠菌）
4. 八孢裂殖酵母（*Schizosaccharomyces octosporus*）
5. 路德类酵母（*Saccharomyces ludwigii*）

四、霉菌与大型真菌

1. 橄榄型青霉菌（*Penicillium chrysogenum*，产黄青霉、黄青霉）
2. 特异青霉（*Penicillium notatum*）
3. 黄绿青霉（*Penicillium citreo-viride*）
4. 黑曲霉（*Aspergillus niger*）
5. 米曲霉（*Aspergillus oryzae*）
6. 灰绿曲霉（*Aspergillus glaucus*）
7. 黄曲霉（*Aspergillus flavus*）
8. 构巢曲霉（*Aspergillus nidulans*）
9. 毛霉（*Mucor* sp.）
10. 大毛霉（*Mucor mucedo*）
11. 总状毛霉（*Mucor recemosus*）
12. 黑根霉（*Rhizopus nigricans*）
13. 匍枝根霉（*Rhizopus stolonifer*）
14. 白地霉（*Geotrichum candidum*）
15. 藤仓赤霉（*Gibberella fujikuroi*，无性阶段为 *Fusarium moniliforme* 串珠镰刀菌，又名串珠镰孢霉）
16. 双孢蘑菇（*Agaricus bisporus*，蘑菇）
17. 平菇（*Pleurotus ostreatus*，侧耳）